中国科协学科发展研究系列报告

中国科学技术协会／主编

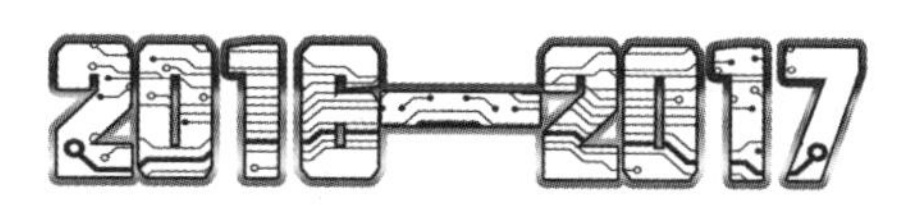

纺织科学技术学科发展报告

中国纺织工程学会 | 编著

REPORT ON ADVANCES IN
TEXTILE SCIENCE AND TECHNOLOGY

中国科学技术出版社
· 北 京 ·

图书在版编目（CIP）数据

2016—2017 纺织科学技术学科发展报告 / 中国科学技术协会主编；中国纺织工程学会编著．—北京：中国科学技术出版社，2018.3

（中国科协学科发展研究系列报告）

ISBN 978-7-5046-7897-3

Ⅰ.①2… Ⅱ.①中… ②中… Ⅲ.①纺织工业－学科发展－研究报告－中国－2016—2017 Ⅳ.①TS1-12

中国版本图书馆 CIP 数据核字（2018）第 044686 号

策划编辑	吕建华　许　慧
责任编辑	余　君
装帧设计	中文天地
责任校对	凌红霞
责任印制	马宇晨

出　　版	中国科学技术出版社
发　　行	中国科学技术出版社发行部
地　　址	北京市海淀区中关村南大街16号
邮　　编	100081
发行电话	010-62173865
传　　真	010-62179148
网　　址	http：//www.cspbooks.com.cn

开　　本	787mm × 1092mm　1/16
字　　数	350千字
印　　张	15
版　　次	2018年3月第1版
印　　次	2018年3月第1次印刷
印　　刷	北京盛通印刷股份有限公司
书　　号	ISBN 978-7-5046-7897-3 / TS · 92
定　　价	78.00元

2016—2017

纺织科学技术学科发展报告

首席科学家 姚 穆 高卫东

专 家 组

组 长 伏广伟

副组长 尹耐冬 刘 军

成 员 （按姓氏拼音排序）

陈南梁 陈 雁 付少海 蒋高明 靳向煜

孟家光 潘志娟 钱晓明 任家智 汪 军

王 锐 王祥荣 王永进 肖长发 谢春萍

徐卫林 祝成炎

学术秘书 张洪玲

党的十八大以来，以习近平同志为核心的党中央把科技创新摆在国家发展全局的核心位置，高度重视科技事业发展，我国科技事业取得举世瞩目的成就，科技创新水平加速迈向国际第一方阵。我国科技创新正在由跟跑为主转向更多领域并跑、领跑，成为全球瞩目的创新创业热土，新时代新征程对科技创新的战略需求前所未有。掌握学科发展态势和规律，明确学科发展的重点领域和方向，进一步优化科技资源分配，培育具有竞争新优势的战略支点和突破口，筹划学科布局，对我国创新体系建设具有重要意义。

2016 年，中国科协组织了化学、昆虫学、心理学等 30 个全国学会，分别就其学科或领域的发展现状、国内外发展趋势、最新动态等进行了系统梳理，编写了 30 卷《学科发展报告（2016—2017）》，以及 1 卷《学科发展报告综合卷（2016—2017）》。从本次出版的学科发展报告可以看出，近两年来我国学科发展取得了长足的进步：我国在量子通信、天文学、超级计算机等领域处于并跑甚至领跑态势，生命科学、脑科学、物理学、数学、先进核能等诸多学科领域研究取得了丰硕成果，面向深海、深地、深空、深蓝领域的重大研究以“顶天立地”之态服务国家重大需求，医学、农业、计算机、电子信息、材料等诸多学科领域也取得长足的进步。

在这些喜人成绩的背后，仍然存在一些制约科技发展的问题，如学科发展前瞻性不强，学科在区域、机构、学科之间发展不平衡，学科平台建设重复、缺少统筹规划与监管，科技创新仍然面临体制机制障碍，学术和人才评价体系不够完善等。因此，迫切需要破除体制机制障碍、突出重大需求和问题导向、完善学科发展布局、加强人才队伍建设，以推动学科持续良性发展。

近年来，中国科协组织所属全国学会发挥各自优势，聚集全国高质量学术资源和优秀人才队伍，持续开展学科发展研究。从 2006 年开始，通过每两年对不同的学科（领域）分批次地开展学科发展研究，形成了具有重要学术价值和持久学术影响力的《中国科协学科发展研究系列报告》。截至 2015 年，中国科协已经先后组织 110 个全国学会，开展了 220 次学科发展研究，编辑出版系列学科发展报告 220 卷，有 600 余位中国科学院和中国工程院院士、约 2 万位专家学者参与学科发展研讨，8000 余位专家执笔撰写学科发展报告，通过对学科整体发展态势、学术影响、国际合作、人才队伍建设、成果与动态等方面最新进展的梳理和分析，以及子学科领域国内外研究进展、子学科发展趋势与展望等的综述，提出了学科发展趋势和发展策略。因涉及学科众多、内容丰富、信息权威，不仅吸引了国内外科学界的广泛关注，更得到了国家有关决策部门的高度重视，为国家规划科技创新战略布局、制定学科发展路线图提供了重要参考。

十余年来，中国科协学科发展研究及发布已形成规模和特色，逐步形成了稳定的研究、编撰和服务管理团队。2016—2017 学科发展报告凝聚了 2000 位专家的潜心研究成果。在此我衷心感谢各相关学会的大力支持！衷心感谢各学科专家的积极参与！衷心感谢编写组、出版社、秘书处等全体人员的努力与付出！同时希望中国科协及其所属全国学会进一步加强学科发展研究，建立我国学科发展研究支撑体系，为我国科技创新提供有效的决策依据与智力支持！

当今全球科技环境正处于发展、变革和调整的关键时期，科学技术事业从来没有像今天这样肩负着如此重大的社会使命，科学家也从来没有像今天这样肩负着如此重大的社会责任。我们要准确把握世界科技发展新趋势，树立创新自信，把握世界新一轮科技革命和产业变革大势，深入实施创新驱动发展战略，不断增强经济创新力和竞争力，加快建设创新型国家，为实现中华民族伟大复兴的中国梦提供强有力的科技支撑，为建成全面小康社会和创新型国家做出更大的贡献，交出一份无愧于新时代新使命、无愧于党和广大科技工作者的合格答卷！

2018 年 3 月

为了全面了解和掌握纺织学科发展的最新进展，总结纺织学科发展的规律，明确纺织学科发展方向，推进纺织与其他学科之间的交叉、融合与渗透，提升我国纺织科技的原始创新能力，在中国科学技术协会的组织领导下，中国纺织工程学会承担了“纺织科学技术学科发展”的研究及其报告的编撰工作，这也是我会继 2006 年、2008 年、2010 年、2012 年之后第五次承担这一连续性研究项目。

中国纺织工程学会组织了以中国工程院院士姚穆和江南大学高卫东教授为首席科学家的专家撰写组，下设八个专题小组，在收集资料、调查研究和充分掌握信息的基础上，经过多次开会研讨和修改，并征求了行业内多位专家的意见，最终形成本报告。

纺织工业是我国传统支柱产业、重要的民生产业和创造国际化新优势的产业，是科技和时尚融合、衣着消费与产业用并举的产业，在美化人民生活、带动相关产业、拉动内需增长、建设生态文明、增强文化自信、促进社会和谐等方面发挥着重要作用。近年来，纺织行业围绕建设纺织科技强国战略目标，大力推动行业科技创新和成果转化，加大科技投入，在纤维材料、纺织、染整、产业用纺织品、纺织装备、信息化各领域取得了一系列创新成果，实现了全行业关键、共性技术的突破，行业自主创新能力、技术装备水平和产品开发能力整体提升。《2016—2017 纺织科学技术学科发展报告》包括综合报告和纤维材料、纺纱工程、机织工程、针织工程、非织造材料与工程、纺织化学与染整工程、服装设计与工程、产业用纺织品八个专题报告，总结了近年来纺织科学技术进步的成果，分析了我国纺织科学技术学科的发展现状、国内外差距，并就发展目标与方针政策提出建议。

在编撰过程中，我们力图站在学科前沿和国家战略需求的高度，比较分析纺织科学技术学科的国内外研究动态、前沿和发展趋势；对近年来产生的主要新观点、新理论、新方法和新技术进展及成果进行了综述；对未来发展的优先问题、重要的科技问题和发展对策提出了建议。冀望为国家相关部门及从事纺织科学技术学科研究的专家学者提供参考。

在此，谨向所有参与研究、编写、修改和提出宝贵意见的各位专家和领导表示诚挚的谢意！并向所引用资料的作者表示感谢！

由于研究内容广泛，本报告的研究深度和水平有待进一步提高，可能还存在一些疏漏，有关信息也不够完整和准确，敬请广大读者批评指正。

中国纺织工程学会

2017 年 12 月

综合报告

专题报告

ABSTRACTS

Comprehensive Report

Reports on Special Topics

综合报告

纺织科学技术学科的现状与发展

一、引言

（一）我国纺织工业地位影响

中国是世界上最大的纺织品生产国、出口国和消费国，2016 年中国纺织纤维加工总量已经达到 5420 万吨，占全球比重 53.47%。纺织工业是我国传统支柱产业、重要的民生产业和创造国际化新优势的产业，是科技和时尚融合、衣着消费与产业用并举的产业，在美化人民生活、带动相关产业、拉动内需增长、建设生态文明、增强文化自信、促进社会和谐等方面发挥着重要作用。

1. 国民经济支柱产业

2016 年纺织行业规模以上企业累计实现主营业务收入 73302.26 亿元，占规模以上工业企业的 6.37%；实现利润总额 4003.57 亿元，占工业利润总额的比重为 5.8%；纺织行业投资总额 12838.75 亿元，占制造业比重达到 6.84%；纺织品服装出口额占全国货物出口总额比重的 12.88%。

2. 重要的民生产业

纺织服装是满足人民物质需要的工业产品，2016 年限额以上企业服装鞋帽、针纺织品类商品零售额为 14433 亿元，占限额以上企业商品零售额的 9.95%。纺织服装在网络消费中占据重要地位，2015 年服装家纺网络零售交易额 8310 亿元，占全国网络零售市场交易额的 21.43%。同时，纺织工业在促进均衡发展、稳定就业方面发挥着重要作用。2015 年规模以上纺织工业（不含纺织机械企业）就业人数为 960.59 万人，占规模以上工业企业就业人数的 9.83%。

3. 国际竞争优势产业

自 2009 年以来，每年我国纤维加工总量在世界占比均超过 50%。中国纺织品服装出口占全球比重不断增长。据海关统计，2016 年中国纺织品服装外贸交易额 2906.1 亿美元，其中出口交易额2672.5亿美元，进口交易额233.6亿美元，贸易顺差2438.9亿美元。根据国际WTO组织统计口径，2015年中国纺织品服装出口额约占全球纺织品服装交易额的38%。

4. 战略性新兴产业的组成部分

我国战略性新兴产业重点发展包括新一代信息技术产业、高端装备与新材料产业、生物产业、绿色低碳（新能源汽车、新能源和节能环保产业）、数字创意产业五大领域。纺织工业中涉及新兴产业的包括新型纤维材料、新兴产业用纺织品以及生态染整、先进纺织装备、纺织产业信息化等。绿色低碳的生物法加工工艺将促进纺织业领域显著降低物耗能耗和污染物排放。物联网、云计算、大数据等新一代信息技术则向纺织工业全面渗透融合。

5. 民族文化传承的重要载体

纺织工业可以划分为以服装、家纺品牌为代表的时尚产业，以高品质高性能纤维、产业用纺织品、高端智能制造为代表的战略性新兴产业。纺织工业主要通过家用纺织品、服装服饰、工艺品对民族文化予以呈现，是引领弘扬民族精神和文化的重要载体，国际流行趋势中的中国元素正是中国民族文化传播的体现，民族文化的传承为纺织工业转型升级提供了柔性支撑。

（二）纺织科技驱动行业发展

1. 科技创新成效显著

（1）纤维材料技术持续突破

2016年，我国化学纤维产量4943万吨，占世界化学纤维总量的70%，化学纤维占我国纺织纤维加工总量的84%。当前我国常规纤维的差别化、功能化水平显著提升，具有阻燃、抗静电、抑菌等功能性纤维比重增加。

我国生物基纤维在原料的产业化、生产的绿色化方面发展迅速，甲壳素纤维、新溶剂法纤维素纤维、海藻酸盐纤维和生物基聚酰胺纤维等纺丝技术也取得重大突破，生物基纤维的产业技术创新能力、规模化生产能力、市场应用能力大幅度提升。生物基化学纤维总产能达到35万吨每年，其中生物基再生纤维19.65万吨每年，生物基合成纤维15万吨每年，海洋生物基纤维0.35万吨每年。

高性能纤维研发和产业化取得突破性进展。我国碳纤维、芳纶和超高分子量聚乙烯三大品种产量占全球的三分之一，我国已成为全球范围内高性能纤维生产品种覆盖面最广的国家，高性能纤维行业总体达到国际先进水平。碳纤维、间位芳纶、超高分子量聚乙烯纤维、聚苯硫醚纤维和连续玄武岩纤维发展基础得到进一步强化；间位芳纶、连续玄武岩纤维、聚酰亚胺纤维产业发展进程加快；聚芳醚酮纤维、碳化硅纤维研发力度加大。碳纤维、聚酰亚胺纤维、高性能聚乙烯纤维、高模量芳纶纤维、聚四氟乙烯纤维等生产技术进步明显；碳纤维、芳纶、玄武岩纤维等高水平研发体系初步形成。国产高性能纤维已开始逐步满足国防军工需求，并在民用航空、交通能源、工程机械装备、建筑结构和海洋工程等领域得到广泛应用。

（2）纺织加工技术不断创新

纺织加工技术的进步主要体现在高速化技术、产品质量提升技术、自动化技术和智能制造技术等方面。

过去几年国产纺织装备高速化进步明显加快，梳棉机产出量达到150kg/h，细纱机纺纱锭速超过20000r/min，喷气织机车速达到1200r/min，喷水织机车速达到1400r/min，高速经编机速度达到4400r/min。

针对产品品质提升和品种创新，环锭细纱机上的柔洁纺技术将外露纤维有效地转移进入到纱线体内，从而减少毛羽、改善布面光洁度；针对当前精梳原料多样化及精梳纱支粗支化的特点，开发了多种纤维的高效精梳关键技术；超大牵伸特细特纱纺纱技术在保持粗纱合理定量的前提下成功生产出300^{S}高品质纱线；数码纺技术以多根粗纱异速喂入，实现在一根细纱上短纤维成纱的线密度、混纺比和色彩的变化；机织褶裥面料作为典型的具有三维立体造型效果的面料，在服装及家纺面料领域得到广泛应用。

纺织加工工序的集成和生产的自动化呈现强劲的发展势头，环锭纺连续化集体自动落纱技术的推广应用，国产细纱机上安装的锭数可增加到1600多锭，清–梳联、细–络联、粗–细–络联等为主的棉纺设备技术取得突破，自动化程度和劳动生产率显著提高，同时也显著减少人工，降低工人劳动强度。针织全成形技术利用参与编织织针数量的增减、组织结构的改变或线圈密度的调节形成成形针织物，缩短了针织生产加工流程，改变了传统的拼缝针织面料的生产模式。

（3）非织造和产业用纺织品发展迅速

非织造技术和装备水平不断提高，纺粘、熔喷技术实现了原料多样化，纤维加工总量快速增长。产业用纺织品在宽幅织造、立体经编等方面取得突破。产业用纺织品技术含量高、应用范围广、市场潜力大，是战略性新材料的组成部分，是全球纺织领域竞相发展的重点领域。

近年来我国在纤维基复合新材料、大气和水处理及污染治理用的过滤纺织品、医疗卫生用纺织品、智能健康用纺织品、康复护理用纺织品、预防和应对自然灾害用纺织品、安全防护纺织品等制备技术取得显著进步，产业化步伐加快，为相关领域发展做出了积极贡献。2016年产业用纺织品行业规模以上企业的主营业务收入和利润总额分别为3081.97亿元人民币和190.91亿元人民币，分别同比增长5.79%和8.28%，产业用纺织品领域的工业增加值增速9.1%，超过纺织的4.9%和工业的6.0%增速，固定资产投资额同比增长4.51%。

（4）纺织绿色环保日益重视

近年来我国印染企业针对环保工艺水平落后的状况，积极开展绿色生产技术创新研究与应用，以满足未来大众对纺织印染行业生产批量小、个性化程度高、绿色低碳环保要求高的消费趋势，同时实现企业“生态效益、经济效益和社会效益”的统一协调发展。

目前我国纺织行业 PVA 用量正在减少，棉纺织行业实现绿色、环保上浆。染整行业一批少水及无水印染加工、短流程工艺、生态化学品应用等染整清洁生产技术陆续得到开发与推广应用，如纺织品低温快速前处理、印染废水大通量膜处理及回用、小浴比染色、针织物平幅染整加工技术、纱线连续涂料染色技术、等离子体前处理技术、活性染料湿短蒸染色技术、泡沫染色及整理技术、数码喷墨印花技术、天然染料染色新技术、非水介质染色技术等，这些新技术必将引领今后纺织印染行业的技术升级，为节能减排提供技术支持。

印染废水的处理技术以及中水回用技术取得进展，废水处理效果和中水质量得到提高，一些资源回收新技术实现突破并在行业重点推广应用。

（5）纺织智能制造开始起步

智能制造在纺织行业发展迅速，在产业链不同环节中表现出不同的特点。纺纱全流程在线监控系统、织机监控系统、染化料自动配送系统及工艺控制系统等基本成熟，服装行业数字化大规模定制技术逐步完善；适应纺织行业管理特点的企业管理信息系统功能日趋完善。以数字化纺织全流程生产技术、产业链智能生产追溯系统、生产智能物流系统、智能示范工厂和智能车间等突破性项目为代表的纺织智能制造，将给行业带来颠覆性的变化。

依托工业物联网技术建成的智能纺纱车间，采用全套国产清梳联系统、粗细络联系统、智能物流输送系统、自动打包系统、自动码垛系统，采集清花、梳棉、预并、精梳、末并、粗纱、细纱、落筒等全工序数据，将机台运转数据、质量信息、人员信息、设备耗电量、车间环境温湿度、订单、生产调度等集成到大数据平台进行分析利用，大大提高反应速度和管理水平。与此同时，行业智能装备取得普遍进展、智能物流系统形成突破、智能生产线试点建设、个性化定制多点开花、云服务平台发挥作用。

2. 科技成果层出不穷

（1）纺织领域获得的国家科技奖

近四年荣获国家科技进步奖一等奖一项、二等奖十一项、技术发明奖两项，成果如表 1 所列。

（2）中国纺织工业联合会科学技术奖

中国纺织工业联合会科学技术奖最近五年共评选出获奖项目 566 项，如表 2 所列，其中一等奖 64 项、二等奖 215 项、三等奖 289 项。

表 1　2013—2016 年获国家技术发明奖、科技进步奖的纺织类项目

获奖年份	项目名称	获奖类型及等级	技术发明奖完成人、科技进步奖完成单位
2013	功能吸附纤维的制备及其在工业有机废水处置中的关键技术	科技进步奖二等奖	苏州大学，天津工业大学，苏州天立蓝环保科技有限公司，邯郸恒永防护洁净用品有限公司
2013	超大容量高效柔性差别化聚酯长丝成套工程技术开发	科技进步奖二等奖	桐昆集团浙江恒通化纤有限公司，新凤鸣集团有限公司，东华大学，浙江理工大学
2013	丝胶回收与综合利用关键技术及产业化	科技进步奖二等奖	苏州大学，鑫缘茧丝绸集团股份有限公司，浙江理工大学，苏州膜华材料科技有限公司，湖州南方生物科技有限公司，湖州澳特丝生物科技有限公司，兴化市大地蓝绢纺有限公司
2014	筒子纱数字化自动染色成套技术与装备	科技进步奖一等奖	山东康平纳集团有限公司，机械科学研究总院，鲁泰纺织股份有限公司
2014	高效能棉纺精梳关键技术及其产业化应用	科技进步奖二等奖	江苏凯宫机械股份有限公司，中原工学院，江南大学，上海昊昌机电设备有限公司，河南工程学院
2014	新型熔喷非织造材料的关键制备技术及其产业化	科技进步奖二等奖	天津工业大学，天津泰达洁净材料有限公司，中国人民解放军总后勤部军需装备研究所，宏大研究院有限公司
2014	新型共聚酯 MCDP 连续聚合、纺丝及染整技术	技术发明奖二等奖	顾利霞（东华大学），何正锋（上海联吉合纤有限公司），蔡再生（东华大学），王雪利（东华大学），杜卫平（上海联吉合纤有限公司），邱建华（上海联吉合纤有限公司）
2014	百万吨级精对苯二甲酸（PTA）装置成套技术开发与应用	科技进步奖二等奖	中国昆仑工程公司，重庆市蓬威石化有限责任公司，浙江大学，天津大学，西安陕鼓动力股份有限公司，南京宝色股份公司
2015	PTT 和原位功能化 PET 聚合及其复合纤维制备关键技术与产业化	科技进步奖二等奖	盛虹控股集团有限公司，北京服装学院，江苏中鲈科技发展股份有限公司
2015	高精度圆网印花及清洁生产关键技术研发与产业化	科技进步奖二等奖	愉悦家纺有限公司，天津工业大学，青岛大学，天津德凯化工股份有限公司，山东大镍网有限公司，福建晋江市佶龙机械工业有限公司，山东黄河三角洲纺织科技研究院有限公司
2016	支持工业互联网的全自动电脑针织横机装备关键技术及产业化	科技进步奖二等奖	浙江师范大学，宁波慈星股份有限公司，固高科技（深圳）有限公司
2016	苎麻生态高效纺织加工关键技术及产业化	科技进步奖二等奖	湖南华生集团公司，东华大学，湖南农业大学

续表

获奖年份	项目名称	获奖类型及等级	技术发明奖完成人、科技进步奖完成单位
2016	干法纺聚酰亚胺纤维制备关键技术及产业化	科技进步奖二等奖	东华大学，江苏奥神新材料股份有限公司
2016	管外降膜式液相增黏反应器创制及熔体直纺涤纶工业丝新技术	技术发明奖二等奖	陈文兴（浙江理工大学），金革（浙江古纤道新材料股份有限公司），严旭明（扬州惠通化工技术有限公司），刘雄（浙江古纤道新材料股份有限公司），王建辉（浙江古纤道新材料股份有限公司），张先明（浙江理工大学）

表 2 “纺织之光”中国纺织工业联合会科学技术奖获奖项目统计

获奖年份	一等奖（项）	二等奖（项）	三等奖（项）	合计（项）
2013	14	42	74	130
2014	15	47	73	135
2015	11	42	40	93
2016	12	46	58	116
2017	12	38	44	92

3. 科技精英不断涌现

（1）全国优秀科技工作者

为了在全社会弘扬尊重劳动、尊重知识、尊重人才、尊重创造的良好风尚，激励广大科技工作者立足本职、敬业奉献、开拓创新、奋发有为，积极投身创新型国家建设，中国科协开展两年一次的“全国优秀科技工作者”推荐评选工作。2014 年中国纺织工程学会推荐的刘琳、孙玉山、程博闻等三人获得全国优秀科技工作者。2016 年中国纺织工程学会推荐的丁彩玲、王华平、王锐、陈南梁等四人获得全国优秀科技工作者。这些受表彰的科技工作者在各自的研究领域中取得了卓越的成绩。

（2）中国青年科技奖

为选拔培养青年科技人才，鼓励青年科技工作者奋发进取，促进青年科技人才健康成长，中国科学技术协会设立了青年科技奖。2014 年中国纺织工程学会推荐的黄献聪获第十三届中国青年科技奖。2016 年中国纺织工程学会推荐的王栋获第十四届中国青年科技奖。

（3）中国纺织学术大奖及学术带头人和技术带头人

为在全国范围内推选具有国内领先水平、在各分支学科和工程领域有较高学术造诣、成绩显著的国家级优秀纺织人才，中国纺织工程学会在 2014—2017 年继续开展了中国纺织学术大奖及中国纺织学术带头人和技术带头人的评选。其获奖名单如表3所列。

表3　中国纺织学术大奖及学术带头人和技术带头人获奖名单

年份	纺织学术大奖	纺织学术带头人	纺织技术带头人
2014	肖长发	陈国强、陈莉、程隆棣、郝新敏、毛志平（5人）	曹秀明、刘子斌、马延方、王占宏（4人）
2015	蒋高明、周华堂	蔡再生、陈南梁、葛明桥、郭玉海、李鑫、孟婥、任家智、王朝生（8人）	陈超、邓传东、龚杜弟、汪少朋、周晔珺（5人）
2016	程博闻、王华平	丛洪莲、房宽峻、张清华、张玉梅、郑来久（5人）	陈丽芬、潘峰、王力民、张华、张建祥（5人）
2017	陈文兴	丁彬、郭静、吕晓龙、孟家光、夏延致（5人）	曾世军、廖周荣、马晓辉、杨卫忠、张战旗（5人）

（三）纺织学术交流

1. 中国纺织学术年会

中国纺织工程学会主办的历届“中国纺织学术年会”都围绕纺织学科热点和行业发展关键进行交流研讨，近五届的年会主题如表4所列。

表4　近五届中国纺织学术年会主题

举办年份	会议主题
2013	纺织新展望
2014	跨界融合，智能纺织
2015	需求导向，中国智造
2016	发展新经济培育新动能
2017	融智·融创

2013年10月24日，2013中国纺织学术年会在上海松江召开。会议以“纺织新展望”为主题。来自美国、英国、澳大利亚、日本、韩国、印度等二十二个国家及中国香港和台湾地区的众多纺织界专家和高等院校的师生、国内外知名企业代表前来参加本次年会，参会人数达到一千一百多人。会上，第十一届FAPTA主席、首尔国立大学材料科学与工程学院教授Jae Ryoun Youn、中国科协书记处书记张勤、东华大学校长徐明稚为大会致辞。中国纺织工业联合会副会长、中国纺织工程学会理事长孙瑞哲以“技术创新与纺织新展

望”为题作了报告。东华大学俞建勇院士等就不同专业的前沿技术进行了深入的阐述。本次大会共设置纤维与低维材料、纺织加工技术、生态染整与绿色化学、新一代聚酯纤维材料、纺织纳米技术、高品质产业用纺织品、现代纺织装备技术、服装与服饰、纺织品性能测试与评价九个英文分会场进行学术交流。

2014 年 10 月 22 日，2014 中国纺织学术年会在上海松江召开。会议以“跨界融合，智能纺织”为主题，吸引了国内外近六百名专家、学者以及来自企业的代表。中国纺织工业联合会会长王天凯，中国科协党组成员、书记处书记沈爱民出席大会并致辞，中国纺织工业联合会副会长、中国纺织工程学会理事长孙瑞哲以“创新驱动，跨界融合”为题做了主旨报告。中国工程院蒋士成院士等专家学者就提升我国纺织产业科技原创能力和不同专业的前沿技术进行了深入的阐述。会议设置了纤维材料、现代纺织加工技术、技术纺织品、生物基纤维的开发及利用四个分会场进行学术交流。

2015 年 10 月 15 日，2015 中国纺织学术年会在上海松江召开。会议以“需求导向，中国智造 ”为主题，吸引了来自国内外五百余名专家、学者、企业代表以及高校师生。中国工程院院士、华中科技大学教授李培根做了题为“中国制造 2025 浅释”的主题报告。中国纺织工业联合会副会长、中国纺织工程学会理事长孙瑞哲就“需求导向，中国智造”做了主题报告。会议设置了带头人大讲堂、现代纺织技术论坛、高性能纤维及制品、聚乳酸纤维新材料开发与应用四个学术分会场进行学术交流。

2016 年 10 月 24 日，2016 年中国纺织学术年会在上海隆重召开。会议以“发展新经济培育新动能”为主题，来自海内外专家、学者六百五十余人参会。中国科协企业创新服务中心副主任冯师斌为大会致辞。中国纺织工业联合会会长、中国纺织工程学会理事长孙瑞哲做了关于“发展新经济培育新动能”的主题报告。会议设置了纤维材料、现代纺织技术论坛、技术纺织品、“相变调温技术”与“植物染料技术”、生物基合成纤维的开发与应用五个分会场进行学术交流。

2017 年 11 月 3 日，2017 中国纺织学术年会在武汉召开。会议以“融智 · 融创”为主题，吸引了来自全国高等院校、科研机构、企事业单位以及来自科研、生产、教学第一线的海内外纺织科技工作者七百余人出席本次纺织学术盛会。中国纺织工业联合会副会长、中国纺织工程学会理事长孙瑞哲就“破局立势 价值再造”为题做了主题报告。中国科学院张俐娜院士作了“纤维素和甲壳素的低温溶解及其新型纤维的构建”主题报告。本次年会设立七个分会场，围绕高品质原液着色纤维及其纺织品产业技术创新、现代纺织技术、产业用纺织品—分离膜技术与应用、服装科技创新、国际纺织高等教育论坛等热点内容展开深入交流。

2. 纺织科技新见解学术沙龙

中国纺织工程学会还主办一年二期的学术沙龙，跟踪纺织学科学术前沿，就相关问题开展交流研讨，最近九期的主题如表 5 所列。

表 5　纺织科技新见解学术沙龙列表

沙龙期次	举办时间	沙龙主题
第四期	2013.10	生物质再生纤维环保加工技术及应用
第五期	2014.03	生物质合成纤维环保加工技术及其应用
第六期	2014.10	数码印花技术研究与应用
第七期	2015.04	分离膜技术与应用
第八期	2015.10	电磁屏蔽技术及其产品研发
第九期	2016.04	石墨烯与纺织
第十期	2016.10	抗菌技术新动态及产品研发
第十一期	2017.04	智能制造
第十二期	2017.11	柔性智能可穿戴技术的未来

2013 年 10 月 26 日，第四期纺织科技新见解学术沙龙在上海市松江区召开。中国工程院姚穆院士、中国纺织科学研究院赵强研究员、东华大学胡学超教授、生物源纤维制造技术国家重点实验室孙玉山研究员、总后军需装备研究所施楣梧教授级高工共同担任领衔科学家。来自高校、科研院所、生产企业的专家、科研人员、企业家和青年学者共四十名代表就生物质再生纤维环保加工技术及应用展开前沿交流。

2014 年 3 月 22 日，第五期纺织科技新见解学术沙龙在东华大学松江校区召开。中国工程院蒋士成院士、姚穆院士和同济大学任杰教授、东华大学朱美芳教授、总后勤部军需装备研究所施楣梧教授级高工共同担任此次沙龙的领衔科学家。来自清华大学、同济大学、东华大学、苏州大学、江南大学、浙江理工大学等十所高等院校和中国石化上海石油化工股份有限公司、凯赛生物产业有限公司、宁波天安生物材料有限公司、江苏盛虹科技股份有限公司等企业的知名专家、科研人员及青年学者近四十名代表就“生物质合成纤维环保加工技术及其应用”展开前沿交流。

2014 年 10 月 23 日，第六期纺织科技新见解学术沙龙在上海松江召开。中国工程院院士周翔、姚穆，浙江理工大学教授邵建中，青岛大学教授房宽峻和上海纺织科学研究院教授级高工沈安京共同担任本期沙龙的领衔科学家；杭州万事利丝绸科技有限公司教授级高工郭文登、杭州宏华数码科技股份有限公司教授级高工金小团和长胜纺织科技发展（上海）有限公司钟博文工程师担任特邀专家。来自高校、企业的知名专家、科研人员及青年学者近六十名代表就数码印花技术研究与应用展开前沿交流。

2015 年 4 月 22 日，第七期纺织科技新见解学术沙龙暨第二届津膜论坛在天津工业大学召开。中国工程院高从堦院士、蹇锡高院士、姚穆院士，总后勤部军需装备研究所施楣梧教授级高工，天津工业大学肖长发教授，天津膜天膜科技股份有限公司徐平研究员共同担任本期沙龙领衔科学家。来自高校、科研单位、应用企业的知名专家、科研人员及青年学者四十余位代表就“分离膜技术与应用”展开前沿交流。

2015 年 10 月 16 日，第八期纺织科技新见解学术沙龙在上海召开。中国工程院院士姚穆，上海纺织科学研究院教授级高工张德良，北京工业大学教授王群，总后勤部军需装备研究所教授级高工施楣梧共同担任领衔科学家。来自纺织、材料、电磁学、医学、检测与标准等领域的专家学者围绕“电磁屏蔽技术及其产品研发”这一主题，对电磁环境、电磁安全与暴露限值、电磁屏蔽理论技术和生产、测试技术和标准、电磁屏蔽纺织品开发等方面展开跨界交流。

2016 年 4 月 8 日，第九期纺织科技新见解学术沙龙在北京成功举办。中国工程院姚穆院士、总后勤部军需装备研究所施楣梧教授级高工、中国科学院重庆绿色智能技术研究院史浩飞研究员担任领衔科学家。来自多所高等院校、研究机构及企业的专家、科研人员、青年学者四十余位代表围绕“石墨烯与纺织”主题分享了利用石墨烯材料提升某些纤维和膜材料性能的研究成果和观点。

2016 年 10 月 25 日，第十期纺织科技新见解学术沙龙暨全国纺织抗菌新材料青年论坛在上海召开。中国工程院院士姚穆、中央军委后勤保障部军需装备研究所教授级高工施楣梧、青岛阳光动力生物医药技术有限公司总经理林帆担任领衔科学家。来自高校、企业、科研院所的六十余位代表就抗菌技术新动态及产品研发展开前沿交流。

2017 年 4 月 21 日，第十一期纺织科技新见解学术沙龙在江苏无锡召开。中国工程院俞建勇院士、东华大学陈革教授、江南大学蒋高明教授、中国纺织机械协会祝宪民教授级高工共同担任本期沙龙领衔科学家。来自清华大学、浙江大学、中国科学院、东华大学、江南大学、浙江理工大学、天津工业大学、武汉纺织大学、西安工程大学、青岛大学等高校，以及中国纺织机械协会、山东如意集团、无锡一棉纺织集团有限公司、泉州佰源机械科技股份有限公司、江苏润源控股集团有限公司、恒天重工股份有限公司等行业和企业的五十余位代表就“智能制造”主题展开前沿交流。

2017 年 11 月 4 日，第十二期纺织科技新见解学术沙龙在湖北武汉召开。中国工程院院士、东华大学教授俞建勇，美国加州大学戴维斯分校教授潘宁，香港理工大学教授陶肖明，武汉纺织大学教授王栋担任本期沙龙领衔专家，中国科协学会服务中心党委书记、副主任、科技社团党委副书记刘亚东，中国纺织工程学会常务副理事长伏广伟出席会议。来自高校、科研院所、军队、企业的四十余名专家、学者就“柔性智能可穿戴技术的未来”主题展开前沿交流。

3. 纺织类学术期刊

为更好地发表和交流纺织科研新成果，目前我国共创办五十余种纺织类学术期刊。分别为:《纺织学报》《毛纺科技》《纺织导报》《棉纺织技术》《印染助剂》《合成纤维》《合成纤维工业》《印染》《染整技术》《丝绸》《服装学报》《上海纺织科技》《产业用纺织品》《针织工业》《国际纺织导报》《中国纤检》《中国棉花》《纺织器材》《纺织高校基础科学学报》《北京服装学院学报（自然科学版）》《中国麻业科学》《轻工机械》《纺织服装教育》《纺织科学研究》《成都纺织高等专科学校学报》《江苏工程职业技术学院学报》《纺织科技进展》《山东纺织科技》《化纤与纺织技术》《福建轻纺》《浙江纺织服装职业技术学院学报》《现代纺织技术》《轻纺工业与技术》《非织造布》《天津纺织科技》《纺织标准与质量》《辽宁丝绸》《四川丝绸》《黑龙江纺织》《江苏纺织》《现代丝绸科学与技术》《纺织机械》《江苏丝绸》《中国纺织》《河南纺织高等专科学校学报》《人造纤维》《河北纺织》《国际纺织品流行趋势》《上海毛麻科技》《国外纺织技术》《纺织装饰科技》《北京纺织》等。

（四）我国纺织教育与研发机构

1. 纺织专业与学位点设置情况

在本科生培养方面，全国有四十多所高校设有纺织工程专业，有六十多所高校开设了服装设计与工程专业，有二十多所高校设有轻化工程专业（染整工程方向）。

在研究生培养方面，全国有七所高校具有纺织科学与工程一级学科博士学位授予权，分别为东华大学、天津工业大学、苏州大学、江南大学、浙江理工大学、大连工业大学和青岛大学，其中前五所高校还设有纺织科学与工程一级学科博士后流动站。除上述七所高校外，还有十二所高校具有纺织科学与工程一级学科硕士学位授予权，分别为西安工程大学、北京服装学院、武汉纺织大学、中原工学院、河北科技大学、南通大学、上海工程技术大学、齐齐哈尔大学、安徽工程大学、五邑大学、四川大学和新疆大学。另外，全国还有多所高校具有纺织科学与工程一级学科下设的二级学科硕士学位授予权。

2. 国家级研发平台设置情况

目前我国建有与纺织密切相关的国家级研发平台如表 6 所列。这些平台在纺织学科科技创新和推动行业发展方面发挥了主要作用。

表 6　国家级研发平台设置情况

类　别	名　称	依托单位
国家重点实验室	生物源纤维制造技术国家重点实验室	中国纺织科学研究院
	纤维材料改性国家重点实验室	东华大学
国家工程技术研究中心	国家合成纤维工程技术研究中心	中国纺织科学研究院
	国家染整工程技术研究中心	东华大学
	国家羊绒制品工程技术研究中心	内蒙古鄂尔多斯羊绒集团有限责任公司
	国家毛纺新材料工程技术研究中心	江苏阳光股份有限公司
	国家非织造材料工程技术研究中心	海南欣龙无纺股份有限公司
	国家纺纱工程技术研究中心	山东如意科技集团
国家工程实验室	现代丝绸国家工程实验室	苏州大学

二、国内纺织科学技术学科发展现状

（一）纤维材料工程学科的发展现状

1. 生物质纤维

（1）生物质原生纤维的品种优化及功能化

生物质原生纤维主要包括棉、麻、毛、丝，近几年对这类纤维的研究工作主要包括品种优化和功能化。

“十三五”期间，棉纺织行业将以提质增效、产品多元化、优化区域布局、打造自主品牌、实现国际化战略以及绿色环保可持续发展六方面为发展方向，以产品生产、转型增效、可持续发展以及产业布局为目标。山东棉花研究中心、中国农业科学院生物技术研究所、创世纪种业有限公司和山东银兴种业股份有限公司联合承担项目“高产稳产棉花品种鲁棉研 28 号选育与应用”以及新疆农业科学院棉花工程技术研究中心、新疆农业科学院、石河子大学、新疆农业大学、新疆农垦科学院、新疆维吾尔自治区农业技术推广总站和新疆生产建设兵团农业技术推广总站联合承担项目“新疆棉花大面积高产栽培技术的集成与应用”分别获 2015 年国家科技进步奖二等奖。

在生物质原生纤维功能化方面，苏州大学、江苏华佳丝绸有限公司、张家港耐尔纳米科技有限公司的项目“高性能真丝新材料及其制品的产业化”，首次将超分子改性技术和物理加工方法相结合，制备了具有高弹性、高回复性的高性能真丝新材料，荣获 2013 年中国纺织工业联合会科学技术进步奖一等奖。

（2）生物质再生纤维的绿色制造及功能化

发展生物质再生纤维可有效扩大纺织原料来源，弥补国内纺织资源不足，是实现纺织工业可持续发展的重要手段。目前生物质再生纤维的开发主要包括再生纤维素纤维、海洋生物质纤维和再生蛋白质纤维三类。

在再生纤维素纤维方面，莱赛尔（Lyocell）纤维生产规模不断扩大，实现了产业化。山东英利实业有限公司、保定天鹅新型纤维制造有限公司、东华大学、山东大学、天津工业大学、山东省纺织设计院、上海太平洋纺织机械成套设备有限公司、山东建筑大学的项目“万吨级新溶剂法纤维素纤维关键技术及产业化”，所生产的纤维综合了天然纤维特性和合成纤维的高强度，打破国外公司多年的垄断，获得 2016 年中国纺织工业联合会科学技术奖一等奖。

在海洋生物质纤维方面，由青岛大学、武汉纺织大学、青岛康通海洋纤维有限公司、绍兴蓝海纤维科技有限公司、山东洁晶集团股份有限公司、安徽绿朋环保科技股份有限公司和邯郸宏大化纤机械有限公司承担研发的项目“海藻纤维制备产业化成套技术及装备”荣获 2016 年中国纺织工业联合会科学技术奖一等奖。海斯摩尔生物科技有限公司的项目

“千吨级纯壳聚糖纤维产业化及应用关键技术”，提升了我国壳聚糖纤维的产业化进程，获得 2013 年中国纺织工业联合会科学技术进步奖一等奖。

在再生蛋白质纤维方面，研究主要集中于蛋白质纤维的功能改性以及从天然物质中提炼再生蛋白质纤维等，已有多项研究获国家自然科学基金资助。

（3）生物质合成纤维高效纺丝技术快速发展

我国聚乳酸纤维（PLA）、聚对苯二甲酸丙二醇酯纤维（PTT）、生物基纤维尼龙（PA56）等生物质合成纤维已突破生产的关键技术，部分产品产能处于世界领先地位。

聚乳酸纤维生产规模已达到一万五千吨每年。恒天长江生物材料有限公司拥有一条二千吨每年连续聚合熔体直纺聚乳酸纤维产业化生产线，其独创的聚乳酸双组分纤维及其非织造布，解决了聚乳酸纤维在一次性卫材上应用的关键技术和瓶颈问题。2015 年，中国恒天纤维集团规划筹建十万吨级聚乳酸纤维及制品全产业链项目。

国内 PTT 纤维在生化法制备 PTT 、纤维产业化成套装备、工程化技术及其制品的生产技术发展迅速，有利于克服生产成本带来的发展瓶颈。

2. 常规合成纤维

（1）合成纤维制备技术

在常规合成纤维的生产加工技术方面，大容量熔体直纺技术已逐渐趋于成熟，并不断创新。浙江理工大学、浙江古纤道新材料股份有限公司、扬州惠通化工技术有限公司的项目“管外降膜式液相增黏反应器创制及熔体直纺涤纶工业丝新技术”，让涤纶工业丝的生产更加简化、高效、节能和柔性化，获 2016 年国家技术发明奖二等奖。

（2）合成纤维的差别化技术

差别化合成纤维的开发适应了特殊用途对纤维制品的要求，具有特殊性能和更高附加值。桐昆集团浙江恒通化纤有限公司、新凤鸣集团有限公司、东华大学、浙江理工大学的项目“超大容量高效柔性差别化聚酯长丝成套工程技术开发”，攻克了大型聚酯装置设计、制造和安装等环节的技术瓶颈，成功开发多孔、细旦、中强、扁平等多个差别化涤纶长丝品种，获 2013 国家科技进步奖二等奖。海盐海利环保纤维有限公司、中国纺织科学研究院、海盐海利废塑回收处理有限公司、北京中丽制机工程技术有限公司的项目“高品质差别化再生聚酯纤维关键技术及装备研发”，攻克了再生聚酯杂质含量多、色差大、纺丝断头多、产品品种单一等难题，开发了 POY、FDY、ITY 三大系列产品，获得 2016 年中国纺织工业联合会科学技术奖一等奖。义乌华鼎锦纶股份有限公司、广东新会美达锦纶股份有限公司、北京三联虹普新合纤技术服务股份有限公司和东华大学的项目“高品质聚酰胺 6 纤维高效率低能耗智能化生产关键技术”，获得 2015 年中国纺织工业联合会科学技术奖一等奖。盛虹控股基团有限公司的项目“熔体直纺全消光聚酯纤维开发应用与产业化”，开发出了包括异形吸湿快干全消光聚酯纤维、细旦全消光聚酯纤维、超消光聚酯纤维等系列差别化涤纶长丝，获得 2015 年香港桑麻纺织科技奖一等奖。

3. 高性能纤维

（1）碳纤维产能实现跨越

碳纤维是国民经济和国防建设不可或缺的战略性新材料，“十三五”期间我国的碳纤维及其复合材料将继续作为国家战略新兴产业发展规划中重要发展的材料之一，发展高效低成本工艺技术，引领碳纤维行业的创新，是行业发展的重要途径。由中复神鹰碳纤维有限公司、东华大学、江苏鹰游纺机有限公司共同完成的“千吨级干喷湿纺高性能碳纤维产业化关键技术及自主装备”项目，实现了中国第一条千吨级 T800 原丝生产线投产，获 2016 年中国纺织工业联合会科学技术奖一等奖。吉林碳谷碳纤维公司、长春工业大学、中钢集团江城碳纤维有限公司、吉林市吉研高科技纤维有限责任公司的项目“年产 5000 吨 PAN 基碳纤维原丝关键技术”，成功开发出 PAN 基碳纤维原丝系列产品和 PAN 基碳纤维系列产品，获 2013 年中国纺织工业联合会科学技术进步奖一等奖。

（2）芳香族聚酰胺纤维产业化不断发展

芳香族聚酰胺纤维是一种高技术含量、高附加值的特种纤维，在国家安全、航空航天、经济建设中具有不可替代的重要作用。“十三五”期间，在“中国制造 2025”战略的推动下，芳纶纤维迎来重要的发展机遇期。河北硅谷化工有限公司、东华大学的项目“高模量芳纶纤维产业化关键技术及其成套装备研发”，在国内率先实现高模芳纶纤维的产业化、芳纶生产装备的国产化，获 2014 年中国纺织工业联合会科学技术进步奖一等奖。内蒙古航天新材料科技有限公司、中国航天科工六院四十六所的项目“含杂环的芳香族聚酰胺纤维（F-12 纤维）50 吨 / 年产业化技术”，以及东华大学、圣欧芳纶（江苏）股份有限公司的项目“有色间位芳纶短纤维工业化”分别获 2015 年中国纺织工业联合会科学技术奖二等奖。

（3）超高分子量聚乙烯纤维干法生产技术实现突破

我国已突破超高分子量聚乙烯纤维关键性生产技术，具备规模化生产条件，如何进一步以技术带动产业升级，使我国超高分子量聚乙烯纤维的制备技术和装备水平接近国际先进水平，是该产品在我国的发展方向和要求。中国石化仪征化纤股份有限公司、南化集团研究院、中国纺织科学研究院的项目“高性能聚乙烯纤维干法纺丝工业化成套技术”，突破干法生产工艺，并解决了干法纺丝过程中超高分子量聚乙烯大分子缠结点控制难题，获 2013 年中国纺织工业联合会科学技术进步奖一等奖。

（4）其他高性能纤维的研发陆续取得成功

除了碳纤维、芳纶和超高分子量聚乙烯纤维三大高性能纤维之外，聚酰亚胺纤维、聚四氟乙烯纤维、聚苯硫醚纤维等高性能纤维也进行同步研发。

长春高琦聚酰亚胺材料有限公司、吉林高琦聚酰亚胺材料有限公司、中国科学院长春应用化学研究所的项目“聚酰亚胺纤维产业化”，实现了从聚酰亚胺原料合成到最终制品全路线生产，获 2013 年中国纺织工业联合会科学技术进步奖一等奖。东华大学、江苏奥神新材料股份有限公司的项目“干法纺聚酰亚胺纤维制备关键技术及产业化”，攻克了该类纤维生产线工艺集成、设备成套及其高效匹配关键技术，获2015年中国纺织工业联合会科学技术奖一等奖以及2016年国家科技进步奖二等奖。

浙江理工大学、上海金由氟材料有限公司、浙江格尔泰斯环保特材科技有限公司、总后勤部军需装备研究所、西安工程大学、上海市凌桥环保设备厂有限公司的项目“膜裂法聚四氟乙烯纤维制备产业化关键技术及应用”，研发了聚四氟乙烯纤维用膜、长丝、短纤生产工艺和设备，获2014年中国纺织工业联合会科学技术进步奖一等奖。苏州金泉新材料股份有限公司、太原理工大学的项目“抗氧化改性聚苯硫醚纤维界面技术及其产业化”获2015年中国纺织工业联合会科学技术奖二等奖。

4. 功能纤维

功能纤维的发展为传统纺织工业的技术创新及其向高科技产业的转化创造了有利条件。苏州大学、天津工业大学、苏州天立蓝环保科技有限公司、邯郸恒永防护洁净用品有限公司的项目“功能吸附纤维的制备及其在工业有机废水处置中的关键技术”，显著提高了成品纤维的力学和吸附功能，获2013年国家科技进步奖二等奖。盛虹控股集团有限公司、北京服装学院、江苏中鲈科技发展股份有限公司的项目“PTT和原位功能化PET聚合及其复合纤维制备关键技术与产业化”，研发出热湿舒适性聚酯合成及其纤维制造成套技术，获2015年国家科技进步奖二等奖。该技术的相关成果“新型聚酯聚合及系列化复合功能纤维制备关键技术”获得2014年中国纺织工业联合会科学技术进步奖一等奖。天津工业大学、天津膜天膜科技股份有限公司的成果“连续油水分离功能材料及装备”和“同质增强型中空纤维膜”分别获2017年第四十五届日内瓦国际发明展金奖和银奖。

（二）纺纱工程学科的发展现状

1. 纺纱的高速化技术

纺纱工程各工序装备随着材料科学研究成果和微电子控制技术的广泛应用，生产能力和水平不断提高，纺纱装备的生产速度有了较大提升。青岛宏大JWF1213型与郑州宏大JWF1216型梳棉机以及青岛纺机、青岛东佳、江苏金坛卓郎纺机公司梳棉机单机产量均超过一百千克每小时。江苏凯宫机械股份有限公司、中原工学院、江南大学、上海昊昌机电设备有限公司、河南工程学院的项目“高效能棉纺精梳关键技术及其产业化应用”，创新集成高效精梳设备，车速由每分钟380钳次提高到每分钟520钳次，可纺纱支由原来的高支纱扩展到中低支纱，节能9.9%，获2014年国家科学技术进步奖二等奖。天津宏大JWF1458型粗纱机和青岛环球CMT1800型粗纱机的锭子速度都在每分钟一千至一千二百转，最高设计锭速可达每分钟一千五百转。经纬纺机榆次分公司JWF1566型细纱机机械设计锭子速度已达每分钟二万五千转，达到国际先进水平。浙江凯灵纺机ZJ1618型细纱机，车头牵伸及钢领板升降均采用电机单独驱动，锭子速度也在每分钟一万九千转以上。

2. 纱线品质提升技术

近年来，各种纺纱技术不断创新发展，拓宽了纱线的适纺范围，实现了纱线品质的提高。由武汉纺织大学研发的柔洁纺纱技术，在普通环锭细纱机三角区施加纤维柔顺处理，将外露纤维有效地转入纱体内，改善纱线光洁度，能与单纺、赛络纺及其他纺纱技术组合，对各种刚性、柔性纤维均适用，已于2015年实现产业化。无锡一棉与江南大学的“特高支精梳纯棉单纺紧密纺纱线研发及产业化关键技术”，基于集聚纺集聚区内流场分析研究，成功研制四皮圈超大牵伸与集聚纺融合技术，生产出高品质的特高支纱线、紧密纺纱线和特种混纺纱线，获2014年中国纺织工业联合会科学技术进步奖一等奖。湖南华生集团公司、东华大学、湖南农业大学的项目“苎麻生态高效纺织加工关键技术及产业化”，设计开发了苎麻紧密纺专用部件及工艺，获2016年国家科学技术进步奖二等奖；总后勤部军需装备研究所、武汉汉麻生物科技有限公司、云南汉麻新材料科技有限公司、郑州纺机工程技术有限公司、恒天立信工业有限公司的项目“汉麻高效可控清洁化纺织加工关键技术与设备及其产业化”，创新了麻类前纺工艺技术、紧密赛络和潮态等纺纱关键工艺和设备，开发了功能性汉麻系列纺织品，获2016年中国纺织工业联合会科学技术奖一等奖。江南大学与经纬纺机榆次分公司联合研制了三通道数码环锭纺纱机，通过对纺纱成型机构的数字化驱动和程序控制，纺制三原色随机配比的数码混色纱、数码段彩纱、线密度随机分布的数码竹节纱、色彩及细度单向逐渐变化的数码渐变纱。

3. 纺纱生产流程自动化和连续化技术

我国在精梳自动换卷和棉卷接头系统、条筒自动供应运输系统、粗纱自动落纱及粗细联系统、细纱自动落纱及细络联系统、筒纱自动打包运输系统等方面不断完善，纺纱生产流程自动化和连续化水平进一步提高。江苏凯宫机械股份有限公司开发了精梳装备的自动输送棉卷、自动换卷、自动上卷及棉卷自动接头及装置，实现了清理筒管、推出空管、自动上卷、自动找头、卷头裁齐、自动接头等动作。北京经纬纺机新技术有限公司开发的JWAGV自动运输小车，由车载驱动控制系统、车体系统、导航系统、安全与辅助系统组成，实现了在梳棉－并条，并条－粗纱，精梳－粗纱等流程中完成条筒的自动输送。青岛环球集团股份有限公司的项目“粗细联合智能全自动粗纱机系统”，实现了粗纱到细纱工序的数字化、智能化输送，满足了纺纱厂对粗细联系统的实际生产要求，获2015年中国纺织工业联合会科学技术奖一等奖。经纬榆次分公司JWF1562型细纱机与青岛宏大SMARO自动络筒机联接，采用“细络联”将细纱机落下的管纱通过联接系统直接输送到自动络筒机上络成筒子，使细纱与络筒两个工序用工最少。青岛环球研发的“HTBW-01筒纱智能包装物流系统”，采用智能化机械手抓取筒纱，AGV小车载重100～150千克，以大约20～30m/min速度运输，实现了筒纱的自动化包装，通过了2016年科技成果鉴定。

4. 纺纱智能化在线监测技术

纺纱在线检测是未来智能纺纱发展的重要基础与保障，极大影响生产效率。山东华兴纺织集团有限公司、郑州轻工业学院、郑州天启自动化系统有限公司、赛特环球机械（青岛）有限公司、日照裕华机械有限公司的项目“环锭纺纱智能化关键技术开发和集成”，建成了从原料投入到成品入库的智能化生产线，实现了柔性化生产管理，生产质量在线监测及分析，提高了生产效率，缩短了研发周期，减少了用工，提升了纱线质量，获 2016 年中国纺织工业联合会科学技术奖一等奖。此外，中国江苏大生与经纬纺机合作的国家智能制造“数字化纺纱车间”项目 2014 年正式投产，系统采用全套经纬纺机的清梳联系统、粗细络联系统、智能物流输送系统等，实现了纺纱生产的智能化和自动在线监测与控制。

（三）机织工程学科的发展现状

1. 环保浆料及高效上浆技术

机织工程在上浆工艺采用环保浆料、形成绿色环保浆纱技术，并着眼于数字化信息集成、互联网通信等技术研究。西安工程大学等单位承担项目“基于中低温浆纱技术的浆料制备关键技术”，研究了适用于中温浆纱技术的无吸湿再粘的聚丙烯酸类浆料，获得 2016 年中国纺织工业联合会科学技术奖二等奖。鲁泰纺织股份有限公司、江南大学、武汉纺织大学、常州市润力助剂有限公司、宜兴市军达浆料科技有限公司合作的项目“经纱泡沫上浆关键技术研发及产业化应用”，围绕经纱泡沫上浆关键技术进行了系统的创新研究，促进了经纱上浆和退浆生产的低耗、节能和减排，该项目获得 2015 年中国纺织工业联合会科学技术奖一等奖。天华企业发展（苏州）有限公司、西安工程大学等单位完成的项目“半糊化节能环保上浆及浆料制造新技术”获得 2013 年中国纺织工业联合会科学技术进步奖一等奖。

郑州纺机研制的双面上蜡装置及分层上蜡装置，有效地解决了头份多密度大的经纱上蜡问题，已获得国家发明专利。郑州纺机、荣意来等公司基于人工智能的控制系统对浆纱伸长率、回潮率、压浆力、温度等浆纱工艺参数实现精确控制，对生产过程的全部参数采集、存储、传输，实现与 ERP 管理系统对接，并实现在线的统一生产和管理，提升了浆纱设备的智能化水平。

2. 无梭织机的高速化技术

无梭织机的高速化仍然是机织工程学科进步的重要目标。近年来，国产喷气织机车速得到了快速发展。青岛天一集团红旗纺织机械有限公司的喷气织机拥有良好的机械性能和智能化控制技术，转速超过 1500r/min，逐步缩小了国内外差距并达到国内领先水平。上海中纺机生产的 GA708 喷气织机，有 190 和 280 两个系列，能以 1200r/min 的车速织造全棉衬衣面料和家纺面料。

喷水织机车速从过去的 500 ~ 700r/min，普遍提高到 700 ~ 900r/min；入纬率也从 1000m/min，提高到 1800m/min，甚至高达 2500m/min。目前，国产部分喷水织机实验和演示车速有了大幅提升，可高达 1400r/min。

另外，宽幅织机的研发也推进了机织生产的高速化。天一红旗纺织机械有限公司等推出了门幅达460厘米的宽幅喷气织机，使喷气织机能织造原主要由剑杆、片梭织机织造的部分超宽幅产品。浙江万利纺织机械有限公司、浙江理工大学研发的“宽门幅产业用布剑杆织机关键技术的研究及产业化”项目获得“纺织之光”2016年中国纺织工业联合会科学技术奖二等奖，解决了高密、宽幅、厚重等产业用纺织品国产设备加工的难题。

3. 无梭织机的低能耗技术

近年来国内无梭织机由低、中端向高端延伸，节能降耗水平稳步提高。山东日发纺织机械有限公司在国内高速织机上率先应用开关磁阻电机调速技术，可自动变速和变纬密织造，同等织造条件下比使用传统电机节能15%以上。恒天重工股份有限公司推出的G1736型剑杆织机采用了具有自主知识产权的永磁同步电机和开关磁阻电机，可轴向移动的双工位的电机驱动装置等集成技术，缩短传动链、扩大调速范围、加大启动转矩，从而有效地降低功耗。

青岛同春机电科技有限公司的TC980A-340-2C喷气织机在与同类织机同等生产状态下，可节能30% ~ 40%。长岭纺电的CA082喷气织机是国内首家实现八色引纬织造的喷气织机，实现了高效节能。

4. 机织产品CAD技术

机织CAD技术的研究重点仍主要集中在织物的仿真模拟、CAD系统的集成化和智能化等方面。浙大经纬公司的棉织像景自动处理软件、丝织像景自动处理软件、床品工艺自动处理软件等能够实现单一品种织物设计流程的完全自动化。浙江大学设计了纺织物定制平台，实现行业信息整合、纺织物一站式定制以及纺织物线上交易等功能，并通过将可网络化的纺织CAD技术封装成云服务插件解决了传统纺织CAD软件使用成本高以及维护不便等问题；浙江大学另一项研究是基于改进的Potrace算法开发矢量技术在纹织CAD中的应用，实现索引色纹织物图像矢量化。天津工业大学开发的织物CAD在线设计系统结合了网络技术和数据库技术，该系统除了具有原有CAD软件的优点外，还能提供网络协同设计、信息交流、丰富的素材数据库等功能。

（四）针织工程学科的发展现状

1. 针织提花技术

针织提花具有技术含量高、产品附加值高的特点，代表针织产业的发展方向。近年来，在针织纬编提花装备关键技术方面，已解决了成圈和导纱部件的高动态响应控制难题，研制了纬编移圈提花、调线提花、立体提花和成形提花四大系列装备和配套系统。在针织经编提花装备关键技术方面，江南大学在国内率先研制出经编高速提花、毛圈提花、毛绒提花、成形提花和剪线提花五大系列装备和配套系统。在针织横编提花装备关键技术方面，江南大学研发了具有自主知识产权的提花、移圈、添纱和嵌花核心部件以及控制模块，解决了成圈张力波动过大难题，在国内率先研制成功横编颜色提花、结构提花和横编成形提花系列装备。

2. 针织成形技术

在经编无缝成形技术方面，江南大学完善了普通经编产品的无缝成形理论，解决了经编成形织物的无缝连接难题，开创了经编无缝提花织物设计和研发流程规范。在纬编无缝成形技术方面，江南大学、惠安金天梭和江苏润山公司等单位提出了提花、变密度和移圈复合无缝成形技术，攻克了纬编无缝内衣、成形鞋材和成形时装的生产方法，开发了纬编无缝成形织物设计与仿真系统，获得国家科技支撑计划支持；东台恒舜数控精密机械科技有限公司等单位完成的项目“HYQ 系列数控多功能圆纬无缝成型机”，获得 2015 年中国纺织工业联合会科学技术奖一等奖。在横编全成形技术方面，江苏金龙公司与江南大学一道攻克局编、筒形编织、隔针编织等横编成形技术，实现了双针床电脑横机上的全成形产品生产。

3. 针织装备高速化与数字化技术

在经编装备技术方面，近年来对电子送经、牵拉卷取、梳栉横移和贾卡提花等开展了较为深入的研究。常德纺机制造的二梳特里科经编机的生产速度在 3000r/min 以上、机号已达到 E36，四梳特里科经编机也达到 1600r/min 以上、机号已达到 E32。江南大学研发项目“基于高动态响应的经编集成控制系统开发与应用”，获得 2014 年中国纺织工业联合会科学技术进步奖一等奖。在圆纬机技术方面，近年来对电子选针、自动密度调节、断纱自停、纱长检测与坏针检测等方面有较多研究。泉州凹凸制造的 32 寸单面开幅圆纬机的生产速度已提升到 45r/min。计算机控制技术在针织机上的应用使得针织装备也产生了质的飞跃。航星 HX-A-DTT4 单面电脑调线大提花针织机，每一枚织针均可实现成圈、集圈、浮线的三功位提花编织，并且可在机器上进行实时花型修改，更换花型方便快捷，机器生产速度可达 20r/min。在横编机方面，宁波慈星的 GE2-52C 型电脑提花横机、CX252S 型电脑鞋面横机等的最高生产速度均已达到 1.6m/s。浙江师范大学与宁波慈星股份有限公司项目“支持工业互联网的全自动电脑针织横机装备关键技术及产业化”，攻克和掌握了自动起底编织、高品质复杂花型编织、高速编织成圈机构、针织物模拟和针织物组织自动识别、多传感器信息融合智能控制策略技术及工业互联网智能制造集成技术，获 2016 年国家科学技术进步奖二等奖。

4. 针织 CAD 技术

随着针织、计算机、互联网技术的进步，针织 CAD 不仅实现了工艺设计、花型设计、织物仿真等基本功能，而且加强了三维虚拟展示和产品数据库建立等方面的开发。

在经编 CAD 方面，江南大学研发的 WKCAD 系统具有垫纱设计、贾卡绘制、织物仿真、数据输出等功能，已得到国内经编企业的认可，是目前同行业中使用最多的经编针织物 CAD 系统。在纬编 CAD 方面，国内实现了纬编针织物三维模拟，可保证动态仿真的实时性，又得到了逼真的花色组织纬编织物。在横编 CAD 方面，横编花型准备系统主要有 HQ–PDS 系统、智能吓数系统等，已经实现了数据结构、图形表达、织物设计方法以及成形工艺等功能。

5. 针织 MES 技术

针织 MES 向用户提供生产管理和制造环境等实时信息，降低了企业成本，提高了产品质量。

江南大学承担江苏省产学研联合创新资金——前瞻性联合研究项目和国家工信部智能制造综合标准化与新模式应用项目“针织设备网络管理通信接口和规范及互联互通互操作试验验证”，建立“经编机通用网关技术规范”和“经编机网络通信数据协议”等行业标准，并且建设经编机标准试验验证平台和经编机互联互通及互操作示范试点。江南大学自主研发的互联网针织 MES 系统于 2017 年 4 月通过中国纺织工业联合会组织的科技成果鉴定，已成功应用于国内 10 余家企业。

此外，常熟市悠扬信息技术有限公司开发了适用于经编厂的悠扬 MES 系统，可实现生产信息的采集、数据的收集和分析、查询和输出报表；厦门市软通科技有限公司开发软通织机实时监测系统适用于纺纱、机织、针织、印染等设备；福建中织源网络科技有限公司开发了适用于纬编企业的针织 MES 系统。

（五）非织造材料与工程学科发展现状

1. 静电纺丝非织造技术

静电纺丝非织造技术因其纺丝原料来源广，并能够实现低成本制备多样性的纳米纤维膜，而在非织造及相关领域研究中被广泛关注。近年来国内在静电纺丝非织造技术产业化方面进行了大量研究，如北京化工大学成功开发了熔体微分静电纺丝技术、东华大学开发出锯齿形环状无针静电纺丝技术等。在静电纺丝技术应用研究方面，东华大学成功制备出了胶原 / 壳聚糖复合抗菌敷料膜、空气过滤用静电纺聚苯乙烯 / 碳纳米管复合纤维膜、PVDF/PSU 复合抗菌纳米纤维空气过滤材料等众多高性能纳米纤维膜，在生物医疗、过滤、空气传感器以及气体检测等方面被广泛应用。天津工业大学开发氧化石墨烯增强的骨仿生静电纺左旋聚乳酸纳米纤维支架。苏州大学开发了新型气泡静电纺丝技术及制备自清洁纳米纤维膜，展现了仿荷叶效果。江南大学利用乳液聚合制备了光敏抗菌型静电纺丙烯酸甲酯 / 丙烯酸纳米纤维和甲基丙烯酸甲酯 / 甲基丙烯酸共聚物光敏抗菌型纳米纤维膜，表现出良好的抗菌效果，抗菌率可达到 99.99%。

2. 双组分及复合非织造加工技术

近年来非织造新工艺主要以复合加工为主。同时，随着复合纺丝技术的发展，复合纺丝技术与纺熔非织造布的成网、加固技术相结合生产的双组分纺熔非织造布，以其优异的性能获得越来越多的关注。温州昌隆纺织科技有限公司在双组分纺粘设备和生产以及纺熔复合方面填补了国内空白。东华大学基于国内外纺熔复合成型的相关研究，提出了采用皮芯型双组分聚酯 / 聚烯烃纺粘熔喷复合的方案。

近年来，纺粘 / 熔喷复合非织材料因其在阻隔性能和强度等方面优异的性能而被广泛用于医用等领域。山东俊富非织造有限公司和山东省非织造材料工程技术研究中心合作完成的“医疗卫生用纺熔柔性非织材料开发与应用”项目，实现了材料的软质化，显著提高了产品的柔软性与亲水性，并通过后处理技术，赋予材料抗菌、亲水、去除异味等特性，同时，该产品还可以与胶原蛋白纤维复合，改善触感，增强吸水性能，大大提高了舒适性能。

3. 非织造新材料及非织造装备开发技术

非织造用新材料的研发为非织造产品的发展提供了更大的可能和更广阔的空间。由东华大学等单位合作完成项目“医卫防护材料关键加工技术及产业化”，开发出了功能性医卫非织造材料，整体技术达到国际领先水平，获得 2016 年中国纺织工业联合会科学技术奖一等奖。天津工业大学等单位合作承担项目“新型熔喷非织造材料的关键制备技术及其产业化”获得 2014 年国家科技进步奖二等奖。

非织造装备的研究与智能化技术开发成为促进非织造产品发展的重要因素之一。山东日发纺织机械有限公司梳理机的 PLC 采用 PID 控制和工控机 + 组态的电气控制，对梳理机整个系统进行完整的实时监测与控制，同时保证无纺生产线的工作连续性和稳定性，提高了出网的速度与质量。天津工业大学利用原位聚合法制备微胶囊并结合干法涂层工艺将微胶囊整理至纺粘—熔喷—纺粘（SMS）织物上，制得智能调温织物。

4. 废旧纤维制品循环利用技术

我国废旧纤维制品高值化利用方向主要为空调用隔音棉，汽车用吸音、隔音、隔热、保温、减震、填充、内饰产品，建筑保温材料和农用大棚以及物流领域等。近几年，用再生聚酯纤维生产纺粘非织造布的市场发展很快，很多企业开始研发生产高品质的再生纺粘布。当前我国废旧纺织品再利用量约为每年三百万吨，综合利用率 15%。

（六）纺织化学与染整工程学科的发展现状

1. 纺织染料

近年来染料加工领域的技术发展主要体现在新结构高性能染料开发和功能化染料研制。

在新型染料开发方面，大连理工大学等单位合作完成项目“基团功能强化的新型反应性染料创制与应用”，研发了同结构类型综合性能优异的单发色体、反应基团或发色基团连接的双发色体反应型染料，并创制了红、黄、蓝、黑四色近 100% 固色纤维的数码喷墨印花染料，解决了长期困扰国际染料行业的难题，该项目获 2016 年国家技术发明奖二等奖。

在新型功能化染料研究方面，江南大学发明了一种用于同步实现纺织品着色与抗皱整理的UV固化偶氮苯－聚氨酯基高分子染料的制备方法，解决了低分子偶氮苯染料耐热迁移性、耐溶剂性及安全性较差等问题。

在染料精细化、功能化后处理技术方面，天津工业大学和青岛大学制备了具有比表面积大、色彩鲜艳、耐光稳定性强等优点的彩色共聚物微球。东华大学成功制备了分散染料微胶囊，实现了分散染料绿色环保的无污染清洁染色。苏州世名科技股份有限公司和江南大学制备的纳米自分散炭黑比普通商品化炭黑分散体具有更高的K/S值和更好的匀染性。上海英威喷墨科技有限公司制备出纺织品数码喷墨印花水性颜料墨水，大大提高了印花织物色牢度。

2. 印染前处理技术

开发高效低耗、节能的短流程前处理清洁生产工艺，始终是前处理工序技术开发的主要趋势。近年来前处理技术开发主要集中在包括低温前处理技术、生物前处理技术、新能源、新设备的应用。

东华大学等单位合作承担的项目“纺织品低温前处理关键技术”获得2013年中国纺织工业联合会科学技术进步奖一等奖。山西彩佳印染有限公司自主研发项目“棉织物低温快速连续练漂工艺技术”，开发了温度低、流程短、低排放的棉织物连续快速冷堆练漂工艺，获得2014年中国纺织工业联合会科学技术进步奖一等奖。江南大学制备了发酵粗酶液、混和菌群发酵粗酶液与淀粉酶复配，实现了涤棉混纺织物经纱上淀粉、PVA浆料及其他天然杂质的一浴一步法去除。苏州大学研究了超临界CO_2流体中棉织物的前处理技术，棉织物退浆后失重率与传统水浴法相当，润湿性好，表面浆膜得到有效去除。南通纺织丝绸产业技术研究院开发了激光烧毛机和等离子体烧毛机，与传统烧毛机相比，这两种烧毛设备具有安全、经济、环保、操控简单等优点。

3. 染色与印花加工技术

在染色技术方面，无盐染色、纱线连续涂料染色、新型蜡染、无水染色、数字化染色技术等均取得进展。华纺股份有限公司承担项目“家纺宽幅高档面料湿蒸无盐染色工艺的研究与产业化开发”实现了家纺宽幅高档面料的湿蒸无盐染色生产，获得2015年中国纺织工业联合会科学技术奖三等奖。张家港三得利染整科技有限公司等单位共同承担的项目“多花色新型纱线连续涂料染色技术和设备”以及苏州大学和吴江飞翔印染有限公司共同承担的项目“超临界CO_2流体无水绳状染色关键技术及其装备系统”分别获得2014年中国纺织工业联合会科学技术进步奖二等奖。济宁如意印染有限公司研发项目“活性染料低温短流程带蜡印染技术的研发与应用”获得2015年中国纺织工业联合会科学技术奖三等奖。山东康平纳集团有限公司等单位研究项目“筒子纱数字化自动染色成套技术与装备”获得2014年国家科技进步奖一等奖。

在印花技术方面，常规印花和数码印花技术均取得较大进步。浙江富润印染有限公司研发项目“雕印九分色仿数码印染工艺技术研发及其产业化”实现了传统印花机用雕印工艺生产具有数码印花效果的产品，获得2016年中国纺织工业联合会科学技术奖二等奖。愉悦家纺有限公司等单位承担项目“高精度圆网印花及清洁生产关键技术研发与产业化”，获得2015年国家科技进步奖二等奖。浙江大学等单位共同承担项目“图像自适应数码精准印花系统”，获得2013年中国纺织工业联合会科学技术进步奖一等奖。另外，浙江大学等单位突破性地完成了超大流量数码喷印数据实时并行处理引擎，实现设备喷印速度在每小时一千平方米以上，项目成果获浙江省科学技术奖一等奖。鲁丰织染有限公司等单位解决了活性染料喷墨印花得色量低、色彩不饱满的问题，实现高精度喷墨印花产业化，技术成果获得中国纺织工业联合会科学技术奖并入选第十批《中国印染行业节能减排先进技术推荐目录》。

4. 后整理加工技术

后整理加工技术主要在生态功能性助剂开发、新型功能性整理剂以及生态整理技术等方面有所突破。武汉纺织大学、鲁泰纺织股份有限公司开发了纯棉高品质面料的低甲醛免烫整理技术，技术成果获得2016年中国纺织工业联合会科学技术奖二等奖。辽东学院开发了性能优异的阻燃、防水透湿、防寒、防紫外线等多种功能性面料，技术成果获得2016年辽宁省科技进步奖二等奖。东华大学开发了一系列基于紫外固化反应的后整理方法，相关加工技术操作简单，效率高、绿色清洁，成本较低廉，具有较高工业生产可行性。武汉纺织大学等单位发明了一种单面羊毛织物的亲水、抗静电整理装置及整理方法，采用大气压下类辉光放电区域加亲水整理剂喷雾器和烘干的结构用于羊毛织物单面亲水的改性。

5. 生态环保及资源回收技术

该类技术进展主要体现在纺织废弃物回收再利用、提高废水处理效果和回用两方面。苏州大学、鑫缘茧丝绸集团股份有限公司等单位承担的科研项目“丝胶回收与综合利用关键技术及产业化”，荣获2013年国家科技进步奖二等奖。宜兴乐祺纺织集团有限公司、河海大学等单位开发了一套印染企业低废排放和资源综合利用技术，研发了印染废水高效厌氧水解铵化及碳源补给技术，并确定了基于电导率在线自动精确控制的印染废水分质处理与回用控制指标，项目成果获得2016年中国纺织工业联合会科学技术奖三等奖。

（七）服装设计与工程学科的发展现状

1. 高新技术在服装设计与研发中的应用

高新技术在服装设计与研发中的应用主要集中在人体测量技术、服装虚拟设计、智能穿戴技术以及服装功能评价等方面。

三维人体测量为详细人体尺寸的获取及服装结构优化、服装虚拟试穿及三维展示中的人体模型等方面提供了有效的人体基础数据。上海嘉纳纺织品科技有限公司研发项目“服装三维测体试穿系统的开发及应用”，获得2014年中国纺织工业联合会科学技术进步奖三等奖。近年来，服装行业采用虚拟化技术，包括虚拟现实（VR）技术，引起了学界和产业界的重点关注。东华大学“基于少量输入的高精度虚拟服装悬垂空间的重构方法”获得2015年国家自然科学基金资助。智能服装作为智能可穿戴技术的一种形式，已成为服装领域一个研究热点和未来发展方向。江南大学“基于感性需求的安全服装智能设计模型研究”项目获得2015年国家自然科学基金资助。在各种功能服装性能的评价方面，通过运用数字人体模型和个人防护装备模型可实现对服装的工效性能进行评价。江南大学“服装局部通风机制及其热湿舒适性关系研究”项目获得2015年国家自然科学基金资助。

2. 服装的智能制造技术及应用

近年来在服装制造流程层面上自动化、信息化、智能化取得了一些集成创新成果。河北省科技计划项目“基于IE方法的纺织服装智能制造工艺模板技术开发与应用研究”，通过优化智能生产线上的工序、设定智能生产线的节拍、加强工序作业标准化管理等一系列的作业研究，开发出智能化服装工艺模板解决了企业诸多生产管理方面的难题。上海深厚数码科技有限公司研发成果“基于一体化柔性模型与企业云平台的服装大规模定制系统”，采用大数据、计算机辅助设计技术、数字虚拟技术进行开发，成果已在报喜鸟、乔治白等企业应用。上海威士机械有限公司成果“服装自动化生产集成系统”实现了从缝制、整烫、过程输送到入库的系统集成和数据的无缝对接和数据化管理。

此外，上海和鹰和北京起重院共同研发出以无线射频技术（RFID）为核心技术的全自动立体仓储物流配送系统。东华大学和上海易裁信息技术有限公司合作成果“基于三维技术的个性化男装定制关键技术的研发与商业化”分析和解决了定制服装中的共性问题。上海和鹰公司研发出3D-CAT/（3/2D-CAD）/CAM智能集成服装设计裁剪系统。上工申贝推出西服和西裤生产流程专用的智能包缝机和多针机系列。杭州派思企业管理咨询有限公司采用基于IE工程技术的TPS磨矿一体化生产模式，实现服装企业信息化、数据化实时监控和调度，大幅提高生产效率。

3. 功能防护服装设计与研发

服装的功能防护性一直以来是服装行业的研究热点。在热防护功能方面主要集中于基于CFD的三维燃烧假人的传热模型、低辐射热暴露环境的热防护研究及热防护性能与热舒适性能关联性研究；在冷却功能方面主要讨论个人冷却服装的优势与劣势。在运动防护功能方面，主要研究结构优化、动态穿着舒适性、运动功能性、抗风阻等以及运动智能穿戴技术和运动文胸等。在医学保健功能方面，主要是针对老人防止摔倒、病患心电监控以及户外跑步、瑜伽锻炼来完成功能服装设计研发等。东华大学和深圳优普服装科技有限公司共同承担的项目“防护服的多功能设计研发及性能评价”，研发具有防火隔热、防水透气、防毒抗菌等多种功能防护服，成果已广泛应用于阻燃防护服、防化服等防护装备产品生产，该项目获得2013年中国纺织工业联合会科学技术进步奖二等奖。

4. 服装营销与管理系统开发技术

随着科技的不断发展，带动服装营销新模式的发展，主要包括展示间模式、电子商务网络平台、移动营销、“新零售”等营销方式。其中，以红领集团为代表的酷特（Cotte）平台和魔幻工厂（APP）发展最为迅速，已累计拥有二百一十万顾客数据，版型数据达到百亿规模。此外还有“全球首家 C2M 电子商务平台”的“必要商城”和网易旗下主打原创生活类商品的自营电商平台“网易严选”为代表的供应链前端整合平台。近年来助推网购市场开始向“线上 + 线下”“社交 + 消费”“PC+ 手机 +TV”“娱乐 + 消费”方向发展，整合营销、多屏互动等模式成为发展的方向。以消费者为中心的会员、支付、库存、服务等方面数据的全面打通为核心的“新零售”模式也迅速发展。博商云是国内首家开始研究新零售系统的企业，属于新零售系统的领导者。此外，国内外增强现实技术相关研究日益增多，在服装领域的应用研究也逐步开展。

（八）产业用纺织品学科的现状与发展

1. 医疗与卫生产业用纺织品的研发

医疗与卫生产业用纺织品主要包括医用组织器官材料、高端医用防护产品和新型卫生用品。东华大学、天津工业大学、浙江和中非织造股份有限公司等承担并完成项目“医卫防护材料关键加工技术及产业化”，发明了溶液纺丝和高速气流拉伸细化技术，对聚合物微纳纤维熔喷滤料的过滤效率，拒酒精、血液、油类性能，高抗静电及手感柔软性能进行优化提高，实现液体垂直渗透和平面扩散性能的完美平衡，开发了多层复合功能性医用敷料，该项目 2016 年获得中国纺织工业联合会科学技术奖一等奖。天津工业大学、天津凯雷德科技发展有限公司研究完成项目“可穿戴用柔性光电薄膜关键制备技术及其应用开发”，对柔性碳纳米管透明导电薄膜制备进行技术创新，使其产业化生产成为可能，于 2016 年获得中国纺织工业联合会科学技术奖二等奖。浙江和中非织造股份有限公司使用 10%ES 纤维、50% 粘胶纤维和 40% 涤纶短纤作为原料研发出超薄型高强度低延伸水刺卫生新材料，产品在较高带液率的条件下，同时又具有较薄的厚度，使得面膜中的营养液能够有效充分的利用，而且本产品较高的柔软性使得面膜具有较低的弯曲刚度，使其能够充分的和面部皮肤接触且具有良好的触感。

2. 过滤与分离产业用纺织品的研发

过滤与分离用纺织品主要应用于环境保护领域。浙江理工大学、浙江格尔泰斯环保特材科技股份有限公司等承担并完成项目“垃圾焚烧烟气处理过滤袋和高模量含氟纤维制备关键技术”，提高了环保滤料的生产工艺和设备水平，为我国具有国际先进性排放标准的制定奠定了物质和技术基础，于 2016 年获得中国纺织工业联合会科学技术奖一等奖。厦门三维丝环保股份有限公司承担并完成项目“三维非对称氟 / 醚复合滤料关键技术及应用”，有效解决了燃煤锅炉高温烟气粉尘治理的滤料选型难题，获得 2014 年中国纺织工业联合会科学技术进步奖二等奖。同时，该公司针对水泥窑尾选用玻纤覆膜滤料不耐磨、不耐拆、不抗水解的问题，研制了水泥窑尾袋式除尘器耐高温抗水解芳砜纶/聚酰亚胺复合滤材，获得 2016 年中国纺织工业联合会科学技术奖二等奖。天津工业大学、天津海之凰科技股份有限公司等承担并完成项目“疏水性中空纤维膜制备关键技术及应用”，在传统中空纤维疏水膜表面构筑具有微纳米双结构微突的类荷叶超疏水微结构，为疏水性中空纤维复合膜可控制备与规模化提供技术支撑，发明了系列废水处理方法，获得 2015 年中国纺织工业联合会科学技术奖二等奖。

3. 土木与建筑产业用纺织品的研发

土木与建筑用纺织品主要应用于基础设施建设配套材料。江苏迎阳无纺机械有限公司、天津工大纺织助剂有限公司、南通大学、山东宏祥新材料股份有限公司承担并完成项目“宽幅高强非织造土工合成材料关键制备技术及装备产业化”，实现了国产短纤针刺土工布生产技术及装备水平的重大突破，获得 2015 年中国纺织工业联合会科学技术奖一等奖。东华大学、上海申达科宝新材料有限公司、浙江明士达新材料有限公司、江苏维凯科技股份有限公司承担并完成项目“功能性篷盖材料制造技术及产业化”。攻克了篷盖材料增强体组织结构设计与加工、膜材与增强体复合加工关键技术，解决了 PVC 膜材表面活化处理关键技术，建立了高性能篷盖材料性能评价体系，获得 2015 年中国纺织工业联合会科学技术奖一等奖和 2016 年香港桑麻纺织科技奖二等奖。泰安路德工程材料有限公司承担并完成项目“高强智能集成化纤维复合土工材料研发及应用”，于 2015 年获得中国纺织工业联合会科学技术奖二等奖。

4. 安全与防护产业用纺织品的研发

安全与防护用纺织品主要应用于应急和公共安全领域，包括防弹防刺、功能防护、消防卫生等纺织品。中原工学院、保定三源纺织科技有限公司承担并完成项目“阻燃、隔热多功能织物复合关键技术与应用”，开发了热舒适度值（湿阻）优于相关标准要求的芳纶混纺面料，该项目获得 2015 年中国纺织工业联合会科学技术奖二等奖。天津工业大学承担并完成项目“热防护织物的制备与性能研究”，获得 2015 年中国纺织工业联合会科学技术三等奖和 2015 年香港桑麻纺织科技奖二等奖。浙江理工大学、绍兴金隆机械制造有限公司承担并完成项目“多功能特种手套关键技术与装备的研发”，实现了弹性复合纤维材料的高耐磨、防切割和抗静电等功能以及多功能特种手套技术产品的产业化，获得 2015 年中国纺织工业联合会科学技术奖二等奖。

5. 结构增强产业用纺织品的研发

结构增强产业用纺织品主要是指增强骨架材料、航空航天材料等。东华大学、中材科技股份有限公司、常州市武进五洋纺织机械有限公司、常州市第八纺织机械有限公司共同承担并完成的“航天器用半刚性电池帆板玻璃纤维经编网格材料”的开发，成功应用于“天宫一号”航天器，并于 2016 年成功地为“天宫二号”提供能源动力。天津工业大学研制的用于复合材料增强骨架材料的三维立体纺织增强材料，具有重量轻、强度高、抗烧蚀的优异性能，已成功运用于2016年神舟十一号载人飞船。上海市纺织科学研究院等单位完成项目“多功能飞行服面料和系列降落伞材料关键技术及产业化”，获得2016年中国纺织工业联合会科学技术奖一等奖。东华大学、西安空间无线电技术研究所、五洋纺机有限公司、江苏润源控股集团有限公司、常州市第八纺织机械有限公司承担并完成项目“高性能卫星大型可展开柔性天线金属网材料经编生产关键技术及产业化”，建立了国内首条唯一的经编金属网产品产业化生产线。

三、国内外纺织科学技术研究进展比较

（一）纤维材料工程学科国内外研究进展比较

我国纤维材料技术取得的多项突破体现为：差别化、功能化纤维加工及产品开发技术取得突破，差别化率不断提高；生物质纤维材料开发取得进展；高性能纤维材料加工技术进一步提高，一批纤维产业化技术取得突破；化纤装备技术国产化水平提高等。国际上，化纤界在纳米纤维材料、生物基纤维、高性能纤维等领域持续发力，先发优势明显，成为我国纤维材料行业追赶的目标。

在生物质纤维方面，奥地利兰精公司建成全球最大的六万七千吨每年的生物质再生纤维 Lyocell 生产线，目前产能已达每年二十二万吨。国内保定天鹅新型纤维制造有限公司和山东英利建成一万五千吨每年的 Lyocell 纤维生产线，分别于2014年和2015年投产，打破了国外公司多年垄断，但生产能力存在较大差距。我国生物质纤维面料的研究几乎涉及了所有方面，有些方面也已经取得了一定的成绩。总体而言，我国的研究水平和产业化成果与发达国家相比仍有一定差距，尤其缺乏原创性的成果。

在差别化纤维开发方面，我国差别化纤维种类跟国际先进水平相当，且科研成果工程化、市场化成果显著，已有十几大类新产品投入批量生产，超细旦、高收缩、阳离子染料可染、多功能混纤复合长丝等发展迅速。但是，我国差别化纤维在研发技术和纺丝设备上与国外仍有差距，新技术、新产品开发能力相对较差，阻碍了一些差别化纤维品种的发展。

在高性能纤维方面，日本、美国等国家在碳纤维生产上高速发展，特别是日本东丽在 T1100 碳纤维生产上已经获得较大进展。东丽利用碳化技术，在纳米尺度上精确控制纤维结构，可提高预浸料的抗拉强度和抗冲击性，T-1100G 高级碳纤维材料制备技术正在逐渐成熟。总体上，我国与日本在碳纤维研制方面的差距在缩小，但仍然存在两代左右的差距。在芳香族聚酰胺纤维的生产上，日本帝人公司实现了新型高耐热和染色间位芳纶的生产；2016年我国间位芳纶产能已达八千五百吨，与国外相比还存在一定差距。全球对位芳纶的主要生产商有美国杜邦、日本帝人、韩国科隆、韩国晓星等；国内有十余家企业正

在进行对位芳纶产业化生产与开发，已经取得了显著的成果，但与国外相比还存在设备性能差、生产效率低、产品性能不稳定、品种少、系列化程度低等问题，还不能满足国内实际生产需求。

（二）纺纱工程学科国内外研究进展比较

在纺纱生产高速化方面，与国外相比，我国在设备制造精度、技术先进性及高速运转的稳定性等方面仍有一定差距，如梳棉机、并条机、全自动络筒机、转杯纺纱机、喷气涡流纺纱机等。瑞士立达公司最新 C70 型梳棉机台时产量最高可达 150kg/h，锡林速度最高达 770r/min，而国内在高速时的稳定性方面尚有差距；瑞士立达公司 RSB-D22、德国特吕茨勒公司 TD9T 双联式头道并条机，出条最高速度为 1100m/min，而国产并条机出条速度大多在 800m/min，与国外先进水平尚有一定差距；瑞士立达公司 E86 精梳机实际生产速度在每分钟 500 钳次以上，国产精梳机接近国际先进水平；卓郎青泽公司的 Zinsetspced5A 型粗纱机运转速度在 1500 ~ 1600r/min，国内粗纱机目前大多在 1200r/min，尚存在一定差距；卓郎青泽公司的 Zinser72 型环锭细纱机最多可安装 2016 个锭子，最高达 25000r/min，国内高速细纱机设计速度也达到国际先进水平；国际先进水平细纱机如立达 G32 型、青泽 Z351 型、丰田 RX300 型、朗维 LR9 型等，设计锭子速度均达到 25000r/min，实际生产速度均可超过 20000r/min，国内生产的细纱机实际运行速度已接近国外细纱机的水平；村田公司 MVS870 型喷气涡流纺纱机设计速度为 500m/min，国内则起步晚差距显著；卓郎赐来福公司的 Autocoro 9 型全自动转杯纺纱机纺杯速度最高可达 180000 r/min，引纱速度可达 300m/min，新一代 BD6 半自动转杯纺纱机，纺杯速度可达 120000 r/min，引纱速度高达 230m/min，国内全自动转杯纺和喷气涡流纺与国外相比尚有较大差距，但半自动转杯纺纱机已达到国际先进水平。

纺纱关键专件水平方面，我国纺纱专件器材制造企业产品质量总体上取得了长足进步，逐步缩小甚至赶上并部分超越国外先进企业，但大多数纺纱专件器材与进口同类产品相比在质量、寿命、适用性上尚有差距。钢领、钢丝圈是环锭细纱机卷绕系统关键部件，国产钢领和钢丝圈制造技术在近几年有明显进步，不但品种增加，而且制造质量有很大提高，与进口产品差距正在缩小，已成为国内纺纱企业使用的主导产品，具有较高性价比。在并条机自调匀整技术方面，立达公司 RSB-D24 双眼自调匀整并条机，采用新型条子传感器，确保了高圈条质量，操作显示屏可便捷地设置吸风量和出条速度以及双眼的独立维护保养选项，国内技术与之相比还存在较大差距。

纺纱在线检测技术方面，近几年在我国运用的纺纱信息化技术，包括面向生产制造层面的制造执行系统（MES）、自动监测和动态精细化管理系统，以企业资源计划系统（ERP）为核心的信息系统的集成应用；国际上以瑞士立达公司 SPIDER web“蛛网”系统为代表，应用也仅限于使用立达全流程生产系统的几家企业。我国江苏大生与经纬纺机合作的国家智能制造“数字化纺纱车间”中依托智能传感技术的“经纬 E 系统”，可用于全套经纬纺纱流程以及其他厂家生产的非经纬设备的集成组合流程中；山东华兴纺织集团与三星集团 SDS 公司以及郑州天启自动化系统公司合作开发了国内首套智能纺纱系统也能适用于各种不同生产厂家的纺纱设备集成组合流程中。此外，在单机在线监测方面，乌斯特公司新研制的 USTER QUANTUM EXPERT3 数字电容式清纱系统和新一代 LOEPFE 电清 YarnMaster ZENIT+ 为细纱生产企业提供了极有价值的信息，我国在该领域尚有较大差距。

（三）机织工程学科国内外研究进展比较

在自动络筒，特别是张力控制设备方面，国外不断朝着高效率、智能化、信息化、自动检测方向发展。我国与国际先进水平在自动化控制、高速化、低能耗方面还存在一定差距。意大利 SAVIO 公司的 Eco PulsarS I 型自动络筒机能保持对纱线张力的完美控制，另外，该公司的 Polar Multicone 纱库型 / 筒倒筒型自动络筒机在筒纱成形过程中成功实现对纱线的精确控制。德国赐来福公司 AUTOCONER X6 无槽筒自动络筒机有效实现张力稳定，并确保筒子成形质量。日本村田公司 No21C-SProcessConer 自动络筒机采用高速卷绕的张力管理系统和跟踪式气圈控制调节器，能够保持从卷绕开始至结束卷绕力始终不变。德国赐来福公司 AUTOCONER X6 无槽筒自动络筒机采用纱线智能横动系统实现从管纱直接到松式筒子的卷绕，卷绕速度最高可达 1800m/min。瑞士 SSM 公司 XENO-YW Precision 精密数码卷绕络筒机可自由编程设计卷绕形状，使得在相同染色条件下的染色筒子密度增加了 10% ~ 20%。意大利 SAVIO 公司的 Eco Pulsars 自动络筒机各单锭独立配备步进电机驱动的负压吸风系统，最大可节约能耗 30%，提高生产效率 10%。德国 SCHLAFHORST 公司在最新机型 AUTOCONER X6 自动络筒机上突出节能、经济效益和人体工程学三方面的概念并显著降低能源消耗。

在整经设备方面，分条整经取得一系列突破，德国卡尔迈耶推出的 ISOWARP 分条整经机，以高速度与较小的经纱张力相结合来提升生产力，可加工的织轴盘片直径最大可达 1 米，比原先厚了 20 厘米，而速度增加了 30%。瑞士贝宁格公司以其独创的分条整经技术而闻名，整经线速度可达 1200m/min。日本津田驹分条整经机适应性较强，可用于 30 dtex 以上的各种无捻长丝、弱捻长丝的整经。

国外在浆纱机机构优化、高效低耗等方面均有所研究。日本津田驹 HS-20、德国祖克 S432 型等新型浆纱机均采用了先进的变频调速技术，实现异步电动机的无级调速。德国卡尔·迈耶 SMS-SP 型浆纱机实现了用较少的浆液完成高质量的上浆过程，可节约至少 10% 浆料。美国西点公司与印度博山公司合资生产的 VPS 型浆槽将纱线由引纱装置喂入浆槽，直接从后方的预压浆辊上方绕入，保持了双浸压的浸浆效果。

织机方面，国外在高速、节能等方面处于领先水平。喷气织机的织造速度和效率大幅度提升，必佳乐和津田驹展出的喷气织机运行速度均超过了 2000r/min。喷气织机节能效果更显著，丰田的 Air-Saving 系统可降低 20% 的空气压力，必佳乐推出的 ARVD II Plus 电磁阀控制技术通过合理地控制电磁阀开闭时间可以将空气节能效果提升 20%，意达的 iREED® 新型异形钢筘结合单孔辅助喷嘴系统可以降低 23% 的空气消耗。

国外的纺织 CAD 系统的开发时间比较早、界面美观，功能和性能相对完善。国外较成熟的纺织 CAD 系统有：美国 AVL Software 公司的 WeaveMaker 织物设计系统、德国 EAT 公司的 Design Scope Victor 纹织系统、荷兰 NedGraphics 公司的 NedGraphics Texcelle 系统、德国 Grosse 公司的 Jac 系统、英国 Bonass 公司的 Cap 系统、西班牙 InformaticaTextil 公司的 Penelope CAD 系统等。近年，较为热门的是斯洛文尼亚 Arahne 公司的 ArahPaint 循环图样绘制软件、ArahWeave 纹织 CAD 和 ArahDrape 纹理贴图展示软件。罗马尼亚研究人员提出了一种基于细胞自动机（CA）理论的小提花 CAD 软件（名为 TexCel），可以自动选择并显示平衡组织或包含固定的最大纱线浮长数的组织，具有极大的时尚面料设计潜力。从国外软件研发现状来看，在纺织 CAD 领域，我国与国外差距还很大，国外许多软件包已具备了纺织品设计与服装设计一体的功能，而国内在这方面还有欠缺。

在机织新产品方面，国外更加注重健康和医护方面的应用开发。健康公司 Siren Care 智能袜子是利用温度传感器监测足部炎症反应，从而帮助糖尿病患者及早发现足部问题。美信公司 Sensatex 智能衬衫能够检测心率、温度、呼吸以及消耗了多少卡路里的热量，也可以在穿衣人心脏病发作或虚脱时发出警报，从而降低突发性死亡的概率。

（四）针织工程学科国内外研究进展比较

在针织提花技术方面，我国针织提花装备以机械式和功能简单、精度较低的电磁式为主，高速提花、高密提花、复合提花、立体提花和成形提花等高档提花装备以及配套的设计系统上跟国外存在一定差距。目前，德国迈耶西、日本福源等均推出针盘、针筒电子双向提花机型，实现单面多色提花产品的编织以及针盘、针筒线圈互相转移，布面形成小网眼或单面、双面结构的转换及双反面的编织，为纬编结构和花型的多样化提供了技术支撑。圣东尼的 Mec-mor Variatex CMP 织机，编织织物的有效幅宽最大可达到 2100mm，设备转速更快，可达到 25r/min。此外，该设备还采用编织移圈系统一体式的设计，因此生产效率更高。

在针织成形方面，德国 Karl Mayer 日本分公司 Nippon Mayer 率先研制开发双针床无缝经编机，在成形性、生产高效等方面具有优势。意大利圣东尼 SM8-TOP2 MP2 E40 是在 TOP2 MP 的基础上研发的一款新机型，配有剪刀装置、新的钟形罩及自动编织三角，适用于四路或八路编织。日本岛精的 MACH2X 采用四针床编织技术，智能型数控线圈系统、精准张力控制技术和分别调整前后两片拉力的牵拉技术实现毛衫的一次成形，无需任何裁剪与缝合，该系列机型具有高速度、高产量特点。

在针织装备数字化技术方面，长期以来，高端针织横机生产技术由德国斯托尔和日本岛精等国外品牌所垄断，严重制约和阻碍了我国横编机国产化及自主化的发展。国内外在经编机上均已成功地将信息技术、自动化技术与制造技术相结合，应用于经编机的电子送经、电子横移、电子铺纬、电子贾卡和电子牵拉卷取系统，并成为先进经编机的标准配置，但国内的经编机数字化技术在系统控制精度、运动响应性、生产速度及性能稳定性等方面与国际先进水平仍存在很大的差距。在针织装备高精技术方面，国外对针织装备的研究起步较早。与德国、日本等国外先进的针织装备相比，我国的经编机、圆纬机和横编机在高速生产技术方面还存在着一定的差距。以经编为例，卡尔迈耶生产的二梳高速特里科型经编机的编织速度已高达4400r/min；而我国制造的同类二梳高速特里科型经编机的生产速度只能达到3300r/min，且由于加工生产的织物品质欠佳而无法被市场认可。

在针织CAD技术方面，国外对CAD系统的研发早于国内。德国EAT公司近几年推出了一套适用于高速双针床不带贾卡的织物设计系统ProCad warpknit，该系统花型设计简便，可计算送纱量等数据，并能根据原料材质的类型呈现不同的二维及三维仿真效果。在纬编CAD系统方面国内纬编CAD系统较国外系统起步晚，且不够成熟，多以仿国外系统功能为主。在横编CAD系统方面，国外系统较为成熟稳定，功能更为强大，而国内外横编CAD系统彼此间并不适用，兼容性差。

在针织MES技术方面，国外对MES研究起步早，应用领域广泛。在针织领域，德国斯托尔PPS生产管理系统，各台机器的生产进度用不同颜色的图形表示，鼠标移动至某处，即可显示当前订单的信息；日本岛精生产管理系统（Shima Production Report）简称SPR，将岛精的横机连接于电脑服务器，自动输出生产状况报告；美名格－艾罗NETWORKER－织网者圆机车间管理系统实现圆机车间实时生产数据采集与远程显示。相比国内MES系统，国外MES系统大多由设备制造商开发，因此能与设备控制系统集成，不需要加装额外传感器，数据实时性、可靠性更高，同时能提供设备故障信息。

（五）非织造材料与工程学科国内外研究进展比较

近年来，国内外都关注于双组分纺粘非织造布的研究。美国希尔斯（Hills）公司研发的双组分纺粘技术是目前国际上较先进的双组分纺粘非织造技术，其最大优点是可以在同一纺丝组件中纺制各种类型的可进行熔体纺丝的双组分纤维。欧瑞康纽马格公司纺粘生产线可以选择性装配双组分系统，其皮层含量可低至5%。我国在纺粘非织造布产品和技术方面进行了较多研究，开发了纺粘与其他工艺复合非织产品，但在自主研发纺粘新技术方面与国外存在一定差距。

在废弃纺织品特别是聚酯产品回收方面，我国已成为再生聚酯纤维的第一生产大国，但是相对于国外发达国家和地区，我国尚未形成规模，废弃聚酯的回收利用率、技术水平和产品档次还存在较大差距。现在只有德国吉玛公司和美国杜邦公司在回收聚酯方面获得成功，国内企业在这方面尚待突破。

在非织造专用纤维方面，国外在技术和产品上占据明显的优势。日本开发的50%聚氯乙烯与50%聚乙烯醇共聚的Efpakal L90纤维，在90℃热水中聚乙烯醇部分溶解，而聚氯乙烯部分软化、黏合。德国Enka公司的N40纤维为共聚酰胺，在过热蒸汽或190℃干燥热风中可熔融。熔融纺丝制成的合成纤维均可作为热熔黏结纤维用于热粘合法非织造材料的生产。日本UNITIKA公司成功地开发了“Melty”低熔点共聚酯产品，解决了与聚酯纤维黏结的问题。

在高握持力针布开发方面，我国金轮科创股份有限公司等在消化吸收国外先进制造设备和工艺的基础上，自主研究制造大型针布齿条制造设备和工艺，对原有老设备、老工艺进行了大规模改造。在此过程中，新产品不断涌现，质量显著提高，缩小了与世界先进技术水平的差距，针布产品的某些指标已经达到世界先进技术水平，针布齿条质量已优于日本金井产品，并与英国ECC公司基本相当，仅在耐磨性方面还逊于瑞士Graf和美国Hollingsworth。

（六）纺织化学与染整工程学科国内外研究进展比较

近年来我国与国外纺织化学与染整工程学科的研究开发差距主要在成套技术和整体解决方案推广和使用等方面。

在纺织化学品开发技术方面，国外优势主要体现在新型生态染料、环保助剂以及高效持久的功能性后整理剂的开发和使用。亨斯迈（Huntsman）纺织染化推出两只霓虹色彩染料ERIONYL FF和Rhodamine FF，作为对已奠定市场地位的ERIONYL系列染料的补充。昂高（Archroma）化工公司与美国棉花公司（Cotton Incorporated）合作开发有史以来首个源自废弃棉的染料。瑞士Schoeller Textil AG公司与纺织化学品公司合作，为聚酯纤维纱和面料开发全新的环保染色助剂。德国杜伊斯堡-埃森（Duisburg-Essen）大学合成一种不可燃聚磷腈衍生物，可改善织物阻燃性能。瑞士Sanitized AG公司开发出一种专门用于柔性聚合物的高效、持久抗菌剂Sanitized® PL 14-32。鲁道夫公司（RUDOLF GMBH）推出Rucofin GAA有机硅柔软剂，克服了有限的抗黄变性、高疏水性和工艺稳定性低等常规柔软剂存在的一些缺点。澳大利亚皇家墨尔本理工大学（RMIT University）的科学家研发出一种曝晒在光线下可祛除污垢的自清洁纺织品。印度化学技术研究所（Institute of Chemical Technology）从新分离的海洋蛤中的细菌芽孢杆菌中提取了脂肪酶，并用于棉织物的精练，赋予织物较高的亲水性。

在染整加工技术方面，国外在智能化技术、自动化技术以及成套技术开发等方面研究水平相对较高。意大利Tonello公司推出低浴比服装加工技术，可在任何生产周期过程中实现不中断加工。美国RevoLaze公司，与奥地利Acticell GmbH公司合作发明了一种无毒的化学和激光处理技术，完全可以取代高锰酸钾喷雾在牛仔布服装返旧生产中的使用。SANTEX RIMAR集团新推出的连续加压蒸呢机Decofast，可进行连续式加工，消除产生接缝痕和色差的风险。美国 DNA 纺织集团采用具有专利技术的复合阻燃技术，除能赋予牛仔面料阻燃性能外，还具有舒适性、功能性和时尚效果。亨斯迈（Huntsman）与杜邦子公司 Chemours 公司推出一种无氟的持久防水整理技术 ZELAN R3。德国科思创（Covestro）公司推出了新一代聚氨酯（PU）涂层面料全新整体解决方案，整个生产过程节水 95%，节能 50%，并降低了工作场所中有害物质含量。德国南方毛业（Südwolle Group）开发了环境友好型的 Naturetexx 等离子体技术用于生产机可洗羊毛。德国司马化学公司（Zschimmer & Schwarz）开发了一个完善的 DIAMONTEX 系统，用于涤纶织物数码印花。2016 年 SPGPrints 公司推出采用备受赞誉的 Archer 喷头技术的 JAVELIN 数码印花机。2016 年美国 EFI Reggiani 公司推出了一台印花幅宽 180 厘米的 EFI Reggiani ReNOIR ONE 纺织品数码直喷印花机，实现了高效、高质量的装饰与服装采样及生产。

（七）服装设计与工程学科国内外研究进展比较

在可持续发展服装设计与产业及技术发展方面，我国与国外先进水平存在较大差距。美国工业设计师协会（IDSA）大力倡导生态设计号召设计师减少资源使用，选择对环境安全的生产过程。英国时装协会（BFC）成立道德时装博览会（Estethica），使伦敦成为全球化的道德时尚中心。英国设计师侯赛因·卡拉扬（Hussein Chalayan）在 2016 年展示一种利用聚乙烯醇纤维制的水溶性服装，该服装在穿着后可以溶解在水中便于回收，且对环境无害。阿卜杜尔·候克（Abdul Hoque）预想未来利用可溶性服装“最终的成果能够减少百万吨纺织品废料”。美国神经系统（Nervous System）工作室在 2014 年采用 3D 打印技术打印完成了一条非常惊艳的连衣裙，目前 3D 打印技术开始使用废弃塑料瓶作为耗材打印服装。

在智能服装的消费者定位与产品功能设计以及功能服装的产品设计与技术实现等方面，我国与国际先进水平也存在一定差距。美国知名牛仔品牌李维斯（Levis）推出音乐外套、波兰 Moratex 公司则开发了隐身衣、太阳能防风衣等智能化和功能化服装。英国设计师珍妮·提尔洛森提出一种“情绪香熏服”，该智能服装能散发香味，并随着人情绪的变化而变化。美国因特尔公司通过在服装中集成柔性传感器收集和反馈人体的舒适性信号，研发自反馈智能服装。我国在这些方面尚处于发展阶段，国外先进的智能化和功能化服装设计和生产技术值得借鉴。

服装 CAD 系统技术方面，我国的服装 CAD 普及率相对较低，国际上在欧美、日本以及韩国等国家和地区服装 CAD 发展较快。法国力克是欧美最具有代表性的服装 CAD 软件，目前在我国大型企业中拥有很高的使用率。美国 CDI 的三维时装设计系统，可在三维人体模型上进行三维服装设计，从图形库生成三维人体模型，然后在模型上绘制款式线并生成服装轮廓。韩国在 3D 服装 CAD 软件方面发展势头强劲，能够制作出和真实服装一样的虚拟服装。我国目前主要的国产服装 CAD 软件为日升天辰软件，但其采用的是国外的核心技术。

近年来国外服装类相关学科发展总体呈现出学科交叉与融合进一步扩大的趋势，许多国外院校在教学中对基础选修课程的设置没有学科界限，强调与不同院校、专业的交叉学习；并且学科共建体系进一步深化，国外的大部分服装相关专业的院校中，构建了由“学校、基金会、企业”三者共建的多维度立体学科体系；此外，学术研究范围日益扩大，研究内容日趋多样化，“可持续发展”“智能生活”“消费行为”都是研究的重点。学科学术研究方面注重围绕“人”的需求开展研究，并围绕可持续发展，从教育、产业、消费者的不同角度，形成多维度的研究视角。国内在这几方面的学科建设和研究还有很大发展空间。

（八）产业用纺织品学科国内外研究进展比较

在工艺技术和装备方面，我国与国际领先水平仍存在一定差距。捷克的全球首条 Elmarco 静电纺纤维生产线已经投放市场，FibeRio 技术公司已经提供生产纳米纤维的技术和 1.1m 幅宽设备，使纳米纤维用于更广阔的过滤、传感等领域。美国 Clemson 大学与土耳其伊斯坦布尔大学合作，使用纳米纤维网材作为中间复合层，开发了汽车专用噪音防护材料。德国 IVW 研究所开发了天然纤维成网成形工艺，实验证实这是制备高强、高模天然高分子增强复合材料的可行工艺。总体上，我国产业用纺织品加工装备及工艺在自动化、信息化、智能化等方面与世界先进水平存在较大差异，表现为产能偏低、速度慢、效率低、能耗偏高、在线监测缺乏等。

在产业用纺织品专用纤维材料的开发和应用方面，日本可乐丽公司开发的聚芳酯纤维 LCP（商品名为 Vectran®）已投放市场，目前每年产能达一千吨。德国 AMI 公司与 STFI 研究所合作开发了密胺纤维，STFI 研究所采用改进的熔喷新工艺，制得了 35 ~ 250g/m^2 的纤维网材，其单丝 Hipe Fibre® 的直径低于 1 微米。德国 IVW 研究所以低毒或无毒大麻、槿麻为原料，采用针刺工艺将天然纤维制得纤维毡片，成形后的产品具有优良的力学性能，完全可以满足汽车内饰部件的要求，主要应用于门板、坐椅背板等。我国高性能纤维的基础研究起步较晚，专用纤维原料总体发展滞后。国外用于产业用纺织品的纤维品种多达四百余个，特别是高性能纤维在产业用纺织品中的应用十分广泛。我国产业用纺织品的纤维原料品种，特别是国产高性能纤维品种还比较少。另外，我国的高端产业用纺织品，特别是高端医疗用纺织品纤维原料工程化、产业化能力还比较弱，专用原料主要依靠进口。整体上看，我国产业用纺织品使用的纤维原料还不能满足产业的高水平发展需要。

在产品开发与市场方面，我国各类产业用纺织品种类齐全，基本与国际水平相当，但在产品性能和产品创新上仍存在欠缺。荷兰皇家 TenCate 公司开发了一种集高模量、介电常数、分离性和优异的界面协同性于一身的加固土工用纺织品，用于公路和铁路的加固。此外，该公司开发的“垂直阻沙土工用纺织品”获得 2013 年 Water Innovation Award 大奖，被认为是具有非常突出的创新理念。欧、美、日等发达国家的产业用纺织品的发展也比较突出，产业用纺织品在其纤维加工总量中的比重一般占到30%以上。我国近些年产业用纺织品发展迅猛，据统计在整个“十二五”期间，我国产业用纺织品行业年均增长率均保持在10%以上，2013年产业用纺织品的产量占纺织纤维加工总量的23.3%，2015年我国产业用纺织品纤维加工总量比重达到25%。但需要指出的是，由于我国产业用纺织品产业结构矛盾突出，产业链协同开发不够，专用纤维原料、装备、制品及应用领域不能形成有效对接，影响了产业用纺织品的开发以及市场开拓。

四、纺织科学技术发展趋势及展望

（一）纤维材料工程学科的发展趋势及展望

2016年9月发布的《纺织工业“十三五”科技进步纲要》特别提出，“十三五”期间我国纤维材料高新技术的重点包括化纤高效柔性、多功能加工关键技术及装备，高性能纤维及复合材料的制备技术，生物基原料高效合成制备技术和尼龙56、PLA、PTT等生物基合成纤维产业化技术，以及纳米纤维材料及应用产业化技术等。

在生物质纤维方面，主要发展方向为开拓原料资源和开发新的生产技术，以满足市场对高性能和新功能的需求，并兼顾与环境相协调的原则。采用离子液体、低温碱/尿素溶液等无毒安全、可回收利用的溶剂、熔融纺丝等新工艺制备纤维素纤维；利用甲壳素、海藻等海洋生物质和各种蛋白为原料生产生物质再生纤维；研究利用农产品、农作物废弃物等资源，采用生物合成技术制备聚乳酸（PLA）、聚丁二酸丁二醇酯（PBS）、聚对苯二甲酸丙二醇酯（PTT）等生物质合成纤维新品种。

当今世界高性能纤维与复合材料产业仍处于持续高速发展期。无机高性能纤维需向超高性能、高附加值和低成本的方向发展。有机高性能纤维向多品种、系列化和高效、规模化生产发展，应用领域进行拓展。不断推动高性能纤维的聚合和纺丝低成本生产的关键技术和装备取得突破，实现高性能纤维的工业化和规模化生产。另外，通过降低纤维制造成本，来提高产品的市场竞争力和扩大纤维的应用领域也是发展的重点之一。

化纤工业未来几年要加快结构调整，推动行业发展模式向“高附加值、专业化与系统化”转变、由生产型制造向服务型制造转变，严格控制常规化纤产品新增产能。此外，在“十三五”期间，加强探索废旧纺织品等再生资源的综合利用产业发展机制的新模式，建立废旧纺织品的循环利用体系，提高废旧纺织品再生利用率。

（二）纺纱工程学科的发展趋势及展望

在国家实施“中国制造2025”战略和“互联网＋”行动计划的背景下，智能化纺纱设备、智能化纺纱技术和智能化纱线品种的研发是未来发展方向。企业须走创新发展之路，实现节约能源、节约资源、节省用工、提高生产稳定性和保证产品高品质，提升产品附加值将成为未来纺纱业发展的大趋势。

在纺纱技术通用化方面，随着纤维原料的多元化，集聚纺、赛络纺、低应力纺、涡流纺等新型纺纱技术进一步发展，将有力支撑纱线产品的高效高品质加工，使得面料产品在舒适保健、易维护和功能性等方面适应人们更高的需求。

在纺纱生产连续化、自动化方面，进一步推广应用清梳联技术、粗细络联技术。单机自动化方面，细纱机和前纺装备自动接头尚待研发。信息化和智能化方面，信息化和管控一体化覆盖面将会大幅提升，运用计算机技术开展成纱质量预测、自动配棉、成纱性能质量预测等研究，通过预测指导纱线设计开发和生产过程决策，提升纺纱质量预测与控制智能化水平。

在纱线制备技术和装备的高端化方面，开发具有高效短流程纱线制备技术、重定量大牵伸纱线制备技术、高速柔性分梳纱线制备技术、多维、多色混纺新技术；升级现有纱线生产技术与装备，研究局部升级技术方案和整体技术方案等方面的关键技术，适应多层次企业更新改造需求。

（三）机织工程学科发展趋势与展望

织造行业正在经历着重大的历史变革，传统的有梭织机已被无梭织机所替代，剑杆织机、喷气织机、喷水织机、片梭织机在产品的升级换代、出口创汇方面起着越来越重要的作用。新型上浆方法越来越引起人们的重视，高压上浆、泡沫上浆、热熔上浆已逐渐应用于生产实际。新型织造技术与产品的主要发展创新趋势体现在节能降耗、设备技改、提高品质和差异化创新等方面。行业需进一步创新织造工程关键技术和设备，加快高效化、模块化、精品化研发，进一步节能降耗，并研究新型织造工艺技术和设备，实现织造工序连续化、自动化、高效化。在高性能织造机械零部件的制造技术研究方面，应注重表面处理技术、热处理工艺技术的研究，研发专用零部件连续化生产线和专用装备。此外，需要创新高性能低成本纺织结构复合材料织造技术，实现大型化、复杂化、高质量化和智能化的预制件制备技术和复合材料成型技术。

结合学科发展趋势，未来的研究方向主要包括：①进一步缩小国内外织造装备的差距，提高自动化、智能化水平，提高可靠性和稳定性，实现设计模块化，提高品种适应性，并追求速度与环保节能并重，发展差异化织机、特种织机；②深入研究先进机织工艺与理论，实现织机生产速度、产品适应性、运行效率、能耗、自动化智能化水平等方面的进一步提升；③加大特种机织物及机织新产品的研发和投入，特别是各类无梭织机品种适应性的提升、特种纤维机织物开发，逐步缩小与国际先进水平的差距；④进一步研究机织CAD技术，加大机织CAD设计系统的研制，加强相应基础理论的研究，并在建模方法上向动态建模和网络化发展。

（四）针织工程学科发展趋势及展望

在针织生产技术智能化方面，包括装备智能化、生产模式智能化以及针织智能穿戴等。其中，针织装备智能化重点发展方向为：①推动基于机器视觉的疵点在线检测技术的研发应用；②推动针织装备的智能送纱技术的研发应用；③加快推动针织工序集成技术的研发应用。生产模式智能化重点发展方向为：①推动针织生产大数据挖掘技术的研究，建立针织产品质量数据挖掘模型，为企业的产品质量管理提供预先控制机制，提高产品质量；②推动针织车间智能物流的研发应用，实现数据自动化采集、质量追溯管控、自动生成排程、智能仓储管理、车间智能物流管理等；③加快针织智能车间的推广应用，并在针织产业集群地浙江海宁、福建长乐等重点地区开展应用试点示范。针织智能化穿戴重点发展方向为：①推动针织柔性传感器的研发应用，重点探讨柔性传感器的灵敏度和稳定性，功能的耐久性，价格和规模化生产问题；②推动针织柔性电路的研发应用，通过针织提花技术和针织成型技术的研究，开发耐用、透气、柔软且易于改变形态、可拉伸及洗涤的针织电路，具有良好的电稳定性和较小的相对电阻变化，耐水洗、耐拉伸，使用寿命长。

在针织全成形技术方面，重点发展方向为：①推动全成形针织工艺的研究；②推进全成形针织装备的研发与应用，实现全成形四针床电脑横机的国产化；③加快全成形针织产品设计系统的研发与应用，实现全成形时装、全成形服饰、3D 异形结构的设计。

在针织设计网络化方面，重点发展方向为：①推动基于互联网的针织物设计系统的研发应用，实现针织 CAD 软件由“计算机辅助”到“网络辅助”、“购买软件”到“购买服务”的转变，同时多元化的网络数据库可加强企业产品数据的管理，进一步提高企业的信息化进程；②加快基于云计算的针织物仿真系统的研发应用，实现针织物在线真实感仿真；③加快针织物虚拟展示与针织产品定制系统的研发应用，实现真实场景效果的虚拟试衣，自动完成工艺设计和组织生产。

（五）非织造材料与工程学科发展趋势及展望

未来几年，非织造材料与工程学科重点研究方向主要包括：①高速、高产量、低成本生产技术，将纺织行业资源节约的工作重点由“废”转到“旧”的回收再利用上来；②天然纤维非织造材料，主要研究以棉和麻纤维为原料的非织造产品，并进一步探索其加工方式，使产品更加多样化；③非织造专用纤维，主要包括 PTFE 纳米纤维的研发与性能提高和生物基非织造材料市场的拓展，以及研究生产过程更环保、更节能的再生蛋白纤维，并进一步优化 PLA 纤维的生产工艺，使其更加绿色化；④非织造专用油剂，主要研究环境友好型的非织造布用生态型黏合剂以及环保型后整理剂；⑤核心装备技术及零件开发，此外，运行模式较灵活的“SSMMS”技术在未来具有很好的发展前景，且非织造设备的模块化设计也是未来非织造设备发展的一大方向。

（六）纺织化学与染整工程学科的发展趋势及展望

从技术层面来看，未来几年纺织化学与染整工程学科主要是面临生态环保方面的压力和挑战。绿色发展是国家“十三五”五大发展理念之一，成为中国经济社会发展的主流和方向，生态文明建设被列为国家五年规划的目标任务，国内外针对生态纺织品的要求也愈来愈严苛。

对此，《纺织工业发展规划》在提出纺织业单位工业增加值的能耗、取水量、污染物排放总量下降的系列指标基础上，也明确了增强产业创新能力，优化产业结构，推进智能制造和绿色制造的发展方向。《纺织工业“十三五”科技进步纲要》也对纺织化学与染整领域的科技发展提出了方向性的目标，主要包括：①生物酶在纺织品印染加工中的应用技术方面，形成适合生物酶前处理加工的成套加工技术和整体解决方案；②自动化、数字化、智能化印染装备工程及应用技术方面，智能化印染连续生产和数字化间歇式染色整体技术将得到开发和推广应用；③节能环保、绿色制造加工技术方面，非水介质染色技术、无染料染色技术将引起广泛的关注；④污染物治理及资源综合利用技术方面，生物酶和光降解催化剂等印染废水脱色和降解技术将持续研究；⑤生态纺织化学品开发和零排放技术等需要进一步研究。

（七）服装设计与工程学科发展趋势及展望

未来几年服装产业的发展趋势主要有六个方面：①产业调整成为必然趋势，特别是随着宏观经济的持续走低，企业业绩天花板效应的不断增强，迫使行业间的并购及重组的个案及速度都在加快；②技术创新成为企业发展的源动力；③专业人才需求呈现多样性，服装产业整体人才的水平不断提升；④互联网对服装行业的影响更加明显，无论是设计、制造，还是营销与推广都需要互联网的支持；⑤品牌成为企业的灵魂和发展的核心动力；⑥可持续发展成为服装行业的主流。

面对未来服装产业的发展趋势，我国服装产业的对策包括：①加快产业结构调整，积极做好企业之间的兼并、重组等服务工作，重点扶持建设国家级品牌；②加强技术的不断创新，同时针对功能服装设计研发，更加关注与开展基础研究；③加大对专业人才的培养，深化校企合作；④充分利用“互联网 +”平台帮助企业了解消费者需求以及开展自身资源库建设；⑤加强品牌的完善与建设，推动行业品牌的塑造；⑥强化可持续发展，倡导节能、环保以及绿色发展理念。

服装学科的科研及技术开发重点领域包括：①基于 VR 和 AR 的服装体验设计与产品开发将为服装行业从制造经济转向升级为服务经济和体验经济提供很好的途径；②基于物联网的服装柔性定制生产体系关键技术，将顾客定制需求的面料、版型与工艺生产架构的融合和衔接，构建从设计到构成、定制要素与制造执行功能步骤全覆盖的柔性生产线体系；③智能服装设计与开发值得重视，服装的智能化将成为现代化服装的发展趋势。

（八）产业用纺织品学科的发展趋势及展望

未来几年产业用纺织品行业将保持产品应用快速拓展并向中高端升级的发展趋势。

战略新材料产业用纺织品的重点任务是：①推动增强用纤维基复合材料的研发应用，加快发展立体、异形、多层、大截面等成型加工技术；②推动碳纤维增强输电导线等产品的研发应用，推动绿色环保、智能型、多功能复合车用内饰纺织材料的研发应用。

环境保护产业用纺织品的重点任务是：①推动高效低阻长寿命、有害物质协同治理及功能化高温滤料和经济可行的废旧滤料回收技术的研发应用；②推动中空纤维分离膜、纳米纤维膜、高性能滤布的产业化；③发展矿山生态修复用、重金属污染治理用、生态护坡加固绿化用等土工纺织材料。

医疗健康产业用纺织品的重点任务是：①发展人造皮肤、可吸收缝合线、疝气修复材料、新型透析膜材料、介入治疗用导管、高端功能性生物医用敷料等产品；②发展具有形状记忆、感温变色、相变调温等环境感应功能的纺织品以及具有生理体征状态监测等功能的可穿戴智能型纺织品；③发展针对老年多发性疾病的康复、缓解和护理类功能性纺织品，开发成人失禁护理系列产品。

应急和公共安全产业用纺织品的重点任务包括：①发展大应力大直径高压输排水软管、高性能救援绳网、高强高稳定功能性救灾帐篷和冲锋舟、高等级病毒和疫情隔离服、成套救援应急包、快速填充堵漏织物、灾害预防和险区加固纺织材料等产品；②完善防护服结构设计、涂层开发和舒适性研究；③加快发展纺织基反恐防暴装备、生化防护装备、软质防弹防刺装备、耐高温防护救援装备、家庭用防护灭火装备等产品的开发应用。

基础设施建设配套产业用纺织品的重点任务包括：①加强阻燃高强、智能抗冻抗融、多功能吸排水、高强抗老化、生态修复等土工用纺织材料的应用推广；②鼓励土工建筑用、医疗卫生用、农业用、线绳（缆）带类等纺织品领域的骨干企业发展，不断提升行业的国际化发展水平和市场影响力。

参考文献

［1］中国纺织网．2016年纺织行业经济运行分析出炉［EB/OL］．http://info.texnet.com.cn/ detail-622921.html.

［2］国家自然科学基金查询网站［EB/OL］．http://www.medsci.cn/sci/nsfc.do.

［3］吴迪．突出重点、加快融合发展：纺织信息化2015年回顾和2016年展望［J］．纺织服装周刊，2016（2）：38-39.

［4］赵永霞．以科技创新和绿色发展铸就“化纤强国”——中国化纤科技大会（海安2017）聚焦化纤发展新动能［J］．纺织导报，2017（7）：18-19.

[5] 王华平，陈向玲．生物质纤维发展现状及趋势［J］．中国纤检，2013（11）：32-34.

[6] 李毅中．2016 年我国工业发展前景：智能制造将迎来黄金期［J］．变频器世界，2016（2）：38-38.

[7] 李雪杰．新型生物质纤维及其研究现状［J］．天津纺织科技，2015（3）：16-17.

[8] 洪伟强，都吉嘉，李斌，王玉峰．海藻酸盐阻燃棉织物的制备与性能研究［J］．化学与粘合，2016，38（2）：88-90.

[9] 张志杰，王治华，孙磊，等．静电纺丝法制备纳米抗菌纤维的研究进展［J］．化学研究，2016（1）：12-20.

[10] 石墨烯、碳纤维、生物基材料被列入《“十三五”国家战略性新兴产业发展规划》［J］．纺织科学研究，2017（1）：10-10.

[11] 邵蔚．乘风破浪的高性能纤维［J］．纺织服装周刊，2015（26）：32-33.

[12] Ahmad F, Choi H S, Park M K. A review：natural fiber composites selection in view of mechanical, light weight, and economic properties［J］．Macromolecular Materials and Engineering, 2015, 300（1）：10-24.

[13] Shirvanimoghaddam K, Hamim S U, Akbari M K, et al. Carbon Fiber Reinforced Metal Matrix Composites：Fabrication Processes and Properties［J］．Composites Part A Applied Science & Manufacturing, 2016, 92：70-96.

[14] Kulma A, Skórkowska-Telichowska K, Kostyn K, et al. New flax producing bioplastic fibers for medical purposes［J］．Industrial Crops & Products, 2015, 68：80-89.

[15] 舒伟．生物质合成纤维的产业化任重而道远——第五期纺织科技新见解学术沙龙后记［J］．纺织学报，2014，35（8）：169-172.

[16] 中国纱线网．全球首条醋青纤维生产线在吉林化纤试车成功［EB/OL］．http://www. chinayarn.com/m/ReadNews.asp?NewsID=100899.

[17] Ming K Y, Mahmud H B, Ang B C, et al. Influence of different types of polypropylene fibre on the mechanical properties of high-strength oil palm shell lightweight concrete［J］．Construction & Building Materials, 2015, 90：36-43.

[18] Nikolay Kosinov, Jorge Gascon, Freek Kapteijin, et al. Recent developments in zeolite membranes for gas separation［J］．Journal of membrane science, 2016, 499：65-79.

[19] 刘家莲．国外自捻纺纱新进展［J］．棉纺织技术，1983（04）：46-50.

[20] 姚穆．对当前我国棉纺织产业发展的几点建议［J］．棉纺织技术，2017，45（2）：1-2.

[21] 陈克炎，李洪盛，王慎．柔洁纺纱技术的应用效果研究［J］．棉纺织技术，2016，44（05）：60-63.

[22] 叶戬春．棉纺行业形势与技术升级发展趋势［C］// 中国棉纺织行业协会．2016 棉纺设备技术升级研讨会论文集，山东淄博：2016：2-12.

[23] 徐卫林，夏治刚，陈军，等．普适性柔顺光洁纺纱技术分析与应用［J］．纺织导报，2016，6：63-66.

[24] 高志娟，郁崇文．并条机后区牵伸倍数的模拟设计［J］．纺织学报，2017，38（4）：39-45.

[25] 孙瑞哲．构建中国纺织服装行业的新未来［J］．纺织导报，2017，1：18-28.

[26] 章友鹤，朱丹萍，赵树超，等．自动化、信息化、智能化技术在纺纱生产中的应用——纺纱装备的自动化、连续化、智能化和高速化［J］．纺织导报，2017（6）：23-24.

[27] 高卫东，郭明瑞，薛元，等．基于环锭纺的数码纺纱方法［J］．纺织学报，2016，37（7）：44-48.

[28] 梁莉萍．RS30C 半自动转杯纺纱机通过鉴定——鉴定委员会一致认为：该项目产品达到国际先进水平［J］．中国纺织，2016，（6）：45.

[29] 李丽丽．织物仿真 CAD 在纱线模拟技术方面的新进展［J］．纺织科学研究，2015（8）：102-104.

[30] Li S Y, Xu B G, Tao X M, Chi Z R. An intelligent computer method for automatic mosaic and segmentation of tracer fiber images for yarn structure analysis［J］．Textile Research Journal, 2015, 85（7）：733-750.

[31] Liu K, Xia Z, Xu W, et al. Improving spun yarn properties by contacting the spinning strand with the static rod and self-adjustable disk surfaces［J］．Textile Research Journal, 2017, doi：0040517517716903.

[32] Liu X Y, Liu X J. Numerical simulation of the three-dimensional flow field in four pneumatic compact spinning using the Finite Element Method [J] . Textile Research Journal, 85 (16) : 1712-1719, 2015.

[33] Çukul D, Beceren Y. Yarn hairiness and the effect of surface characteristics of the ring traveller [J] . Textile Research Journal, 2016, 86 (15) : 1668-1674.

[34] Han C, Xue W, Cheng L, et al. Comparative analysis of traditional jet vortex spinning and self-twist jet vortex spinning on yarn mechanism and yarn properties [J] . Textile Research Journal, 2016, 86 (16) : 1750-1758.

[35] Sriprateep K, Bohez E L J. CAD/CAE for stress-strain properties of multifilament twisted yarns [J] . Textile Research Journal, 2017, 87 (6) : 657-668.

[36] 张双良，宁双，朱莉娜. 中国纺织机械现状及发展 [J] . 卷宗，2016，6 (3) .

[37] 王琛，杜宇，杨涛，等. 整经机的技术特点与发展现状 [J] . 纺织器材，2017，01：01-07.

[38] 史博生，徐谷仓. 降低上浆率新工艺的研究 [J] . 纺织导报，2016，06：80-83.

[39] 蒋高明. 互联网针织技术的开发与应用 [J] . 纺织报告，2017 (1) ：8-12.

[40] 宝玉. 2016 中国国际纺织机械展览会暨 ITMA 亚洲展览会圆纬机述评 [J] . 针织工业，2016，(12) ：1-9.

[41] 朱启，蒋高明，丛洪莲，张爱军. 基于 B/S 结构的经编 MES 系统 [J] . 纺织学报，2013，34 (1) ：128-132.

[42] 董智佳，夏风林，丛洪莲. 双针床贾卡经编机全成形技术研究进展 [J] . 纺织导报，2017，(07) ：58-61.

[43] 龙海如. 电脑横机成形技术与产品现状及发展趋势 [J] . 纺织导报，2017，(07) ：48-52.

[44] 蒋高明，彭佳佳. 针织成形技术研究进展 [J] . 针织工业，2015，(05) ：1-5.

[45] Ru X，Peng L，Shi W，et al. A CAD/CAM system for complicated jacquard circular knitting machine [C] // Information Science and Control Engineering (ICISCE) ，2016 3rd International Conference on. IEEE，2016：1-4.

[46] 陈鹏，金李静芳，袁媛. 批量化制备纳米纤维静电纺丝装置的专利技术综述 [J] . 现代纺织技术，2016，24 (5) ：54-60.

[47] 杨卫民，李好义，陈宏波，等. 聚合物熔体微分静电纺丝原理及设备 [C] . 全国高分子学术论文报告会，2015.

[48] 王俊南，钱晓明，张恒，等. 双组分纺粘技术在超纤非织造材料领域的应用进展 [J] . 合成纤维工业，2015，38 (5) ：47-50.

[49] 郝杰. 高科技板块不断发力 2017 中国国际非织造材料展览会透露非织造布发展新趋势 [J] . 纺织服装周刊，2017 (24) ：14-17.

[50] 靳向煜，吴海波. 干法非织造梳理技术与智能化 [J] . 纺织报告，2017 (1) .

[51] 甄亚洲，封严. 非织造土工材料的发展现状及趋势 [J] . 天津纺织科技，2016 (3) ：1-3.

[52] 孟凯，黄吕全，季荣 . 一种水性黑色天然染料喷墨印花墨水的制备方法 [P] ，201520716572.X，2016-03-23.

[53] 何宏升，邓南平，范兰兰，等. 熔喷非织造技术的研究及应用进展 [J] . 纺织导报，2016 (c00) ：71-80.

[54] Ng Y Y, Craig G. Nonwoven fabric, method for producing the same, and filter formed with the same：U.S. Patent 9, 731, 237 [P] . 2017-08-15.

[55] Paranjoli Boruah, Pallavi Dowarah, Rupjyoti Hazarika, et al. Xylanase from Penicillium meleagrinum var. viridiflavum – a potential source for bamboo pulp bleaching [J] . Journal of Cleaner Production, 2016，116：259-267.

[56] Nemni R, Galassi G, Cohen M, et al. Recent trends and future scope in the protection and comfort of fire-fighters' personal protective clothing [J] . Fire Science Reviews, 2014, 3 (1) ：4.

[57] Shaid A, Wang L, Padhye R. The thermal protection and comfort properties of aerogel and PCM-coated fabric for firefighter garment [J] . Journal of Industrial Textiles, 2016, 45 (4) .

[58] Porterfield A, Lamar T A M. Examining the effectiveness of virtual fitting with 3D garment simulation [J] .

International Journal of Fashion Design Technology & Education, 2016：1–11.

[59] Helen S Koo, Kris F. Preferences in tracking dimensions for wearable technology [J]. International Journal of Clothing Science and Technology, 2017, 29 (2)：180–199.

[60] 郑环达，郑来久. 超临界流体染整技术研究进展 [J]. 纺织学报，2015，36 (9)：141–148.

[61] 杨传玺，王小宁，杨帅，等. 纳米二氧化钛光催化及其降解印染废水研究进展 [J]. 应用化工，2017，46 (6)：1185–1189.

[62] 黄兴华，杜崇鑫，谢冰，等. 印染工业废水的中水回用技术研究进展综述 [J]. 净水技术，2015 (05)：16–20.

[63] 郝杰. 服企智能之路如何走？纺织之光现场推广"服装智能制造信息化技术"重点科技成果 [J]. 纺织服装周刊，2016 (32).

[64] 李银平，刘莉，严雅洁. 可持续时装设计发展的现状和未来探讨 [J]. 设计，2015 (23)：46–48.

[65] Jordan A, Wouhaybi R H, Weast J C, et al. Smart Clothing, US20160278444 [P]. 2016.

[66] 高小红. "大家居"时代家纺产业的发展现状及趋势—— 基于设计的视角 [J]. 纺织导报，2016 (8)：39–44.

[67] 赵永霞. 家用纺织品的发展现状及趋势 [J]. 纺织导报，2016 (8).

[68] 工业与信息化部，国家发展与改革委员会. 产业用纺织品"十三五"发展规划 [R]. 2016.

[69] 黄顺伟，钱晓明，周觅. 国内外土工布发展与研究现状 [J]. 纺织科技进展，2017,（01）：11–14.

[70] 王璐，关国平，王富军，等. 生物医用纺织材料及其器件研究进展 [J]. 纺织学报，2016,（02）：133–140.

[71]《纺织导报》编辑部. 产业用纺织品及非织造布 技术装备最新进展 —— 法兰克福 Techtextil 2017 亮点预览 [J]. 纺织导报，2017 (5)：45–56.

[72] 刘树英. 国际纳米纤维纺织品开发应用趋势（二）[J]. 中国纤检，2016 (10)：132–137.

[73] 恩里克·卡洛特拉瓦，刘树英. 美国产业用纺织品十大新趋势 [J]. 进出口经理人，2017 (1)：44–46.

[74] Frank E, Ingildeev D, Buchmeiser M R. High-performance PAN-based carbon fibers and their performance requirements [J]. Structure and Properties of High-Performance Fibers, 2016：7.

[75] Krupincová G. Quality of new kind of yarns produced by original spinning system [J]. The Journal of The Textile Institute, 2015, 106 (3)：295–302.

[76] Hasanbeigi A. Energy-efficiency technologies and benchmarking the energy intensity for the textile industry [J]. ACEEE Industrial Summer Study, New York, USA, July 2011, 2014.

[77] Sanchez M. Dyeing of denim yarns with non-indigo dyes [J]. Denim：Manufacture, Finishing and Applications, 2015：107.

[78] Khatri A, Peerzada M H, Mohsin M, et al. A review on developments in dyeing cotton fabrics with reactive dyes for reducing effluent pollution [J]. Journal of Cleaner Production, 2015, 87：50–57.

[79] Benim T E, Yost B A. Biodegradable landscape fabric：U.S. Patent 9, 433, 154 [P]. 2016-09-06.

[80] Ramlow H, Machado R A F, Marangoni C. Direct contact membrane distillation for textile wastewater treatment：a state of the art review [J]. Water Science and Technology, 2017：wst2017449.

撰稿人：高卫东　王鸿博　王　蕾　潘如如　孙丰鑫

周　建　范雪荣　王　强　卢雨正

专题报告

纤维材料工程学科的现状与发展

一、引言

新材料被公认为二十一世纪高新技术产业的基石，也是孕育各个领域新技术、新产品、新装备的“摇篮”。而作为构成物质世界和生命体基本组分的纤维和我们人类的生活息息相关，衣被天下的棉麻桑罗、维持生命的基本膳食，究其本源无不与纤维相关。说到纤维，人们马上会联想到一维形态、柔韧性很好的纤细物态。当今，纤维内涵有了很大拓展。由于纳米材料、高分子、半导体电子器件、软件工程、纤维改性等诸多学科和技术的介入，纤维在变得更纤细、更耐磨、更抗拉的同时，正在被赋予电学、光学性能和信息收发、储存等各种新的功能。正是纤维材料新技术、新功能的开发，将会带动整个纺织制造业实现技术突破，这一点对中国纺织工业的创新而言尤为重要，也将成为引领产业转型升级的重要指引。

过去几年是纤维材料领域加快转变经济发展方式和创新发展的攻坚时期，加快培育和发展纤维新材料，对于引领纤维材料工业升级换代，支撑战略性新兴产业发展，保障国家重大工程建设，促进传统纺织业转型升级，构建国际竞争新优势成效显著。在中国纺织工业联合会的积极组织协调下，地方政府、各企业、高等院校、研究所共同努力，我国化学纤维工业取得了重大成就，国家级企业技术中心、国家工程中心等研发机构和化纤创新战略联盟在纤维的智能制造工程、绿色制造工程方面成绩尤其突出。

本专题报告旨在总结近两年来纤维材料工程学科在生物质纤维、常规合成纤维、高性能纤维及功能纤维等方面的新理论、新技术、新产品等方面的发展状况，并结合国外的最新研究成果和发展趋势，进行国内外发展状况比较，结合纤维工业“十三五”整体规划，提出本学科的发展方向和趋势展望。

二、纤维材料工程学科发展现状

（一）生物质纤维

生物质纤维分为三大类：生物质原生纤维、生物质再生纤维、生物质合成纤维。

石油资源越来越紧张，能源危机已成为全球性挑战的大背景，来源于可再生生物质纤维成为化纤工业新的增长点，引领了新的消费趋势。“十三五”化纤工业发展的重点任务到2020年，我国将力争实现多种新型生物基纤维及原料技术的国产化。

1. 生物质原生纤维

生物质原生纤维，是由自然界的天然动、植物纤维经物理方法加工而成的纤维，俗称天然纤维，主要种类包括棉、毛、麻、丝。

（1）棉

棉花在我国国民经济中占重要地位，关系着国计民生。据国家统计局的数据，2016年全国棉花产量534.3万吨，棉花进口量为100万吨，国内棉花市场总体保持平稳运行。

“十二五”期间，棉纺织行业在产业结构调整、技术进步以及政策改革等方面取得突破成就；在品牌建设、人才培养、区域协调发展等方面不断推进；基础研究方面在疏水、导湿快干、阻燃同浴整理、抗菌整理、导电或防皱整理等方面取得了诸多成绩。同时，全国部分院校如深圳大学、天津工业大学、南京农业大学等院校，在功能棉纤维、棉纤维后整理等研究方面方面获得国家自然科学基金委的资助。

所取得的科技成果主要包括：山东棉花研究中心、中国农业科学院生物技术研究所、创世纪种业有限公司和山东银兴种业股份有限公司联合承担的“高产稳产棉花品种鲁棉研28号选育与应用”和新疆农业科学院棉花工程技术研究中心、新疆农业科学院、石河子大学、新疆农业大学、新疆农垦科学院、新疆维吾尔自治区农业技术推广总站和新疆生产建设兵团农业技术推广总站联合承担的“新疆棉花大面积高产栽培技术的集成与应用”，分别获2015年度国家科技进步奖二等奖。

（2）毛

经过三十多年的快速发展，我国毛纺行业已经开始了由“量”到“质”的转变。近年来，毛纺行业市场变化多端，国际市场需求向国内转移，内需规模的扩大让许多企业转移市场战略，逐渐丰富国内市场产品类别。很多企业缩小了外销规模，高附加值产品出口同比下降。

中国产业调研网发布的中国毛纺织行业现状调查分析及发展趋势预测报告认为，未来五到十年中国毛纺工业将进入新的发展阶段，走新型工业化道路，进一步加大科技投入，提高行业自主创新能力，培育品牌，提高产品附加值，转变出口增长方式，是行业实现可持续发展的关键。

特别是在毛纤维直径、光泽度、含水率、净绒率及废旧纺织品毛纤维定性检测中方面取得了突破性进展。同时，在开发貉毛 / 羊绒 / 粘胶 / 锦纶混纺纱技术，提高羊毛织物阻燃性抗静电和抗紫外性能，研究在非水性绿色溶剂中的染色技术，功能性整理技术，赋予羊毛抗菌、抗静电性能、改善的亲水性、抗紫外等功能取得了可喜的成绩。

山东南山纺织服饰有限公司管理创新成果——“纺织企业适应国际标准的产品生态安全管理”在 445 个申报项目中脱颖而出，获评第二十三届国家级企业管理现代化创新成果奖一等奖，成为纺织行业唯一一家获此殊荣的企业。江南大学获得 2016 年度题为“角蛋白酶对羊毛角蛋白二硫键的酶解机理及其对羊毛结构与性能的影响与调控”的国家自然科学基金项目资助。

（3）麻

“十二五”期间，中国麻纺织行业重点工作主要围绕扩大内需市场、技术创新、加强国际合作，以及行业标准建设等方面展开。

近两年来，国内外麻纺织技术在阻燃、耐高温、导电等功能方面做出了诸多成绩，使其在复合材料、阻燃纤维、生物医用等方面具有很好的应用。

2015 年，由湖南华升集团公司承担的“新型高档苎麻纺织加工关键技术及其产业化”项目荣获 2015 年度中国纺织工业联合会科学技术奖一等奖。此外，昆明理工大学获得 2016 年度题为“碳纳米管附着麻纤维增强树脂基复合材料双界面构建及其作用机制研究”的国家自然科学基金资助。

（4）丝

丝是天然蛋白质类纤维，也是自然界唯一可供纺织用的天然长丝，其总量约占世界纤维总产量的 0.2%，良好的舒适性和保健性使之成为人们一直钟爱的纺织品。人们除了对天然丝的结构及性能进行研究外，现在更多的是在丝表面进行涂覆，以赋予丝抗菌、润湿以及抗 UV 等性能。同时，随着国内外对蚕丝的研究不断深入，蚕丝的应用也逐步从传统纺织品向化妆品、光电子、医药等领域延伸。特别是由于蚕丝的生物相容性、无毒、生物降解等特性，蚕丝已被加工成多孔膜、再生纤维、水凝胶等多种形式，成为生物医用材料的理想素材。因此，开发以天然蚕丝为基材的高附加值生物医用材料是蚕丝产品从传统纺织品升级的重要方向之一。

由浙江理工大学牵头，与浙江美嘉标服饰有限公司等三家企业共同合作，“全真丝独花织锦服装工艺研究与开发”项目获得 2016 年度中国纺织联合会科学技术奖二等奖。东华大学“导电丝素蛋白仿生组织工程支架中的微环境动态调控及神经再生”获得 2016 年国家自然科学基金资助。

2. 生物质再生纤维

生物质再生纤维是指以天然动植物为原料制备的化学纤维。近年来，大力开发国产虾（蟹）壳、海藻等海洋生物基纤维原料，拓展生物基纤维的应用，以满足功能性纺织品和产业用领域的需求。生物质再生纤维得到了迅速的发展，并已能基本满足我国经济发展及纺织工业发展的需求。

我国规模化再生纤维素纤维生产的品种有粘胶纤维（长丝、短纤维）和 NMMO 溶剂法纤维素纤维（普通型、交联型）。由于其原料为可再生资源，是循环经济可持续发展的重要化学纤维产品。因此，再生纤维素纤维有着更为重要的意义和广泛的发展空间。

江南大学、南通大学、武汉纺织大学在纤维素纤维加工工艺机理、功能化整理等方面分别获得 2016 年度和 2017 年度国家自然科学基金资助。

莱赛尔（Lyocell）纤维物理力学性能优良，干湿强度大、初始模量高、尺寸稳定性好、缩率小，尤其是其湿强与湿模量，接近于合成纤维。

近几年，国外生产莱赛尔纤维的公司主要有奥地利兰精公司、印度博拉公司，预计产能约 23 万吨。国内主要有河北保定恒天天鹅股份有限公司和山东英利实业有限公司的引进技术、上海里奥纤维企业发展有限公司的引进吸收改进技术、中国纺织科学研究院和河南新乡白鹭化纤集团有限责任公司的自主开发国产化技术，预计产能五万至十万吨。其中，“万吨级新溶剂法纤维素纤维关键技术及产业化”项目经过山东英利实业有限公司等多家单位联合攻关，打破国际公司多年的垄断，取得重大突破，获得 2016 年中国纺织工业联合会科学技术奖一等奖。此外，中国纺织科学研究院绿色纤维股份有限公司年产一万五千吨新溶剂法纤维素纤维（天丝）产业化项目经过十八年攻关，工艺路线一次性全线打通，并于 2017 年 8 月 29 日，通过科技成果鉴定。该项目拥有自主知识产权，全套设备全部国产化，是我国生物基纤维领域“绿色制造”工业化的重要突破，是中国纺织工业由大向强转变的重要技术标志之一。

海藻纤维是由海洋中的一些棕色藻类植物通过提取纺丝加工而成的，是一种可生物降解的再生纤维素纤维。功能性海藻纤维产品的开发，既能满足人们对功能性产品的需求度，又能有效地缓解天然纤维材料不足的问题，符合当前的发展趋势。

由青岛大学、武汉纺织大学、青岛康通海洋纤维有限公司、绍兴蓝海纤维科技有限公司、山东洁晶集团股份有限公司、安徽绿朋环保科技股份有限公司和邯郸宏大化纤机械有限公司承担研发的项目“海藻纤维制备产业化成套技术及装备”荣获 2016 年中国纺织工业联合会科学技术奖一等奖。该项目在国际上首次实现了海藻纤维强度提高、产能提升、耐盐耐碱性洗涤剂（耐皂洗）洗涤、无脱水剂（酒精、丙酮等）分纤等关键技术的突破，是化学纤维加工技术学科中生物基纤维及其制品产业化技术的重大创新。该技术的突破标志着海藻纤维的应用正式进入“量大面广”的纺织服装领域，显著提升了我国海洋生物基纤维材料的技术水平和核心竞争力，对支撑国家生物基纤维材料产业发展具有重要的战略意义。

青岛大学在海藻纤维的制备及功能整理领域具有一定的实力，仅在海藻纤维方面就获得两项国家自然基金的资助。

再生蛋白质纤维包括大豆蛋白、牛奶蛋白及由毛、丝提炼的再生蛋白纤维。这类纤维性能独特、品质优良，是高档的纺织原料，可应用于阻燃整理、开发新型催化剂和应用纳米复合材料、保健、医疗、服饰等领域。

浙江理工大学、武汉纺织大学、华南理工大学均在再生蛋白质纤维方面有所研究，并在蛋白质纤维的染色机理、功能改性、抗紫外、成型机理方面分别获得2016年国家自然科学基金资助。

3. 生物质合成纤维

生物质合成纤维是以农林副产物为原料，经发酵制得生物基原料后制备得到的纤维。大力开发生物质合成纤维符合国家“十三五”发展规划提出的“创新、协调、绿色、开放、共享”五大发展理念。

聚乳酸（也称为聚丙交酯，PLA）纤维被称为新一代可生物降解的环保型合成聚酯纤维。目前，国外主要有日本钟纺、尤尼契卡和可乐丽公司、美国杜邦公司、孟山都等公司生产开发聚乳酸纤维，在其亲水性、多孔、模量等方面做了大量研究工作。特别是在纤维模量及强度增强用于复合材料领域做了很多基础研究。

我国对聚乳酸的研究与开发主要集中在合成聚乳酸上，纤维的研究与开发无论从研究队伍、资金投入以及成果均与国外存在较大的差距。丙交酯开环聚合法已成为聚乳酸合成工艺的主流，聚乳酸纤维纺丝采用熔融法生产工艺，其物理机械性能优良，在医疗、服装、非织造布方面应用前景广阔。目前我国聚乳酸纤维生产规模达到15000t/a。恒天长江生物材料有限公司在聚乳酸纤维研发方面有其特色和优势，目前拥有一条年产2000吨连续聚合熔体直纺产业化生产线，其独创的聚乳酸双组分纤维及其无纺布，解决了聚乳酸纤维在一次性卫材上应用的技术关键和瓶颈问题。2015年，中国恒天纤维集团将进一步推进聚乳酸纤维的规模化生产，并规划筹建十万吨级聚乳酸纤维及制品全产业链项目。此外，浙江海正集团、南通九鼎生物工程有限公司、上海同杰良生物材料有限公司及河南龙都生物科技公司也在聚乳酸纤维生产开发方面各具特色。预计到2030年聚乳酸纤维的产量将达到20万吨，力争到2040年产能达到100万吨。

生物基聚对苯二甲酸丙二醇酯纤维（PTT）属于一种新型差别化、功能性纤维。其既有锦纶的柔软性、回弹性和抗污性，又有腈纶的蓬松性及涤纶的抗皱性和耐腐蚀性，且抗起毛起球，能用分散染料常压染成深色，将成为涤纶、锦纶强有力的竞争者。

在杜邦的中国研发中心，建立了一个工业聚合物技术平台，为中国市场提供PTT制造和应用支持。该平台探讨了PTT的新工业应用和改进，例如将应用空间扩展到工程聚合物，开发阻燃性PTT纤维、PTT纤维纺丝的熔体黏度调节以及在纳米复合材料制备中使用PTT。

生物基纤维尼龙PA56是我国自主研发的产品，采用经赖氨酸生物工程改造后得到1,5-戊二胺作为聚合单体，制得生物基尼龙PA56。与其他尼龙纤维的性能相比，PA56具有良好的阻燃性能、高强、吸湿、耐热的优良特性，同时具有一定的抗菌性能，在纺织服装、家纺产品、军用产品等领域具有广阔的开发前景。

目前，正在研发的生物基尼龙项目主要有蓖麻油裂解和葡萄糖生物发酵两种工艺路线。国内外研究生物方法替代石油化工制造的二元胺已经有几十年的历史了，但至今可以产业化的技术不多。到目前为止，已工业生产的完全采用生物基聚酰胺合成的材料有尼龙11和尼龙1010。我国上海凯赛公司利用生物工程大幅度提高了微生物菌种中氨基酸脱酸酶的效率，成功地克服了戊二胺提取过程中容易成环的问题，稳定了单体的提取工艺，成功制得生物基尼龙PA56。

（二）常规合成纤维

2017年上半年中国化纤产量2559.27万吨，同比增长4.82%。但自2010年，化纤产品的价格一路下滑，并且跌幅超过了油价，说明化纤行业通过自身的结构调整和技术进步，为下游行业挤出了一定的盈利空间。随着终端需求的回暖，化纤主要下游行业如加弹、织机、经编等开机率有着不同程度的提升，特别是加弹机保持较高的开机率。同时随着全球纺织产业布局的加快调整，对化纤产品的需求增加，化纤行业增长有望创近几年的新高。

1.聚酯纤维

2017年上半年涤纶产量2035.76万吨，同比增长3.59%。我国是全球涤纶生产大国。国家《聚酯及涤纶行业“十三五”发展规划研究》提出，到2020年，我国聚酯涤纶总产量将达到4599万吨，年均增速3.2%。因此，PET纤维企业要在国家政策扶持下，通过官、产、销、研、用“五位一体”合作，以化学改性为主要方向，改进常规产品的缺点，开发差别化、功能性、流行性、舒适性、环保性产品，提高产品的竞争性。

由新凤鸣集团股份有限公司和嘉兴学院承担的“高效节能短流程聚酯长丝高品质加工关键技术及产业化”项目和由南通永盛纤维新材料有限公司、永盛新材料有限公司、东华大学等多家企业与院校共同承担的“高保形弹性聚酯基复合纤维制备关键技术与产业化”项目；以及由上海市纺织工业技术监督所等公司与研究所共同承担的“循环再利用聚酯（PET）纤维鉴别技术研究”分别获得2015年度和2016年度中国纺织工业联合会科学技术奖二等奖；由盛虹控股基团有限公司承担的“熔体直纺全消光聚酯纤维开发应用与产业化”和海盐海利环保纤维有限公司等承担的“高品质差别化再生聚酯纤维关键技术及装备研发”分别获得2015年度香港桑麻纺织科技奖一等奖和2016年度中国纺织工业联合会科学技术奖一等奖。

2.聚酰胺纤维

我国脂肪族聚酰胺纤维产量近年来一直保持较快的增长势头。2017年上半年我国的聚酰胺纤维产量达到179.62万吨，比2016年同期增长了11.41%。国家《锦纶行业“十三五”发展规划研究》提出，到2020年，我国锦纶产能将增加到450万吨，年均增长为 6.40%，产量将增加到 385 万吨，增长 42.59%，年均增长为 6.03%。

东华大学在聚酰胺关键技术制备及产业化方面做出了诸多成绩，他们联合义乌华鼎锦纶股份有限公司等企业在高品质聚酰胺 6 纤维高效率低能耗智能化等方面进行了深入开发和研制。相关项目分别获得了 2015 年中国纺织工业联合会科学技术一等奖和香港桑麻纺织科技奖特等奖。

3. 聚丙烯腈纤维

“十二五”期间我国聚丙烯腈纤维有效总产能基本维持在 70 万 ~ 72 万吨。同时其他合纤品种的产量继续较快增长，并部分挤压聚丙烯腈纤维市场空间使得聚丙烯腈纤维产量占合纤产量比例逐年下降。在全国化纤市场增速放缓、外贸出口增长乏力的大背景下，到 2020 年，聚丙烯腈纤维的产量达到 80 万吨，年均增速 2%，基本满足国内需求，高附加值产品比例提高到 30% 以上，纺织服装用、装饰用、工业用比例分别达到 61%、27%、12%，全行业研发费用支出比重达到 3% 以上。

在国际聚丙烯腈纤维市场低迷的情况下，吉林化纤占据国内聚丙烯腈纤维产能的 1/3，产品差别化率在国内同行业处于领先水平。企业实现产销率 100%，新产品销量占比达到 10.4%。吉林化纤研发生产的醋青纤维，首次突破了天然纤维与聚酯纤维共混的技术瓶颈，成为国内首创的改性聚丙烯腈纤维品种，中国化学纤维工业协会将唯一一块“国家差别化腈纶研发生产基地”牌匾授予吉林化纤。同时，吉林化纤也是 2015 年“中国纺织工业联合会产品开发贡献奖”获奖企业。此外，我国在抗起球、抗静电的双抗纤维；绿色环保、色牢度高的原液染色纤维；光泽度好、色彩鲜艳亮丽的大有光纤维；具有保暖、保健功能的蓄热纤维；超柔细腻、美观时尚的混纤度腈纶丝束产品等差别化纤维的开发方面进行了调整创新。

4. 聚丙烯纤维

我国聚丙烯纤维 2017 年上半年产量为 14.53 万吨，同比增长 9.56%。聚丙烯纤维是化学纤维中最轻的品种，其优良的加工性能和物理力学性能已经在工业上的防护、农业用途、包装、过滤、土工建筑、交通运输、医疗卫生、家用装饰和休闲用品等领域得到了广泛应用。

绿色发展是我国“十三五”时期发展的主旋律，是我国走向新常态、实现转型升级的重大举措。聚丙烯纤维具有生产流程短、能耗低、清洁环保、原料可再生循环等特点，在对生态环境保护日益重视、实现经济绿色增长的新形势下，聚丙烯纤维作为环境友好型纤维，有着良好的发展契机。聚丙烯纤维在混凝土中的应用已赢得了混凝土的“次要增强筋”称呼。因此研究学者在聚丙烯纤维在混凝土应用中对增强机理，抗裂性和耐久性、力学性能、抗腐蚀性、兼容性、生物降解等各性能进行研究。

同时，有关聚丙烯纤维的差别化研究也取得了一定的成果。如对 PP 进行改性，赋予 PP 亲水性能，防寒性能，导电性能，阻燃性能、吸湿性和染色性能、机械力学性能及高水充填材料的变形能力等。

广东蒙泰纺织纤维有限公司利用多年的研发生产经验，推广聚丙烯纤维的用途，提高生产效率，并与中国化学纤维工业协会共同建立“国家功能性聚丙烯纤维研发生产基地”。

（三）高性能纤维

高性能纤维是关系到国防建设和国民经济发展、支撑国家高新科技产业发展的关键性材料，是推进各类高技术功能纺织品和合成新材料的物质基础。

1. 碳纤维

碳纤维是伴随着我国航空航天及国防事业的快速发展而成长起来的新型材料，属于国家大力发展的重要纤维材料。预计到2020年全球碳纤维需求将达到14万吨。汽车将成为碳纤维应用的新领域，2020年汽车用需将达到1.69万吨，应用规模将与飞机相当。碳纤维主要的应用形式是作为树脂材料的增强体，所形成的碳纤维增强树脂具有优异的综合性能。

干喷湿纺是高性能PAN碳纤维原丝生产的国际先进技术，该技术此前一直被日本东丽和东邦垄断。2016年5月，中国第一条千吨级T800原丝投产，这是由中复神鹰碳纤维有限公司、东华大学、江苏鹰游纺机有限公司等共同完成的“千吨级干喷湿纺高性能碳纤维产业化关键技术及自主装备”项目的成果。中复神鹰公司成为世界上第三家实现高性能干喷湿纺碳纤维产业化的企业，该项目荣获2016年中国纺织工业联合会科学技术一等奖。

预计国内至少有三家企业具备在2020年前实现T–800级碳纤维的量产，加上吉林化纤集团五千吨级T–300级别碳纤维原丝项目，我国在2020年将达到二万五千至四万吨，约占世界总产量的20%。

2. 芳香族聚酰胺纤维

芳香族聚酰胺纤维（芳纶）是一种综合性能优异，技术含量和附加值高的特种纤维，在高科技纤维材料中占有十分突出的地位。芳香族聚酰胺纤维以其阻燃、耐温、轻质、高强、绝缘和抗辐射等优异特性，与碳纤维、高强高模聚乙烯并称世界三大高性能纤维，是攸关国防安全和国民经济的重要战略物资。因此，发展我国芳纶产业具有非常重要的战略意义。预计到2020年世界芳纶纤维需求将达到22万吨。

目前，我国间位芳纶的主要生产厂家为山东烟台氨纶股份有限公司，产能已超过5000吨/年；广东新会彩艳股份公司产能约2000吨/年；江苏圣欧（苏州）安全防护材料有限公司2005年起与东华大学合作，现已建成五百吨间位芳纶绝缘纸、1500吨/年间位芳纶纤维生产线，还在进行二期扩建。我国间位芳纶产能已达8500吨，市场需求预计将突破7000吨（其中，过滤材料约占一半以上）。对位芳纶行业发展总体保持平稳，主要由仪征化纤、泰和新材和中蓝晨光三家企业生产，产量约为1600吨，应用于防弹、光缆、绳缆、体育用品、汽车等领域。随着我国新材料领域生产和需求的快速增长，2020年预计突破20000吨。

由内蒙古航天新材料科技有限公司和中国航天科工六院四十六所联合承担的项目《含杂环的芳香族聚酰胺纤维（F-12 纤维）50 吨 / 年产业化技术》和东华大学与圣欧芳纶（江苏）股份有限公司承担的《有色间位芳纶短纤维工业化》项目荣获 2015 年度中国纺织工业联合会科学技术二等奖。

3. 超高分子量聚乙烯纤维

全球对超高分子量聚乙烯纤维需求，除了军事方面对防弹材料需求剧增外，特种绳索市场应用发展迅速，直接推动了产业的高速发展。据预测，未来十年内对该纤维的年需求量将达三十万吨左右。我国超高分子量聚乙烯纤维 2016 年继续保持良好发展态势，产量突破九千吨，各应用领域用量都有不同程度增长。

通过十几年的技术研发，国内多家企业逐一实现技术突破，成功建成了数十条超高分子量聚乙烯纤维生产线，形成了较为完善的规模化生产能力。目前国内设计总产能二万二千吨，超过二千吨的有山东爱地、湖南中泰、九九久、上海斯瑞和宁波大成。仪征化纤已突破干法生产工艺，并解决了干法纺丝过程中超高分子量聚乙烯大分子缠结点控制难题，主要技术指标可达到国外同类产品先进水平，并于 2015 年 5 月，第二套千吨级超高分子量聚乙烯纤维项目土建工程开工，标志着仪化在推进产业结构调整、打造中国石化特种纤维研发生产基地上迈出重要一步。

与此同时，北京化工大学和上海交通大学在超高分子量聚乙烯纤维领域获得 2016 年国家自然科学基金的资助。

4. 聚醚醚酮纤维

聚醚醚酮（PEEK）特种纤维主要应用于航空航天、武器装备所需结构件的混编复合材料、航空航天高性能电线电缆的编织护套以及民用领域的制纸机械的干燥帆布，耐热滤布，耐热耐腐蚀纺织带，复合材料（与玻璃纤维、碳纤维混编），能源工业的耐高温材料等。

目前全球 PEEK 纤维有十多种，其中一半以上由 Zyex 公司生产。国内由于原料和市场等原因，PEEK 纤维的研究基本停留在实验室阶段，PEEK 纤维尚无规模化生产，目前 PEEK 纤维及应用产品主要靠国外进口。常州创赢新材料科技有限公司是国内第一家利用自有知识产权攻克聚醚醚酮纤维的生产企业，目前已形成年产纤维一百吨的生产能力。

吉林大学、长春吉大特塑工程研究有限公司、南京卓创高性能新材料有限公司、四川大学与常州创赢新材料科技有限公司的项目“聚醚醚酮纤维制备技术与应用”获得 2016 年“纺织之光”中国纺织工业联合会科学技术奖二等奖。

5. 聚苯硫醚纤维

聚苯硫醚（PPS）全称为聚亚苯基硫醚，具有优异的阻燃性与耐高温性，在金属冶炼、资源勘探、消防、飞机、动车、特种设备的阻燃防护层或耐火防护。也可作为特种功能过滤材料，用于大型燃煤锅炉、垃圾焚烧炉的粉尘过滤，目前国外工业用袋式除尘设备的滤袋材料全部使用聚苯硫醚纤维，而我国的使用率较低，聚苯硫醚纤维在袋式除尘设备领域拥有巨大的潜在市场。

我国聚苯硫醚纤维的产量在五千吨左右，产品仍多集中在 1.2 ~ 2D，主要应用依然在滤料行业，预计 2020 年达到二万吨以上方可基本满足我国对聚苯硫醚纤维的需求。国内从事聚苯硫醚纤维生产的主要厂家有四川得阳科技股份有限公司、天津合成材料研究所、四川长寿化工总厂、广州化工研究院、四川特种工程塑料厂等单位。现阶段国内聚苯硫醚纤维生产面临的主要问题是纤维级聚苯硫醚树脂的技术指标要求不够严格；纤维级聚苯硫醚结构无法在合成过程中有效控制；对聚苯硫醚大分子的结构特点的研究认识有局限。

2015 年四川省广安玖源材料有限公司年产三千吨纤维级聚苯硫醚树脂项目进行环评。该项目将投资一亿二千万元，采用多水硫化钠加压法聚苯硫醚树脂生产工艺生产纤维级聚苯硫醚。2016年安徽铜陵瑞嘉特种材料有限公司“年产三万吨纤维级聚苯硫醚”项目启动。该项目将新建 3 条聚苯硫醚树脂生产线，项目建成后年产三万吨纤维聚苯硫醚。

四川大学、中国工程物理研究院化工材料研究所、西北工业大学在此领域研究较深入，并分别获得国家自然基金资助。由苏州金泉新材料股份有限公司和太原理工大学联合承担的“抗氧化改性聚苯硫醚纤维界面技术及其产业化”项目荣获 2015 年度中国纺织工业联合会科学技术二等奖。

6. 聚酰亚胺纤维

聚酰亚胺（PI）纤维称芳酰亚胺纤维最有希望应用于航空航天的品种之一。其中包括航空航天中所使用的轻质电缆护套、耐高温特种编织电缆、大口径展开式卫星天线张力索和空间飞行器囊体材料的增强编织材料及防护服装等，其重要性不言而喻。同时，聚酰亚胺纤维作为除尘的关键材料，其发展也日益受到关注。因此，国家发改委曾连续两年将聚酰亚胺材料包括聚酰亚胺颗粒及纤维技术和设备列入鼓励进口目录，并发文强调：“应加大聚酰亚胺产业化的进程”。

由东华大学、江苏奥神新材料股份有限公司和江苏奥神集团有限公司完成的“干法纺聚酰亚胺纤维制备关键技术及产业化项目”荣获 2015 年度中国纺织工业联合会科学技术一等奖及 2016 年国家科技进步奖二等奖。项目首次提出了聚酰亚胺干法成形“反应纺丝”的新原理新方法，攻克了基于“反应纺丝”的干法纺丝成形关键技术。其项目产品已成功用于耐高温滤材，特种防护服等领域，有效推动了高性能纤维国产化的跨越式发展，取得了显著的经济和社会效益。

7. 聚芳酯纤维

聚芳酯（PAR）又称芳香族聚酯，具有优异的耐热性能和良好的力学性能。我国聚芳酯还处于研究开发阶段，聚芳酯生产能力较低，基本依靠进口。另因其熔融黏度高、流动性差，溶解性能、加工性能不好等一些缺点，因此，从分子设计的角度出发，设计合成出具有自主权的新型聚芳酯具有重要的研究意义。

目前，我国聚芳酯纤维研究主要以沈阳化工研究院、广州化工研究所、四川晨光化工研究院为领衔。汤原县海瑞特特种工程塑料有限公司聚芳酯合成首次投料试车基本成功。项目全面建成后，形成年产五百吨高性能聚芳酯特种塑料颗粒和粉末能力及五百吨型材加工能力。

近几年，国内在将聚芳酯纤维产业化方面做出了大量的努力。如浙江三星纺织滤料有限公司自 2010 年开始与东华大学合作针对液晶聚芳酯纤维进行研发，在 2015 年液晶聚芳酯纤维已经进入产业化生产阶段。而此前这项技术主要被日本、美国和西欧等国家掌握，产品价格居高不下。因此开发该项目的市场前景非常广阔。浙江星伦凯新材料科技有限公司“年产五千吨液晶聚芳酯纤维生产线”项目在浙江省“411”重大项目资助下开始启动，该技术关键问题的突破，填补了国内的技术空白，打破了我国高强度纤维基本依赖进口的局面。

8. 聚对苯撑苯并双恶唑纤维

聚对苯撑苯并双恶唑（PBO）纤维是目前比强度、比模量最高的纤维之一，是含有杂环芳香族的聚酰胺家族中最有发展前途的一个成员，被誉为“二十一世纪超级纤维”。因 PBO 纤维产品产量少且价格高，使其大规模应用受到了限制，目前国外多用于比较高级的航天、军工等特殊领域。

国内对 PBO 纤维的研究始于二十世纪八十年代末。多年来，华东理工大学、上海交通大学、中国航天科技集团等多家科研院所对 PBO 的合成工艺、纤维制备及增强复合材料性能等进行了研究。目前，中蓝晨光化工研究院具有产能二吨 PBO 纤维的生产能力，其纤维性能基本达到了东洋纺 Zylon 的性能。2016 年深圳新纶科技股份有限公司在四川新津县投资三十亿元，建占地一千亩的厂房，分期建设年产三百八十吨 PBO 纤维工业化装置及其上游原料生产项目。本项目属国内第一个规模化 PBO 纤维项目，其顺利开工成功打破了国外垄断，填补了国内 PBO 产业空白，将有效助推我国航空航天、军工产业、民用高新产业的快速发展。

山东大学“CNDs 可控构筑 PBO 纤维 / 环氧复合材料多层次界面极其强韧化机理研究”和哈尔滨工业大学“基于光热效应的 PBO 纤维复合材料自修复界面的构建及其修复机制研究”获得 2016 年度国家自然科学基金的资助。

9. 聚四氟乙烯纤维

聚四氟乙烯（Teflon 或 PTFE），俗称“塑料王”，是由四氟乙烯经聚合而成的高分子化合物，具有优良的化学稳定性、耐腐蚀性、密封性、高润滑不粘性、电绝缘性和良好的抗老化耐力。我国 PTFE 纤维产量已占全球总量的 50%，产品质量可与国际同类媲美，部分性能超过国外，已在化工、石油、纺织、医疗、机械等领域获得了广泛应用，成为垃圾焚烧、航天服、消防服、过滤材料及航天材料等领域的优选。同时，PTFE 纤维的批量生产，能促进芳纶 1313. 芳砜纶、聚苯硫醚纤维等高机能纤维在滤料上的应用，推动化纤工业结构的调整进级。

我国从事聚四氟乙烯纤维生产和研发的企业主要有浙江格尔泰斯环保特材科技股份有限公司、上海金由氟材料股份有限公司、山东荣森新材料股份有限公司等。其中，由金由氟公司、上海凌桥环保设备厂有限公司和解放军总后勤部军需装备研究所共同完成的膜裂法 PTFE 纤维技术及千吨级工业化项目，其产品获海内外众多客户广泛认可。由此，该项目获得 2014 年度中国纺织工业联合会科学技术进步一等奖。

天津工业大学和中国科学院深圳先进技术研究院在此方面做了一些基础研究，并分别得到 2015 年国家自然基金资助项目。

10. 无机纤维

无机纤维是以矿物质为原料、经过加热熔融或压延等物理或化学方法制成的纤维，主要品种包括玻璃纤维、石英纤维、硼纤维、玄武岩纤维、陶瓷纤维等。无机纤维不仅具有良好的耐热性、耐湿性、耐腐蚀性、抗霉性，而且还具有高强、高模、导电、导热、导磁、不燃等特性，在很多方面获得应用。

（1）陶瓷纤维

陶瓷纤维是一种纤维状轻质耐火材料，具有重量轻、耐高温、热稳定性好、导热率低、比热小及耐机械震动等优点，因而在机械、冶金、化工、石油、陶瓷、玻璃、电子及环保等行业都得到了广泛的应用。近几年由于全球能源价格的不断上涨，节能已成为中国国家战略，在这样的背景下，比隔热砖与浇注料等传统耐火材节能达 10% ~ 30% 的陶瓷纤维在中国国内得到了更多更广的应用，发展前景十分看好。

我国在陶瓷纤维的研究方面近些年也取得了不错的进展，如通过静电纺丝技术、纤维的增强技术、纤维的微观结构对力学性能的研究、预氧化行为、耐高温及功能性开发均做出了大量的工作。

淄博云泰陶瓷纤维有限公司的 1050 陶瓷纤维系列产品、1260 陶瓷纤维系列产品、1400 陶瓷纤维系列产品，年生产能力三万五千吨。山东金石节能材料有限公司可提供 600 ~ 2200℃温度区间的各种陶瓷纤维产品，日产可达一百六十吨。

（2）玄武岩纤维

玄武岩纤维是以天然玄武岩矿石为原料，将矿石破碎后加入熔窑中，于 1450 ~ 1500℃熔融后，通过铂铑合金拉丝漏板高速拉制而成的连续纤维。玄武岩纤维具有耐高温、隔音、隔热、抗振动、耐酸碱、使用寿命长、对生态无害、阻燃性和防爆性好、化学惰性强等特性，另外玄武岩纤维生产过程中产生的废弃物少，对环境污染小，产品废弃后可直接降解，是一种名副其实的绿色、环保材料。玄武岩纤维作为我国重点发展的四大纤维（碳纤维、芳纶、超高分子量聚乙烯、玄武岩纤维）之一，目前已出台多项国家标准和行业标准，玄武岩纤维与玻璃纤维和碳纤维相比，原材料利用率高达 90% 以上，投资成本更低廉，且产品附加值更高，可广泛用于国民经济各个领域。据测算，全球玄武岩连续纤维年需求量在三五十万吨，国内产量不过万吨，远不能满足市场需求。

玄武岩纤维在国家鼓励发展的战略指导下得到快速发展，被列入国家“863”计划和国家“十二五”发展规划新材料产业，广安华蓥是四川省玄武岩的主产地，现已探明资源储量约二千四百万吨，详细勘查工作还在推进，保守估计华蓥山玄武岩蕴藏量在一亿吨以上、可采储量达八千万吨以上。太阳鸟是国内首家将连续玄武岩纤维用于船艇生产的厂家。山西晋投玄武岩公司的玄武岩连续纤维产业及后制品，目前主要生产玄武岩复合筋、水泥短切纤维、沥青短切纤维等产品，产能三千吨，位列世界第一。在河南登封自主研发出年产一千吨的大型池窑法玄武岩纤维生产线，比当前普遍应用的甘埚窑生产工艺要先进超前得多，即使与国外最先进玄武岩纤维工艺技术相比也有许多优越性，这是未来玄武岩纤维产业发展的大趋势，是工业化大规模生产的必由之路。华阳集团引进的是全球最顶尖的俄罗斯技术，生产的超细玄武岩纤维、单丝玄武岩纤维将填补国内空白，摆脱对国外高强度玄武岩纤维产品的依赖。

（四）功能纤维

1. 中空纤维膜

中空纤维膜（hollow fiber membrane）是非对称膜的一种。随着我国经济社会的发展，传统的水净化工艺如氯化、絮凝沉淀、离子交换等处理方法已不能满足低投资、低运行成本、高水质和稳定可靠的要求，新技术、新产品的开发显得尤为重要。中空纤维膜技术具有能耗低、装置体积小、易操作、效益高、不产生二次污染等特点，是资源、能源、环境等领域的共性技术，已成为节能减排，特别是水处理领域最受关注的核心技术。

《分离膜“十二五”发展规划》中就提出中国要在分离膜全领域形成完备、规模化的膜与膜组器的生产技术与生产能力。《中国膜行业“十三五”战略发展规划》中指出，仅功能膜产值应在“十二五”的基础上翻番，并应在微滤膜、超滤膜的质量上实现新突破，“十三五”期间膜产业的年增长速度应在 20% 左右。

天津工业大学与天津膜天膜科技股份有限公司合作开发的“连续油水分离功能材料及装备”和“同质增强型中空纤维膜”成果取得 2017 年世界著名的发明展——日内瓦国际发明展（第四十五届）一金一银佳绩。其中金奖项目：针对海上及港口、码头危化品泄溢等形成的水面轻质薄油膜处置“世界性难题”，突破传统吸油过程间歇操作局限，发明了可实现连续、高效处置和回收大面积水面薄油膜及油性危化品的油水分离功能材料及装备。银奖项目：发明了熔融 / 溶液在线一体化复合纺丝技术，开发出兼具熔融法高强度和溶液法高分离精度（平均孔径 28nm）、渗透通量大、吨水能耗低、适用于重度污水再生回用的同质增强型聚偏氟乙烯中空纤维膜，技术产品已在二十六个国家和地区应用。

2. 储能纤维

储能纤维是一种能够收集并存储能量的特殊纤维。目前，开发的储能纤维通过融合能够接收太阳能的光伏材料和能够通过接触产生能量的压电式材料，使纤维材料既能够通过接受太阳能照射，也能够通过外来压力产生电能，从而使其在各种天气条件和环境下产生电能。

国内一些研究学者在储能纤维方面做了一些研究，如利用 Co_3O_4 纳米线阵列垂直生长到碳纺织品制备高比容量和高循环储能功能；或用无定形碳，石墨（G），石墨烯（GP），碳纳米管（CNT）和碳纳米纤维（CNF）的几种碳质材料作为 Sn 基阳极材料中的惰性和导电基质，碳复合阳极材料，形成三元和多元复合阳极材料，显示出较低的电渗透阈值和较高的面内导热性。

3. 自伸长纤维

自伸长纤维的分子链相对褶皱，取向度和结晶度也很低，大部分结晶都是处于褶皱状态，在高温的作用下，会促使材料中的处于褶皱大分子得到伸展，从而在宏观上得到拉伸的效果，自伸长纤维主要用于其他纤维中的混纺织，在一般纤维发生收缩时，自伸长纤维可以实现拉长，用来制作纺织品可以减少收缩率，使材料更加蓬松、柔软，增强了纤维材料的质感。

聚烯烃系自伸长纤维是以聚丙烯（PP）为芯材、聚乙烯（PE）为鞘材的芯鞘型复合纤维，经纺丝、拉伸、卷曲、切断工序并正确控制纤维的高次结构，就可稳定制得在热作用下可自行伸长的纤维。对于非织造布，既要求具有卫生制品所应具备的柔软性和强度，以及快速吸液性和低残液量，还要求纤维的间距尽可能大，因此其在相关非织造布的制造工艺上也进行了大量研究，并实现了突破。

4. 吸湿排汗纤维

吸湿排汗纤维是利用纤维截面异形化（Y 字形、十字形、W 形和骨头形等）使纤维表面形成凹槽，借助凹槽的芯吸导湿结构，迅速吸收皮肤表层湿气及汗水，并瞬间排出体外，再由布表面的纤维将汗水扩散并迅速蒸发掉，从而达到吸湿排汗、调节体温的目的，使肌肤保持干爽与凉快，近年来，国产吸湿排汗纤维的发展迅速，如：江苏恒力的酷派丝、南京东华的 porel 纤维、上虞弘强的蜂窝纤维等。

三、纤维材料工程学科国内外研究进展比较

近年来，我国已经成为纤维生产品种覆盖面最广的国家，高性能纤维产能及消费量世界第一，部分高新技术纤维的生产及应用技术达到国际领先水平，并满足国防军工、航空航天的需要，常规纤维的多功能化、高性能化和低成本处于领先国家序列。但总体来说，我国化纤工业大而不强。化纤行业的发展已无法延续过去依靠量的增长方式，而是要进行

转型升级，向研发、设计、品牌、营销、服务等环节延伸，生产方式向柔性化、智能化、数字化、精细化、绿色生产转变。可喜的是，“十二五”期间，核心技术的突破，研发能力的提升，制造装备和工艺的改进，全产业链协同创新，已经为“十三五”产业用化纤大发展打下坚实基础。具体表现在：

功能性新型纤维材料整体技术进步显著，具有阻燃、抑菌、抗静电等功能的新型纤维材料，应用于特种军服和消防服、飞机和高铁内饰材料、高档纺织品、医用卫材等领域；生物基化学纤维及原料核心技术取得新进展，在生物基纤维原料生物发酵、分离纯化、纺丝、后整理等核心关键技术取得重大突破；关键战略纤维新材料稳步发展，产能规模已居世界前列。国产高性能纤维已基本满足国防军工需求。

新型纤维材料具有技术含量高，市场规模大，产业辐射面广、拉动效应显著等特点，已经成为纺织行业的新型“战略支柱产业”之一，因此，国家在“十三五”期间，重点支持“一带一路”和“海上丝绸之路”沿线所需的高科技纤维及其制品的开发和应用；支持海洋和海岛开发与建设所需的特种纤维；支持节能减排特别是应对雾霾天气所需的高新技术和高性能纤维；支持国防军工所需的高端装备及基本材料；支持与安全、耐震和维稳相关的新材料和新技术的开发。

世界各国同样把发展新型纤维材料作为发展经济、推动技术进步的重要方面，一些发达国家已经发动新一代纤维材料的革命，并已经成为了一股新的潮流。全球范围有关纤维改性的实验室工作，2007 年起就在《自然》杂志等刊出。历经十年发展，特别是近年来随着纳米、材料、电子、信息等科技的加快渗透，这方面的发展出现拐点式增长势头。

一个以新型纤维材料为基础，具备多材料、多结构、多功能特点，能够感知、计算、储能、通信、执行的新型智能材料家族，已经开始出现并走向市场。与此同时，纤维的超高性能化和绿色化将成为未来主流趋势；智能、超能、绿色特征的进一步交叉融合，将催生许多全新的纤维品种，其中相当比例最终将转化为巨大的商业价值。目前全球新型纤维产品的市场规模已超过千亿美元。

在美国，数字化革命和物联网技术的飞速发展，更加促进了新型纤维材料的高速发展，使得它成为了美国著名高校和科研院所的研究和开发热点，以及美国政府部门的重点战略。在学术界，麻省理工学院牵头数十家院校和公司建立了美国先进功能纤维研究中心（AFFOA），开展全国范围内的产学研合作。此外，美国也还有更多的官方机构参与到纤维和纺织的创新研究中来，包括美国国防部、美国商务部、美国能源部等权威机构。前不久，美国宣布成立了国家制造创新网络（NNMI）中的最新一家——革命性纤维与织物制造研究中心（RFT MII），就是由国防部牵头的革命性纤维与织物制造研究中心。

事实上，新型纤维产品近年来引领美国纺织业取得了显著的增长。其纺织业体量不减反增，出货量和出口额都获得了大幅度增长，并且成为了解决美国就业问题的生力军。新型纤维与国民经济的各个领域紧密结合，产生了大量全新的应用。美国国家科学基金会

（NSF）等官方机构组织了专门的研讨会，定义了十二大应用领域，包括农业、建筑、国防、基建、家居等，彰显出新型纤维产品的应用呈现出遍地开花的趋势。

德国早在2014年就确立了名为“未来纺织”的国家级战略，将其和工业4.0进程紧密结合在一起。要让新型纤维作为工业4.0的急先锋，纤维已经不再是一个传统的行业，而是基于新材料、节能环保、智能产品等创造出的全新的行业、产品和服务。成为德国最有创新活力的行业之一。

鉴于纺织/纤维产品的应用越来越广泛，德国纺织学会在其2025远景分析中明确其定义十大“跨界”应用方向，包括医疗保健、出行、未来城市生活、建筑、能源、食品等。在每一个领域，纤维行业的创新都大有用武之地。

日本的新型纤维领先优势明显，拥有碳纤维、对位芳纶和超高分子量聚乙烯三大高性能纤维研发和生产核心技术；还有聚芳酯、PBO、超高强维尼纶等重要品种的研发技术。装备制造、信息和自动化技术也为纺织产业提供了强大的支撑。

日本大企业是产业技术供给和产业化的主体，例如东丽、帝人等大企业在新合纤领域基本拥有除装备外的从纤维到纺织品较完整的技术创新链。东丽公司拥有从碳纤维到复合材料制品的生产和研发。企业设立有不同性质的研发中心和研究所，东丽、帝人等企业在海外设立有研究所，从事应用基础研究。在日本，大学会为企业专门提供技术服务，并联合进行项目研发、技术咨询服务。

其他一些发达国家包括欧盟也纷纷推出有关新型纤维技术产业集群的国家战略和研究发展计划，在重塑纺织服装产业的创新计划中，高性能、多功能和智能化纤维都是核心主题。

我国虽然一部分相关的技术研发和产业化在其他名义下开展，例如在材料领域的碳纤维、低维材料和石墨烯等，但尚未从整体的高度来认识新兴纺织技术产业集群。

四、纤维材料工程学科发展趋势及展望

面对国内外新的竞争形势和严峻环境，未来五年“中国制造2025”国家战略和“互联网+”行动计划的实施，高性能化、差别化、生态化纤维应用领域将会继续向交通、新能源、医疗卫生、基础设施、安全防护、环境保护、航空航天等产业用领域方面深入拓展。

按照国家发展战略性新兴产业的总体要求，围绕纺织工业建设纺织强国的主体目标，工信部和国家发展改革委日前联合发布《化纤工业“十三五”发展指导意见》，明确提出化纤工业在“十三五”时期的发展目标、主要任务和重点发展领域。“十三五”期间，中国化纤产量的年均增速目标将由“十二五”期间的9.2%调整为3.6%。“减速是在原来远高于国际增速的基础上进行的调整。即便是3.6%，也将会略高于国际平均增速”。

未来，我国纤维新材料产业需通过“3+1”重大技术（新溶剂法纤维素纤维、生物基合成纤维、高性能纤维高端生产与应用和锦纶熔体直纺技术）突破，智能制造、绿色制造、品牌质量与提升等路径，实现功能性纤维材料开发与品质提升、生物基化学纤维产业化、高性能纤维产业化和系列化等方向发展。

1. 功能性纤维材料开发与品质提升

新型纤维品种开发，开发新一代共聚、共混、多元、多组分在线添加等技术，实现深染、超细旦、抗起球、抗静电等差别化纤维的规模化生产，目标是“十三五”期间差别化率每年提高一个百分点。

2. 突破生物基化学纤维关键生产技术

加强集成创新，形成具有自主知识产权的关键装备的制造，攻克生物基化学纤维及原料产业化技术瓶颈，实现生物基化学纤维规模化生产。

3. 高性能纤维产业化和系列化

产业化和系列化目标：第一，进一步提升与突破高性能纤维重点品种关键生产和应用技术，突破新型高性能纤维制备及产业化的关键技术；第二，进一步提高纤维的性能指标稳定性，扩大单线产能、优化控制过程，实现 T300 级和 T700 级碳纤维、芳纶 1313. 超高分子量聚乙烯纤维等高性能纤维的批量化和低成本生产，全面提高产品质量的稳定性；第三，拓展高性能纤维在航空航天装备、海洋工程、先进轨道交通、新能源汽车和电力等领域的应用。

4. 智能制造技术开发

主要围绕数字化纤维全流程生产技术、产业链智能生产追溯系统、化纤生产智能物流系统、智能示范工厂和智能车间展开；紧密结合大数据、云计算、互联网、物联网提高信息化技术应用水平，变革产业价值模式，开创产业发展新思维。

5. 绿色制造的发展

重点发展三大绿色纤维：循环再利用化学纤维、生物基化学纤维、原液着色化学纤维。在品牌与质量提升方面，下一步要制定品牌建设标准和价值评价体系、加强纤维品牌推广、完善标准和质量体系建设。

6. 加强企业研发投入

到 2020 年，大中型企业研发经费支出占主营业务收入比重由目前的 1% 提高到 1.2%，发明专利授权量年均增长 15%，碳纤维、芳纶、超高分子量聚乙烯纤维等高性能纤维以及生物基化学纤维基本达到国际先进水平，形成一批具有国际竞争力的大型企业集团。

7. 推进资源循环利用

此外，据中国再生资源协会统计，我国废旧纺织品再生利用率不足 10%，闲置和浪费的化学纤维和棉纤维一年相当于半个大庆油田，整个“十二五”期间循环再利用还没有形成完善的体系。“十三五”期间，工信部已下发文件，提出探索废旧纺织品等再生资源的综合利用产业发展机制的新模式，预培育和建立再利用的园区和产业基地，相关政策及措施将有助于废旧纺织品的循环利用体系的建立。

8. 合理规划发展

最终，化纤工业要加快结构调整，推动行业发展模式向“高附加值、专业化与系统化”转变、由生产型制造向服务型制造转变，严格控制常规化纤产品新增产能。

参考文献

[1] 国家自然科学基金查询. http://www.medsci.cn/sci/nsfc.do.

[2] 人民网 - 科技频道. http://scitech.people.com.cn/n1/2016/0108/c1007-28031068.html.

[3] 中国纺织网. http://info.texnet.com.cn/detail-551033.html.

[4] 胡晓兰，兰茜，代少伟，等. 黄麻纤维 / 聚酯纤维复合材料的阻燃改性. 复合材料学报. http://www.cnki.net/kcms/detail/11.1801.TB.20160906.1628.002.html.

[5] 中国产业调研网. http://www.cir.cn/R_FangZhiFuZhuang/19/MaoFangZhiFaZhanXianZhuangFenXiQianJingYuCe.html.

[6] 王彩虹，吴雄英，丁雪梅. 基于近红外光谱技术的毛纤维及其产品快速无损检测［J］. 毛纺科技，2015，43（10）：62-67.

[7] 纺织工业“十三五”发展规划. 中国纱线网. http://www.chinayarn.com/news/2015/2016-9-29-99709.html 2016-9-29.

[8] 再生纤维素纤维行业“十三五”发展规划. http://www.wenkuxiazai.com/doc/0fc25752c1c708a1294a442c.html.

[9] 高分子网. http://www.gaofenzi.org/archives/9400.html.

[10] Zeng S, Cui Z, Yang Z, et al. Characterization of highly interconnected porous poly（lactic acid）and chitosan-coated poly（lactic acid）scaffold fabricated by vacuum-assisted resin transfer molding and particle leaching［J］. Journal of Materials Science, 2016, 51（22）：9958-9970.

[11] Meng L, Gao C, Yu L, et al. Biodegradable composites of poly（butylene succinate-co-butylene adipate）reinforced by poly（lactic acid）fibers［J］. Journal of Applied Polymer Science, 2016, 133（25）.

[12] Dou Q, Cai J. Investigation on Polylactide（PLA）/Poly（butylene adipate-co-terephthalate）（PBAT）/Bark Flour of Plane Tree（PF）Eco-Composites［J］. Materials, 2016，9（5）.

[13] 白琼琼，文美莲，李增俊，等. 聚乳酸纤维的国内外研发状况及发展方向. 毛纺科技，2017，45（2）：64.

[14] 2016-2020 中国化纤行业发展规划研究. 化纤黄皮书，103.

[15] 全球首条醋青纤维生产线在吉林化纤试车成功. 中国纱线网. http://www.chinayarn.com/m/ReadNews.asp?NewsID=100899，2016-11-10.

[16] 差别化创新细分市场吉林化纤逆势飞扬. 全球纺织网. http://www.tnc.com.cn/info/c-001001-d-3570381.html，2016-04-28.

[17] Ja-Lam Gu, Myung-SeobKhil, Kim KyuBeom, et al. Effect of POSS content on the electrical, thermal, mechanical, and wetting properties of electrospun polyacrylonitrile（PAN）/POSS nanofibrous mats. Journal of Experimental Nanoscience, 2015, 11（5）：1-12.

[18] Huiyu Jiang, Meihua Zhou, Ding Pan. Synthesis of Ultra-high Molecular Weight Polyacrylonitrile（UHMWPAN）by Aqueous Suspension Polymerization. Advanced Materials Research, 2015, 1120-1121：615-619.

[19] S Baseri. Preparation and characterization of conductive and antibacterial polyacrylonitrile terpolymer yarns produced by one-step organic coating. Journal of the Textile Institute, 2016, 13（5）：1-11.

[20] 2017 年 1-3 月份中国化纤行业基本情况统计．中国化学纤维工业协会，http://www.ccfa.com.cn/html/tjsj/6051.html#.

[21] 八种高科技纤维性能用途及其发展趋势．中国化工仪器网．http://www.chem17.com/news/detail/78059.html.

[22] 罗益峰．有机高性能纤维的创新发展．中国化学纤维工业协会．http://www.ccfa.com.cn/html/hyyw/5622.html#.

[23] 杨琳，王中珍，丁帅．高性能阻燃纤维的特性与应用[J]．山东纺织科技，2016（3）：50-52.

[24] 赵永冰．聚苯硫醚纤维的发展和市场前景[J]. 合成纤维，2016（8）：25-27.

[25] 纺织导报．http://www.texleader.com.cn/article/25297.html.

[26] 广安日报．玄武岩纤维产业发展[EB/OL]. [2016-5-27]．http://www. gazx.org/content/2016-5/27/201652715524454029.htm.

[27] 环球财经网依托世界领先技术玄武岩纤维“点石成金”[EB/OL]. [2016-10-18] http:// finance. huanqiu.com/roll/2016-10/9564062.html.

[28] 山西经济日报．玄武岩纤维技术应用[EB/OL]. [2015-7-25] http://news.163.com /15/0725/05/AVBJOELN-00014Q4P.html.

[29] 辽一网．点玄武奇石成金色纤维[EB/OL]. [2016-10-12]．http://news.liao1.com shangye /shangye / 20161012/14762422502957.html.

[30] 长春日报．依托世界领先技术玄武岩纤维项目“点石成金”[EB/OL]. [2016-4-27] http://ccrb.1news.cc/html/2016-04/27/ content_ 472016.htm.

撰稿人：王闻宇　肖长发　金　欣　舒　伟　封　严

纺纱工程学科的现状与发展

一、引言

纺纱是纺织产业链的前道工序，其产品质量水平、生产效率与加工成本在整个产业链中具有十分重要的影响。我国纺纱产能和产量占据世界第一，2016 年全国纱线产量达到 4038 万吨，约占全球总产量的 50%。

目前，我国的纺纱产业正站在新起点上，面临新的挑战，同时也拥有新的机遇，正处于推进转型升级、积极落实结构调整的关键阶段，通过科技创新、智能制造、绿色循环等方面使纺纱行业正朝着生产技术高速化、连续化、自动化、智能化和纱线产品差异化、多样化、高端化方向发展。纺纱技术的自主创新主要呈现以下几个特征：

第一，纺纱行业发展动力从要素驱动转向创新驱动，已初步建立起高效生产的关键技术应用体系，纺纱关键技术取得重大进步，如 2014 年“高效能棉纺精梳关键技术及其产业化应用”获得国家科学技术进步奖二等奖。通过关键技术攻关和集成创新助推传统纺纱产品向高端化发展。

第二，纺纱整体技术水平特别在连续化纺纱成套装备方面取得突破并打破了国外技术垄断，纺纱工程的新设备、新技术覆盖面不断扩大，在提高生产率和实施高速化的同时行业用工水平得到大幅改善。环锭纺纱万锭用工平均水平从十年前的一百九十人下降到目前的五六十人，先进水平的万锭用人已达到二十人以下。

第三，信息化管理水平提升，主要表现在应用传感网络技术，实施在线检测、质量预测、自动监测、自动控制，实现对产量、质量、能耗、效率、管理的有效监控，提高了纺纱劳动生产率，缩短了交货期。

第四，优质化纱线新产品开发技术，如柔洁纺纱技术、超大牵伸特细特纱纺纱技术、脉聚式节能型集聚纺技术、长丝 / 短纤复合纺纱、特种动物纤维开发的半精梳纺技术、精梳落棉转杯纺高支纱技术、高品质苎麻、汉麻纱线开发技术、数码彩纱开发技术继续涌现。

本专题报告旨在总结近两年来纺纱工程学科的新理论、新技术、新产品等方面的发展状况，并结合国外的最新研究成果和发展趋势，进行国内外发展状况比较，提出本学科今后的发展方向。

二、纺纱工程学科的发展现状

（一）纺纱基础理论研究与实践进展

近年来，对纺纱基础理论的重视是纺纱领域取得的进展之一，体现了纺织工业的技术创新和发展正在逐步走向深入，前景更加广阔。

2016 年出版的专著《现代环锭细纱机高速化生产的理论与实践》在分析了现代环锭细纱机高速化生产实践的基础上，系统介绍了高速化的理论，从分析细纱高速化的诸多问题入手，分析了细纱高速化的条件，建立了以高速纺纱为特征的现代环锭加捻卷绕新理念，提出了实现细纱机高速化的基本措施，为我国环锭细纱机的原始创新发展提供了重要的理论基础。

2014—2016 年研究论文焦点之一为“环锭纺加捻三角区内的纤维力学性能研究”，研究内容包括：①采用最小能量原理，结合高速摄影技术拍摄所得到的三角区几何形状，给出各种改进型环锭纺，如赛络纺、缆型纺、集聚纺、扭妥纺等的加捻三角区内纤维张力分布模型，并结合实际纺纱实验，在利用高速摄影技术得到三角区几何参数的基础上给出基于所得到的理论模型的三角区内纤维张力分布的数值模拟；根据所得到的三角区内纤维的张力分布，在假设纤维在纱体内具有理想堆砌模型的基础上，分别给出相应的由纤维张力引起的纱线内部残余扭矩的理论模型；利用双股粗纱喂入时三角区加捻汇合点的分析方法，通过虚拟中间变量方法给出三股粗纱同时喂入纺纱时三角区加捻汇合点的位置模型，继而给出多股粗纱同时喂入时三角区加捻汇合点的位置模型；利用微分方程给出环锭纺加捻三角区内纤维张力分布的有效理论模型描述，并通过设计实验进行了验证分析。②利用有限元方法对加捻三角区纤维张力进行数值模拟分析，尤其是给出了不对称三角区内的有限元计算模型，并与采用最小能量原理给出的理论计算模型进行了对比验证。

2014—2016 年研究论文焦点之二为“集聚纺集聚区内流场分析研究”，研究内容包括：①传统的理论分析方法方面：由于纯粹的理论方法适用范围有限且应用较为复杂，在实际使用时，往往与其他方法如数值模拟方法等结合使用，尤其是在集聚纺集聚区内纤维在气流流场内运动状态的研究中，首先采用微元法构建纤维动力学模型，而后结合基于软件分析得到的集聚区流场内关键点的流速分布，得到动力学模型中的相关参数值，最后采用 Matlab 软件给出纤维在流场内的运动特征。②采用基于计算流体力学方法的各种软件的数值模拟方面：借助于CFD软件、Fluent软件、Fluent软件与Matlab软件相结合、有限元分析软件ANSYS等，该类研究中，首先需要根据实际装置的几何参数构建集聚区的物理模型，而后通过将模型导入分析软件，结合仿真参数的初始化设置，给出集聚区内三维流场分布的数值模拟，其中更加符合实际的集聚纺集聚区物理模型的构建是关键所在，为进一步提高和完善集聚纺纱技术提供了依据。

与上述两项理论研究相关的无锡一棉与江南大学合作的“特高支精梳纯棉单纺紧密纺纱线研发及产业化关键技术”成果，获得了2014年中国纺织工业联合会科学技术进步一等奖。

成纱质量及其影响因素的研究也在逐步深化，东华大学等在纤维长度特征指标的连续分布函数表达、长度对纺纱过程的影响、长度对成纱均匀度等性能的影响等方面展开了研究，结合半精纺等成功应用的实例，建立了纤维长度的分布函数，将离散的长度指标转化为连续的长度分布函数，准确地表征纤维的长度性能，质疑苎麻纺纱过长纤维不利于纺纱过程和纺纱质量的观点已得到了认同。国内多家单位共同承担了的国家“十二五”支撑计划项目“新型苎麻工艺技术装备项目”，2015年湖南华升集团公司和东华大学的“新型高档苎麻纺织加工关键技术及其产业化”研究获得中国纺织工业联合会科学技术一等奖，采用太空诱变育种技术，培育出细度2600Nm以上、原麻含胶低、木质素含量的超细度高品质苎麻；攻克了“生物–化学同步脱胶”技术瓶颈，发明了专用梳排式牵切制条装备和小间距气流槽聚型苎麻长纤纺专用装备，生产出100Nm以上纯苎麻纱线；实现了轻薄型苎麻面料生产；提升了苎麻纤维面料的高品质化，系统解决了高档苎麻纺织加工关键技术。

总后勤部军需装备研究所、武汉汉麻生物科技有限公司的“汉麻高效可控清洁化纺织加工关键技术与设备及其产业化”2016年获得中国纺织工业联合会科学技术一等奖。

（二）现代纺纱技术和装备研究进展

近年来，由于纺纱技术与计算机技术、传感技术、变频与伺服调速技术、物联网技术的完美结合，使纺纱生产实现了自动化、连续化、高质量、高速高产，开启了纺纱技术新一轮的变革。

1. 生产高速化

近年来，纺纱工程各工序装备随着材料科学研究成果和微电子控制技术的广泛应用，生产能力和水平不断提高，纺纱装备的生产速度有了较大大幅度的提升。

（1）国内青岛宏大JWF1213型与郑州宏大JWF1216型梳棉机以及青岛纺机、青岛东佳、江苏金坛卓郎纺机公司梳棉机单机产量均超过100kg/h以上，采用梳棉机机幅加宽，工艺分梳角度和分梳弧长加大等措施，使梳棉机在高速运转时梳理度增加，质量稳定；最新的郑州宏大JWF1216型梳棉机设计最高产量达150kg/h。

（2）国产精梳机如昊昌HC–500型精梳机速度达550钳次每分钟；江苏凯宫JSFA588

型精梳机速度也超过500钳次每分钟，他们与中原工学院等共同完成的“高效能棉纺精梳关键技术及其产业化应用”于2014年获得国家科学技术进步奖二等奖。项目创立了椭圆齿轮锡林变速梳理方法；建立了多目标、多系统综合优化模型；开发了低品级、短纤维长度柔性加工技术；解决了锡林大弧面高效梳理难题，突破了精梳加工原品级及纤维长度的极限，形成了成套工艺技术；实现了高端精梳设备的国产化。

（3）粗纱机近几年的发展热点是自动化、智能化。围绕全自动落纱和粗细联展开，国内典型的天津宏大JWF1458型粗纱机和青岛环球CMT1800型粗纱机（2015年获中国纺织工业联合会科学技术一等奖）；实现了纺纱厂该工序的智能纺纱和“机器换人”，粗纱机的锭子速度在1000 ~ 1200r/min，最高设计锭速可达1500r/min。

（4）细纱机以国内先进水平的山西经纬纺机榆次分公司的JWF1566型为代表，机械设计锭子速度已达25000r/min，达到国际先进水平。浙江凯灵纺机的ZJ1618型细纱机，车头牵伸及钢领板升降均采用电机单独驱动，有利于高速，锭子速度也达到19000r/min以上。

（5）国产半自动转杯纺纱机经过多年的发展，半自动接头技术和纺纱器等核心技术的掌握已可以比肩进口设备。浙江精功纺机公司的JGR231型转杯纺机是目前国内同类机型中设计速度最高的机型，纺杯速度可达120000r/min；苏州多道公司介绍的DS60型半自动转杯纺纱机，转杯的转速最高可达110000r/min；浙江日发的RS 30 C半自动转杯纺纱机2016年通过中国纺织工业联合会科技成果鉴定结论为“达到国际先进水平”。卓郎（金坛）纺机的BD7系列所采用的单锭控制技术，使得设备在精确控制接头质量方面有了进一步的提升。

2. 纺纱生产流程连续化技术

（1）异纤在线检测清除系统

我国的棉花中异性纤维问题相对较为严重，早期通过雇佣大量人力靠双眼识别异纤。近年来在线检测清除机等相关技术有了很大的发展，在异纤的高效识别和控制、机构准确高速响应等异纤排除方面取得进步。

北京大恒图像的异纤机产品采用可见光和紫外光组合光源照明，使用两部彩色高速线阵CCD和两部黑白线阵CCD协作的高速相机对高速棉流进行检测，对于荧光类和一般性异纤都有很高的识别率，异纤的识别清除率达到80%以上。

（2）精梳自动换卷和棉卷接头系统

江苏凯宫机械股份有限公司在原有精梳机及条并卷联合机的基础上，开发了精梳装备的自动输送棉卷、自动换卷、自动上卷及棉卷自动接头等机构及装置。棉卷的自动输送系统由两部分构成，第一是条并卷联合机与精梳机之间的棉卷及空管的输送；第二是通过悬吊输送系统将八只棉卷同步输送到精梳机上。自动换卷的过程可分为清理筒管、推出空管、自动上卷、自动找头、卷头裁齐、自动接头等基本动作。这一技术在机器运行无人化、提高效率、提高整机的自动化程度和降低工人的劳动强度等方面实现了新的突破。

（3）条筒自动供应运输系统

条筒输送AGV自动导引车装有电磁、光学、视觉等自动导引装置，能够按照规定的导引路线自动行驶，是纺纱企业现代自动化物流系统中的关键设备之一。

JWAGV自动运输小车是北京经纬纺机新技术有限公司吸纳国际最新技术，再经过自主创新，推出的新一代全自动智能运输设备，主要包括车载驱动控制系统、车体系统、导航系统、安全与辅助系统组成。适合在梳棉—并条，并条—粗纱，精梳—粗纱等流程中完成条筒的自动输送，整个过程无需人工参与，并能灵活输送直径大小不一的条筒。

（4）粗纱自动落纱及粗细联系统

赛特环球机械（青岛）研究所在汲取全球粗细联装备优点基础上，结合我国纺纱企业的实际，研发了CMT系列粗细联装备。CMT 1801全自动落纱粗纱机，其落纱停车仅需二分钟，实现了变频同步智能控制，落纱、生头自动化，落纱、插管、自动生头成功率接近100%，且具有机台联网集中智能管理和远程诊断等功能。

FAD1802粗纱输送系统分为手拉式和电动式两种粗纱运输系统。电动式自动运输粗纱是指粗纱机自动落纱后经空满管交换装置，将满筒纱转移到输送拖链上运到细纱机前的过程。当细纱机需要更换粗纱时可实现整列交换从而实现了粗细联。FAD1803粗纱尾纱自动清除机是实现粗细联必须装备，该设备具有速度高、清除彻底、全自动运行的特点。2015年青岛环球股份有限公司“粗细联合智能全自动粗纱机系统”的产业化应用获得纺织工业联合会科学技术奖一等奖。

（5）细纱自动落纱及细络联系统

经纬纺机榆次分公司JWF1562型细纱机与青岛宏大SMARO自动络筒机联接 等方式形成细络联系统。采用“细络联”可将细纱机落下的管纱通过联接系统直接输送到自动络筒机上络成筒子。由于两个工序连续化生产，实现了“机器换人”的目标，使细纱与络筒用工最多的两个工序成为用工最少的工序。

（6）筒纱自动打包运输系统

筒纱自动打包运输系统采用智能化机械手抓取筒纱，该系统的AVG小车载重可达100 ~ 150kg，能够以20 ~ 30m/min的速度运输并可自动避障，实现对筒纱的自动识别，自动称量、智能配重筒纱，自动给筒纱套袋，自动将筒纱推进编织袋等功能。2016年青岛环球研发的“HTBW-01筒纱智能包装物流系统”通过中国纺织机械协会组织的科技成果鉴定。

（7）自动码垛系统

自动码垛系统实现由智能化机械手抓取筒纱，有利于减少筒纱形状的破坏和污染，并且单个机械手可满足七台二十六锭络筒机，可有效减少用工和工人的劳动强度。

3. 纺纱单机台的自动化技术

传统纺纱产业存在工序多流程长，设备生产效率较低，手工操作比重高，用工多等问题。近年来纺纱装备不断发展，逐步完善单机自动化技术，有效地促进了生产流程连续化的进程。

（1）梳棉机

在自调匀整技术、棉结自动监控技术、自调盖板与锡林隔距技术，自调后车肚落棉技术的基础上，近年来清梳联方面新的自动控制技术有：①特吕茨勒公司最新的TC-15梳棉机采用可移动的自动圈条系统T-MOVE，采用新型可移动圈条头，保证了自动棉条筒换筒过程中棉条快速喂入，提高了梳棉机效率；②优化设定系统T-CON，可以实现道夫输出的速度调正和翻改品种准确无误的执行，可适应小批量、多品种，适应市场变化的要求；③在线自动磨针系统，瑞士立达公司发明了梳棉机IGS在线自动磨针技术，该系统包括IGS-Top自动磨盖板系统和IGS-Classic自动磨锡林系统。梳棉机工作过程中，计算机根据锡林、盖板运动情况，在不停车的情况下，在线控制锡林和盖板自动磨针，保持针齿梳理能力与生条质量，并可延长针布使用寿命。

（2）并条机

近年来，瑞士立达公司RSB-50D新一代单眼并条机在采用自调匀整技术，并条机粗节监控系统、自动换条桶技术基础上，采用Ecoriecd驱动技术、创新自调匀整及纤维引导，使出条速度达到每分钟八百至一千米，实现了高效率生产。

（3）精梳机

丰田—特吕茨勒TCO-12与TCO-12A型高效能精梳机，该机设计的最大特点是采用2×2动力同步伺服电动机驱动，两侧均有两个电机驱动分离罗拉，确保了所有精梳头同步运转，使八个精梳头之间的质量差异比单侧传动的精梳机降低了50%以上。该机设计钳速为每分钟六百次，实际运行速度也可达到五百钳次每分钟以上。TCO-12A是一款全自动精梳机，拥有创新的工作流程，一旦棉卷用完机器即能自动停机，棉卷在指定位置分配到八个精梳头，独立吸风清理落棉。同时将空管运回到棉卷运转车上，并从小车上收集满卷到精梳机上，在随后的棉卷准备结束后，精确定位棉卷的尾部，精梳机再次启动开机。

（4）粗纱机

卓郎青泽（Saurer. Zinser）公司的Zinsetspced5A型粗纱机采用自动落纱与粗细联技术，自动落纱时间少于2min，落下的粗纱可自动转移到粗细联运送系统，使粗纱管运输系统实现1∶1转移。此外，粗纱无接触运送系统与细纱机相连，减少了落纱与运输过程中疵纱的产生。

（5）细纱机

卓郎青泽公司最新Zinser72型环锭细纱机是目前国内外长度最长、安装锭数最多、全数控自动落纱细纱机，该细纱机上配置能源监测系统可及时传递每个班或批次能耗信息，优化生产过程能源消耗。

为了实现粗纱→细纱→络筒有机联接，青泽 5A 型粗纱机通过粗纱轨道输送将粗纱运送到青泽 72 细纱机上，细纱机落下的纱管直接输送到卓郎赐来福（Saurer. Schlafhorst）公司 Autoconer6 托盘式络筒机，实现粗细络三个工序连续化生产，向无人纺纱方向迈进。另外，青泽 72 细纱机还配置自清洁集聚纺纱 Impact–FX 装备。

（6）喷气涡流纺纱机

瑞士立达公司的 J26 型喷气纺机是在 J20 型喷气纺机基础上改进后的新机型，有二百个纺纱单元，比 J20 型增加了八十个纺纱单元，纺纱设计速度也从 J20 型的 450m/min 提高到 500m/min。机上配有六台自动打结小车，通过往返打结实现全自动接头，缩短了断头后打结时间，提高了生产效率。

（7）转杯纺纱机

卓郎赐来福公司 Autocoro 9 型全自动转杯纺纱机在原 Autocoro 8 型基础上作了重大改进，其采用独特单锭纺纱技术，为高速纺纱创造了有利条件。Autocoro 9 型全自动转杯纺纱机的纺杯速度最高可达 180000r/min，设计转速高达 200000r/min，引纱速度可达 300m/min。每个单元都有独立的络筒和接头系统。而且该机型在高速运转下噪音低，与国外同类型设备比能耗可降低 20%，纺纱成本可降低 19%。在纺纱领域中，其在能耗、产能、经济效益、便捷操作和质量控制等方面均处于领先地位。

4. 智能化在线监测纺纱技术

（1）梳棉机在线检测自动控制技术

近年来，梳棉机在线自动控制技术飞速发展，基于互联网的梳棉机在线检测自动控制系统已日趋成熟。由筵棉喂入至生条输出的过程中，包括棉条长、短片段自调匀整系统，在线质量（生条条干、棉结）检测系统，工艺自动设置系统（速度设定、盖板隔距设定与检测、落棉工艺设定等），在线检测控制技术极大地提高了梳棉机的运行效率及生条质量。

（2）并条机自调匀整技术

并条机的开环、闭环及混合环的自调匀整技术，能根据输出条的单位重量变化及时调整喂入端速度，使输出条的长、短片段重量差异控制在最小偏差范围，尤其是当喂入端的棉条缺一根或多一根时，通过自调匀整装置，能及时调整喂入端与输出端的速比，并控范围在 ±12.5% 区间，避免出畸轻与畸重条子。同时采用自调匀整技术后，可省去传统并条机靠人工调换齿轮来控制条子重量差异的方法，正确率显著提高。此外，并条机采用自调匀整技术后，改变了传统纺纱靠多道并合条子次数控制条子重量差异的方法，可适当减少并条道数。其中，纺纯棉精梳纱时，可采用单道，混纺或色纺时也可从原三道改为二道，由此可节约能耗，减少用工。

瑞士立达公司 RSB–D24 双眼自调匀整并条机，采用新型条子传感器，确保了高圈条质量。此外，该机型配置的操作显示屏可便捷地设置吸风量和出条速度，以及双眼的独立维护保养选项。

（3）粗纱张力在线监控技术

粗纱的伸长率和卷绕密度主要决定于卷绕张力。近年来，在粗纱机上一台电脑控制多台电机传动，运用 CCD 传感技术对粗纱张力实施在线监控快速推广，在线监控系统可精确控制粗纱张力、卷绕密度等多项参数，有利于提高生产效率和粗纱质量。

（4）环锭细纱机的智能化技术

智能化技术的开发和应用使环锭细纱机功能向多品种生产方向发展。目前，环锭细纱机的智能化技术主要包括：①智能化单锭监控技术，即在每个钢领旁安装一个传感器来监控每个锭子运行情况，从而精确地监控每个锭子的断头率、速度变化、打滑及单锭产量等，还可在线对每台细纱机的牵伸系数、落纱次数、落纱时间和耗电情况实时监控。通过网络化及时将检测到的信息数据反馈到车间和厂部管理层的电脑上，并及时采取措施，消除异常锭子及缺陷部件，提高生产效率。网络视频及时显示，使挡车工有针对性地及时处理断头，检修工及时修复故障锭子。目前，细纱单锭监控技术已在国内多家纺纱厂推广应用，如山东日照裕华机械公司展出的 EFFISPIN 高效纺纱系统、普瑞美（江苏）纺仪公司展出的 UITIMO 细纱机子在线单锭检测系统、江苏常州威克威尔公司展出的 D-Z800 环锭纺单锭智能化在线检测系统等。细纱智能化单锭监控信息系统结合物联网和大数据，可完成对生产质量运行分析统计及单锭监控过程，实现棉纺生产管理信息化；②智能化花色纱装置，其应用形式多样，有马赛克（MOSAIC）花色纱装置、双芯纱和单芯纱装置、3D 包芯纱装置及竹节纱、段彩纱装置等。这些智能化花色纱装置安装在细纱机上就可生产出形态各异、色彩多样的新颖花色纱或花式纱线，可改变环锭纱色泽与品种单一的格局，极大地拓宽了环锭纺纱线的应用领域。无锡恒久电器技术公司的 CGZ-VI 型伺服系统花色装置采用伺服电机控制，能根据生产品种不同自动调整工艺参数，以及随机纺纱专家系统全方位的技术支持功能，既可生产竹节纱，也可生产缎彩纱，实现“一机多功能”。此外，江南大学研发等的线密度数码纺缎彩纱技术，可以用三根粗纱喂入，使生产的缎彩纱更丰富多彩。

（5）络筒电清纱质监控

近年来，采用电子清纱技术来切除并监控各种突发性纱疵，自动络筒机电子防叠、定长、张力控制系统等都已发展成熟。乌斯特公司新研制的 USTER QUANTUM EXPERT3 数字电容式清纱器系统，可用于自动络筒机电子清纱及检测分析纱线产质量和成品起球状况。该机配有光电及异物检测传感器，清纱容量大，可得到比其他清纱器更大量的数据，且两分钟即可了解所加工纱的生产质量情况。此外，通过采用智能技术对纱线需要的切断次数进行预测，保障了被卷绕的纱线质量。

瑞士洛菲公司研发生产的新一代 YarnMaster ZENIT+ 三个传感器功能可以相互搭配使用，使清纱功能更加精确。新式的 LZE-V 控制箱集成了创新的管理舱，用户图形界面操作简单可靠，新设计操作面板采用触摸按钮来获得所有需要的信息，并对检测结果给予更多层次的分析评估。YarnMaster ZENIT+ 电子清纱器扩增了纱疵矩阵分级，拥有细致的纱疵分级。其中粗节部分有 152 分级，细节部分有 36 分级，并通过单独细致的调整，可以最高效率获得所需求的纱线品质。捻结头分级矩阵图也增加到 188 个分级，可用于短粗、长粗、细节疵点的监控。YarnMaster ZENIT+ 将分级清纱结合到传统的通道清纱，并考虑在监测长度里所发生的纱疵频率，从而不影响周期性疵群的检测。疵群控制上 YarnMaster ZENIT+ 增加了棉结疵群与分级报警，并可对包芯纱的芯纱偏心、漏丝纱疵给予拦截清除。对竹节纱等新型纱线也提供了解决方案。无锡一棉将洛菲的电清在线全检的原始数据与生产中设备上的缺陷、产品上的缺陷、员工的工作状态建立一套完整的追溯体系和内控标准，并在生产中启用在线监测考核标准，严控弱环和严格追溯，使成纱有害疵点降低了 60%。

（6）数字化全流程智能纺纱系统

江苏大生与经纬纺机合作的国家智能制造“数字化纺纱车间”项目 2014 年正式投产，系统采用全套经纬纺机的清梳联系统、粗细络联系统、智能物流输送系统、自动打包系统、自动码垛系统，实现了纺纱生产的自动化。

依托智能传感技术，“经纬 E 系统”在国内首次将不同厂家、不同年代、不同机型、不同接口、不同协议的多种类棉纺织设备并入同一系统，采集清花、成卷、梳棉、预并、精梳、末并、粗纱、细纱、落筒等全工序数据，构建了完善的物联网智能信息采集系统，并将纺纱车间的机台运转数据、质量信息、人员信息、设备电量、车间环境温湿度、订单、排产等集成到大数据平台进行深入分析，以数据分析反向指导生产管理，在我国纺织行业率先实现闭环式大数据管理，打造了高效智能化车间生产管理模式。

智能化生产管理，使生产效率大幅提升，万锭用工明显减少。“经纬 e 系统”已在无锡一棉、鲁泰纺织、山东如意、大生集团、魏桥纺织、华孚色纺、湖南云锦、江苏悦达纺织、江苏联发等多家知名企业实施，已成为企业进行管理水平提升、产能挖掘、节能增效等不可或缺的技术手段。2016 年经纬软信科技无锡有限公司“JWXZE2 棉纺成套设备网络监控与管理系统”获中国纺织工业联合会科学技术二等奖。

智能纺系统的应用改变了企业原有的管理模式和管理思维，使人、设备、软件系统融为一体，互联互通。应用智能纺系统后，产品质量持续稳定，一致性好，同时生产效率提高了 36%。2016 年，山东华兴纺织集团和郑州轻工业学院“环锭纺智能化关键技术开发和集成”获中国纺织工业联合会科学技术一等奖。

5. 优质化纱线新产品开发技术

（1）柔洁纺纱技术

这项由武汉纺织大学研发的技术是在普通环锭细纱机三角区施加一个纤维柔顺处理（微加热装置），在柔化三角区纱条的同时，形成很多纤维握持点，握持外露纤维头端，与加捻力、须条牵引力协同作用，将外露纤维有效地转移进入到纱线体内，从而改善毛羽光洁度。该技术制成的织物耐磨性显著提高，而且该技术能与单纺与赛络纺及其他纺纱技术组合，对各种刚性、柔性纤维均可适用。目前该技术已由经纬纺机榆次分公司专利生产，并在2015年成功实现产业化。

（2）超大牵伸特细特纱纺纱技术

无锡一棉在国产细纱机上，成功研制四皮圈超大牵伸与集聚纺融合技术，使细纱总牵伸倍数达到一百倍以上，同时创新钢领润滑技术和纺纱增强装置，研发了精密水雾捻接器，高精度数字电源及适应超高支纱络筒的槽筒等，在保持粗纱合理定量的前提下成功生产出300^S高品质纱线。生产特高支纱线成为国际上许多著名服饰品牌的专用纱。2014年无锡一棉与江南大学项目“特高支精梳纯棉单纺紧密纺纱线研发及产业化关键技术”获得纺织工业联合会科学技术进步奖一等奖。2015年江苏联发和东华大学共同开展“纯棉超细高密弹力色织面料关键技术研发及产业化”获得纺织工业联合会科学技术奖一等奖，项目通过对关键技术集成研发，生产的$360^S/2/2$超细纯棉弹力色织股线面料，外观及手感俱佳，大大提高了吨纤维经济效益和市场竞争力。

（3）脉聚式节能型集聚纺

集聚纺纱近几年发展迅速，技术进步层出不穷。2015年我国集聚纺纱锭数已达二千万锭，纱线产量从2005年的二万五千吨增长到2015年的二百四十二万吨。

无锡万宝的“脉动集聚联轴驱动四罗拉集聚纺纱装置”将负压吸管的连续吸气槽型式改为间断的两段设置，使须条在行进过程中受到二次脉动集聚，在保证集聚效果的情况下，大幅度提升了集聚负压的利用率，有显著的节能效果。同时，该技术将负压吸管吸气槽间断的无槽区域设计成下凹台阶结构，从而减少了网格圈与吸管的摩擦长度，并附加了后续吸气槽口，使网格圈具有自清洁作用。此外，新型负压吸管有效延长了网格圈维护周期和使用寿命，在改善或保证集聚品质的同时，集聚负压能耗实际降低40%。

（4）长丝/短纤复合纺纱——双芯包芯纱积极喂入技术

长丝/短纤复合纺纱技术近年来也进行了较多研究，尤其以短纤外包两种性能互补的长丝芯丝，这种包芯纱在高档牛仔、西装、衬衫、夹克等弹性面料上逐步推广应用，克服了棉氨纶包芯牛仔存在的许多穿着弊端，如水洗次数增加弹性减弱导致服装肥大，缝接处氨纶抽丝、断丝等。双芯包芯纱生产中，根据设定的张力牵伸工艺参数，通过前罗拉测速信号，精确控制喂入伺服电机带动导丝辊的速度，从而保证了芯丝长丝的张力稳定。

（5）特种动物纤维开发的半精梳纺纱技术

半精纺是近年我国自主开发创新的一种毛纺与棉纺相结合的新型纺纱技术。生产的纱线有别于传统的毛精纺与粗毛纺产品风格。它比精毛纺工艺缩短，可用长度较短原料生产出精毛纺相同支数的纱线，而与粗毛纺工艺比具有纺纱支数高、条干匀，表观光等优点，攻克了传统精毛纺不能用较短的原料、粗毛纺只能生产粗支纱的技术难点。目前全国已有一百多万毛纺与棉纺锭在生产各类半精纺纱线。

我国盛产羊绒、牦牛绒、驼绒等多种稀有动物纤维，长度较短且短绒含量高，精毛纺设备难以成纱，用半精纺工艺来开发羊绒、牦牛绒及驼绒等高端动物纤维产品可提高产品的附加值。

在半精纺生产中积极采用集聚纺技术使成纱有害毛羽减少 70% 以上，纱条光洁，强力提高，织物起毛起球及掉毛现象显著改善，纱线质量上了一个台阶。2014 年中孚达和江南大学“牦牛绒纤维纯纺精细化加工关键技术与产业化”获中国纺织工业联合会科学技术进步二等奖；2014 年青岛东佳纺机（集团）有限公司“FB220 型半精纺梳理机”获中国纺织工业联合会科学技术进步二等奖。

（6）高品质苎麻、汉麻纱线开发技术

苎麻纤维具有导湿透气、抑菌防霉、防紫外线等性能，被誉为“天然纤维之皇”。湖南华升集团公司和东华大学“新型高档苎麻纺织加工关键技术及其产业化”研究，针对存在的技术含量低、品种单一、风格粗犷僵硬等难题，采用太空诱变育种技术，培出细度 2600Nm 以上、原麻含胶低、木质素含量小的超细度高品质苎麻，攻克了“生物–化学同步脱胶”技术瓶颈，发明了专用梳排式牵切制条装备和小间距气流槽聚型苎麻长纤纺专用装备，生产出 100Nm 以上纯苎麻纱线制备；实现了轻薄型苎麻面料生产；提升了苎麻纤维面料的高品质化，系统解决了高档苎麻纺织加工关键技术，获 2015 年中国纺织工业联合会科学技术一等奖。总后勤部军需装备研究所、武汉汉麻生物科技有限公司的“汉麻高效可控清洁化纺织加工关键技术与设备及其产业化”2016 年获中国纺织工业联合会科学技术一等奖。

（7）精梳落棉转杯纺高支纱技术

该技术是由江苏普美纺织与东华大学联合开发，针对部分精梳落棉的纤维短、细度好的特点，充分发挥转杯纺的优势研发而成。通过对精梳落棉的选择与配伍，对梳理设备和工艺进行改造，使其“少梳理、重成条”；对并条工序的隔距、加压和自调匀整进行针对性改造；对转杯纺转杯、输纤通道、分梳辊与假捻盘进行设计，研发了整套专用设备和工艺，成功纺制出 100% 精梳落棉 40^s、50^s 转杯纱，并已产业化，取得良好经济社会效益，为棉花原料资源深度利用探索了有效途径。

（8）数码纱开发技术

江南大学以信息数控为基础的数码纺纱技术将在纱线和织物产品的开发方面带来深刻的变化。该项技术是在一个细纱锭位上采用组合式后罗拉，形成多列式后罗拉，各自由独立的伺服电机驱动，异步喂入多根粗纱，经中、前罗拉牵伸后汇合加捻形成一根细纱。数码纺的多根粗纱异速喂入，使得短纤维成纱的细度形貌、混纺（混色）比独立发生变化，呈现出纱线细度和纤维混比的恒定、缓变和突变。

该项技术在国内外率先实现纺纱的柔性化加工，解决了不同结构参数以及结构参数动态变化的多品种纱线的一体化加工技术难题。

6. 高效梳理技术

（1）宽幅化技术

随着纺纱企业对清梳联产量需求不断提高，梳棉机宽幅化已成梳棉机发展趋势。在喂入棉层定量、输出生条定量、生条质量、条子的输出速度及梳棉机的结构基本不变的情况下，加宽梳棉机的工作宽度，可显著提高梳棉机产量，减少梳棉机的万锭配台。因此，棉梳机的宽幅化正逐渐成为梳棉机高效、高产的重要途径。如瑞士立达 C70 型梳棉机、印度朗维 LC636 型梳棉机、青岛东佳 FA209 型梳棉机工作幅宽达到 1500mm；特吕茨勒 TC11 型梳棉机、郑州纺机 JWF1204B-120 型梳棉机、卓郎金坛 JSC326 型及青岛胶南经纬 JWF1235 型梳棉机幅宽达到 1200mm 以上。

（2）高效梳理技术

在梳棉机产量不断提高的背景下，为保证梳理质量，普遍采用抬高锡林中心或降低刺辊和道夫中心方法，即自刺辊与锡林间纤维的输入点至锡林与道夫间的纤维输出点的梳理路径（即梳理长度或梳理面积）大幅度增加，并在锡林的后部及前部增加了后、前固定盖板及吸风装置，从而使锡林周围形成新的梳理面与吸风点，可有效地提高对喂入纤维的梳理效果，并显著改善输出棉网的清洁度。如瑞士立达公司 C70 型梳棉机锡林上部梳理区域梳理夹角为 292.5°，特吕茨勒公司 TC11 型梳棉机梳理夹角为 250°，国产 JSC326 型梳棉机、FB1235 型梳棉机等都采用抬高锡林、增大梳理面积的方法提高梳棉机的梳理效能、排除结杂能力，改善棉网的清洁效果。

（3）棉层的顺向喂入

在梳棉机的喂入部分，给棉罗拉置于给棉板之上的喂棉方式使棉层的喂入方向与刺辊的回转方向相反（称为逆向喂入），刺辊梳理过程中使纤维损伤增多。为改善刺辊对棉层的梳理效果，减少纤维损伤，在新机开发时较多采用了给棉板置于给棉罗拉之上，从而使棉层的喂入方向与刺辊的回转方向一致（称为顺向给棉）。为此，国内外纺机制造商广泛采用了顺向给棉技术，如瑞士立达 C70 型梳棉机、德国特吕茨勒 TC11 及 TC15 型梳棉机、郑州宏大 JWF1212 及 JWF1216-120 型梳棉机、青岛宏大 JWF1211 及 JWF1213 型梳棉机、卓朗 JSC326 型梳棉机等有效地减少了分梳过程中的纤维损伤，降低了生条短绒含量。

（4）多刺辊渐进开松

随着机采棉的普及与梳棉机高产的市场需求，梳棉机刺辊、锡林、盖板梳理负担较重，生条质量难以满足市场多样化的要求。为适应原料多样化及纺纱的低支化，在新型梳棉机设计了多个刺辊梳理，以提高刺辊喂入部分的梳理效果，减轻锡林、盖板梳理负担。多刺辊速度配置依次由低到高，针齿密度配置由稀到密，以实现渐进开松，减少纤维损伤。刺辊个数可根据纺纱原料与品种要求灵活选配，当原棉质量较好或加工棉型化纤时，可选择使用单个刺辊梳理；当加工机采棉等品级较差的原棉时，可采用三刺刺辊梳理。如瑞士立达 C70 型梳棉机、德国特吕茨勒 TC11 和 TC15 型梳棉机、郑州宏大 JWF1212 和

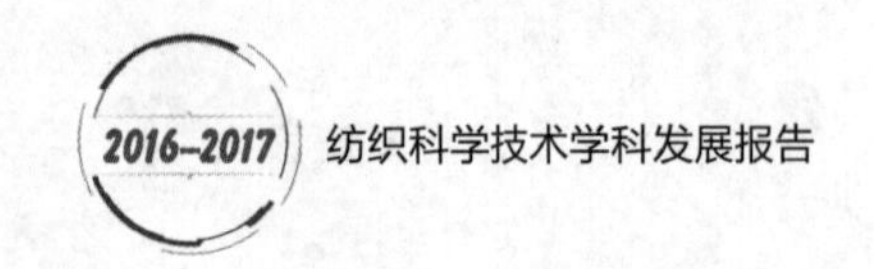

JWF1216–120 型梳棉机、卓朗 JSC326 型梳棉机等都采用了此项技术。

（5）梳理新专件

为满足梳棉机高速、高产的发展要求，锡林针布向着“矮、浅、尖、薄、密”的方向发展。2015 年，金轮针布（江苏）有限公司成功研制出了梳棉机用双齿型锡林金属针布。双齿针布特点是：第一，一个针齿有一个高为 2.0mm 的平顶高齿和一个高为 1.7mm 的尖顶矮齿组成；二者协同作用，将纤维托持在齿尖部分，减少纤维在锡林针布工作面上的梳理区域，提高锡林针齿对棉结、杂质、短绒的释放能力；第二，平顶高齿齿背较长，有助于提高齿尖耐磨性，延长针齿使用寿命；第三，双齿设计大幅提高了锡林针布齿密，有利于减小单位面积内针齿负荷，提高了对纤维梳理效果；第四，采用大齿距、浅齿深结构设计，有利于减少纤维损伤，提高纤维转移率和梳棉机产量。测试表明纤维转移率可提高 30% 以上，在保证生条质量的条件下，产能可提高 20% 以上。

此外金轮针布（江苏）有限公司还开发了“蓝钻”高端针布产品，包括金属针布和盖板针布，生产的生条、成纱质量达到了国际一流品牌水平，实现了柔性梳理，大幅减少纤维损伤，延长针齿使用寿命的目标。

7. 高效精梳技术

（1）精梳专件的研究

中原工学院联合金轮科创股份有限公司及河南工程学院对精梳、顶梳等专件开发的基础理论及应用开展了系列研究，主要内容有以下两个方面：①研究了锡林总齿数及齿数分布与原料类型、精梳工艺参数、精梳质量参数之间的关系，利用锡林梳理度、精梳落棉率、喂入棉层纤维根数和重复梳理次数等参数，建立了棉精梳机整体锡林总齿数的数学模型，可根据加工原料及精梳质量要求不同，合理设计、使用锡林齿数及齿密提供了依据。并建立了基于针齿结构参数及排列的梳理数学模型，利用计算机编程得到了棉层横向梳理针齿数量分布情况及相应的统计参数，可对锡林齿片的梳理效果进行对比与评价；在此基础上提出了齿片排列倾斜角的优化方法，以改善棉层的梳理质量。②建立了锡林针齿梳理棉丛的力学模型，发明了精梳机整体锡林针齿工作角的设计方法，得到了不同纤维类型及精梳工艺参数时锡林针齿工作角度，有利于改善精梳质量。发明了柔性梳理式精梳机整体锡林弧形结构及其定位方法，实现了针条前端弧形结构的精准定位，为柔性梳理式精梳锡林的设计生产提供技术支撑。

（2）非棉纤维精梳技术

针对当前精梳原料多样化及精梳纱支粗支化的特点，中原工学院、河南工程学院等单位开展了多种纤维精梳关键技术的研究，例如涤纶纤维、粘胶纤维、天丝纤维、棉麻混纺纤维、机采棉等，取得了以下成果：第一，开发了新式分离罗拉变速驱动机构，使分离罗拉的运动规律不但适用棉，还适应于棉型化纤及多种纤维混纺材料。第二，发明了广适纺性给棉装置，通过优化设计关键机件的位置及相应的限位装置，使给棉机构适纺范围由原来的纺棉扩展至棉型化纤及棉麻混纺，满足了不同的市场需求。第三，对两种不同纤维小卷同时精梳的工艺技术进行了研究，给出了两种纤维卷的定量、给棉长度、眼数的计算方法，给出了落棉隔距、锡林齿密、锡林定位、搭接刻度及罗拉握持距和牵伸倍数等工艺的确定方法，实现了两种不同纤维卷的同步精梳加工，提高了生产效率。第四，研究开发了纤维混纺的精梳机吸落棉风道系统，通过吸落棉风道和分类吸尘系统的设计，实现不同类型纤维的分别收集与处理。

（3）精梳机构平衡减振技术

中原工学院、河南工程学院等单位针对棉纺精梳机高速时的振动大、噪音大等问题，进行了系列理论研究及分析，建立了精梳机钳板驱动机构及分离罗拉驱动机构的动力学模型，应用 Adams 软件对精梳机的钳板机构、分离罗拉机构在一个工作周期内的振动力进行仿真与分析，计算出平衡重块的优化参数值，并绘制出精梳机驱动机构周期内的振动力变化曲线。利用 MATLAB 软件进行了以减小机构振动力为目标的优化平衡设计。其成果在现有精梳设备上应用后，经检测减振效果良好，分离罗拉传动机构的振动位移量可降低 20%，车中钳板机构的振动位移量可降低 12%。

（4）精梳工艺及质量参数的仿真与设计

中原工学院、河南工程学院等单位，为了快速获得不同原料及不同质量要求时的精梳工艺参数，通过精梳工艺过程的理论分析，建立了精梳加工时纤维长度分布、给棉方式、给棉长度、落棉隔、棉卷定量、搭接刻度等参数与分离罗拉输出棉均匀度关系的数学模型，并运用计算机模拟技术与试验相结合的方式，对精梳机分离罗拉、钳板等部件的运动、纤维长度分布及其加工过程进行了仿真，得出了精梳加工工艺的智能选择优化技术，实现了精梳产品质量的预测，为棉纺企业合理使用及快速设计精梳工艺参数提供了有效的方法，为精梳工艺参数的智能化设计创造了条件。

（三）纱线及其原料的检测技术

1. 棉花检验进入仪器化时代

棉花仪器化公证检验进入新的阶段：在棉花加工环节采用大容量快速检验仪器进行公证检验，制定仪器化检验棉花质量标准，棉包采用国际通用大包包型，实行信息化逐包编码。

采用大容量棉花综合性能测试仪可在不到半分钟的时间内，检测出棉花样品的长度、强度、马克隆值、色泽和杂质等性能，给出平均长度、上半部平均长度、整齐度指数、短纤维指数、比强度、伸长率、最大断裂负荷、马克隆值、成熟度指数、反射率、黄色深度、色泽等级、杂质粒数、杂质面积百分率、杂质等级、纺纱均匀性指数十六项指标。

国内仅纤检系统就引进了四百台 HVI 检测仪器，基本实现了棉花的仪器化检验。印度普瑞美公司的 ART2 全自动棉花测试仪、苏州长风纺织机电科技有限公司与印度 MAG 联合开发的 HVT EXPERT 1201 和陕西长岭公司研发的 XJ128 快速棉纤维性能测试仪也取得突破性进展。2014 年，长岭纺织“XJ129 棉结和短绒测试仪”获中国纺织工业联合会科学技术进步二等奖。

2. 普瑞美公司推出的 aQura 棉结和短纤维测试仪

该仪器可测试半制品棉结与纤维长度。对 aQura 与 AFIS 测试的结果进行对比分析认为 aQura 仪器的测试结果可能稳定一些。AFIS 测试的是单纤维状态，aQura 测试的是束纤维状态，两种测试设备都能为半制品质量的离线检测提供强有力的工具，也均有进一步发展的空间。

3. 德国特吕茨勒公司开发了 LCT（length control）测试系统

采用纤维成像原理的双向扫描纤维须条，能够测试纤维长度，特别是纤维前后弯钩情况，这对半制品质量的控制无疑是重要的，因为 AFIS 和 aQura 无法测试半制品的弯钩纤维状态，该技术需要进一步验证并有望产业应用。

4. 基于 DNA 检测技术的羊绒羊毛混纺制品定量测试方法

上海出入境检验检疫局工业品与原材料检测技术中心自主研发的基于 DNA 技术的羊绒羊毛精确定性定量检验方法的建立及应用是羊绒羊毛鉴别技术的一大突破，其能通过 DNA 对羊绒和羊毛的含量高效准确作出鉴别，解决羊绒羊毛区分难题。因此，DNA 检测依据的是物种自身的核糖核苷酸组成和排列，对于天然动物纤维而言，DNA 检测不依赖于纤维固有的形态结构及其他理化性质，因而不受检测人员的主观判断及经验影响，结果更加准确可靠。检测中心的技术人员利用天然纤维携带的 DNA 遗传密码，对其所属物种进行判定，能够很好地解决羊毛羊绒以及其他不易区分动物毛皮的鉴别难题

5. 德国 Textechno H.Stein 公司新开发的 MDTA4 长度测试机

德国 Textechno H.Stein 公司与德国邓肯道夫纺织与工艺研究所合作，为测试纤维中灰尘和垃圾的仪器开发了新的组件，其中纤维长度的测试通过图像处理完成。新技术的应用首次使该系统实现了低成本、高效率。纤维长度分布可以用来测试纤维的绝对长度，获得以前无法得出的精确的短纤维含量指标，短纤维含量对纱线的质量和棉花的价格有着至关重要的影响。

三、纺纱工程学科国内外研究进展比较

近年来，我国纱线产业已有了突破性发展，纺纱技术创新继续深化提高。在棉纺大发展的同时，精梳毛纺占领了国际高端，独创出毛半精纺技术，苎麻纺纱的新工艺和新装备研制项目也在密锣紧鼓地进行，亚麻、大麻在湿法纺纱继续发展的同时，干法纺纱已占一席之地。

（一）纺纱基础理论研究

世界纺织工业中纺纱业的超过一半的产能在中国，其它主要分布于东南亚等第三世界国家。尽管美国在振兴制造业的口号下纺纱产能有所增加但占比变化不大，原有的发达国家纺纱业产能很小，已经失去了基础理论研究的动力和能力，许多昔日纺织强国已经关掉高等院校的纺织相关专业，以往的纺织高水平杂志也大幅减少。因而，国内外在纺纱科学技术的理论研究方面的广度和深度已经逆转，中国在纺纱领域的研究深度和广度远大于世界其他国家，发表在世界纺织高水平杂志上的论文数以及组织、参加国际性专业会议等学术活动中国已列世界各国的榜首。我国在纺纱牵伸理论和牵伸力研究，纺纱高速化理论研究，梳理基本理论研究，纺纱领域应用广泛的气流流场的研究，纱线结构和形态的模拟研究等均名列世界首位。

（二）生产高速化技术

近年来，纺纱工程几乎每个工序设备都广泛应用微电子技术，自动监控水平不断提高，是纺纱机械高速运行成为可能：①梳棉机由于在线产量、质量及安全生产的自动监控及新型针布等新技术的应用，瑞士立达最新 C70 型梳棉机台时产量最高可达 150kg/h，锡林速度最高达 770r/min，国内在高速时的稳定性尚有差距；②瑞士立达 RSB-D22. 德国 Truetzschler（特吕茨勒）公司 TD9T 双联式头道并条机，机上配置了两台独立驱动装置，出条最高速度为 1100m/min，比传统双眼并条机生产效率提高 15%；国产并条机出条速度大多在 800m/min，与国外先进水平尚有一定差距。③瑞士立达（Rieter）公司 E86 精梳机使用全自动换卷和棉卷接头系统 ROBOLAP，设计速度为 600 钳次每分钟，实际生产速度可达到 500 钳次每分钟以上，国产精梳机也达到 500~550 钳次每分钟生产速度，接近国际先进水平。④卓郎青泽（Saurer. Zinser）公司推出了 Zinsetspced5A 型粗纱机，运转速度在 1500 ~ 1600r/min，最高速度 1800r/min；国内粗纱机目前大多在 1200r/min，尚存在一定差距。⑤卓郎青泽公司的最新型 Zinser72 型环锭细纱机最多可安装 2016 个锭子，速度最高达 25000r/min，国内高速细纱机设计速度也达到国际先进水平；国际先进水平细纱机如立达 G32 型、青泽 Z351 型、丰田 RX300 型、朗维 LR9 型等，设计锭子速度均达到 25000r/min，实际生产速度均可超过 20000r/min。国内生产的细纱机近几年来在提高锭子速度上也采取了多项技术措施，实际运行速度已接近国外细纱机的水平。⑥村田公司 MVS870 型喷气涡流纺纱机设计速度为 500m/min，国内起步晚差距显著。⑦卓郎赐来福公司的 Autocoro 9 型全自动转杯纺纱机纺杯速度最高可达 180000r/min，引纱速度可达 300m/min；新一代 BD6 半自动转杯纺纱机，纺杯速度可达 120000r/min，引纱速度高达 230m/min。国内全自动转杯纺和喷气涡流纺与国外相比尚有较大差距，但半自动转杯纺纱机已达到国际先进水平。

（三）连续化生产技术

瑞士立达（Rieter）的 ROBOlap 全自动棉卷运输系统，实现精梳准备工序和精梳工序的生产连续化，可减少人工搭头差异减少落棉，减少接头换卷时间，提升精梳机效率。国内起步较晚尚有较大差距，精梳工序连续化生产实施尚处于起始阶段。

细络联系统方面，瑞士立达（Rieter）G32 型细纱机与日本村田（Muratec）自动络筒机联接，德国青泽（Zinser）R72 型细纱机与赐来福（Schlafhorst）X5 型自动络筒机联接。国内细络联已处于全面推广阶段，但在络筒机技术配套方面尚显不足。

德国迈耶（Mayer & Cie）公司最新推出的 Spinit3.0E 纺纱－编织一体机带来突破性重大革新，它是将粗纱牵伸系统与大圆机成圈系统组合在一台设备上，将粗纱喂入单独控制的牵伸系统，牵伸后的须条由喷嘴加捻后直接给针织圆机制成纬编针织物。

德国 Terrot 公司的了 Corizon 机型，是一种纯牵伸系统，使用一根长丝、两个粗纱集合器和一个气流喷嘴，纺好的纱线被直接喂入标准的工业大圆机。这项高效的革命性创新，可显著降低客户的生产要素成本。

（四）纺纱装备技术

国内外都围绕着提高装备生产效率与节能减排、减少劳动用工等重点，广泛采用了自动化、智能化、网络化等许多新技术。中国的纺纱机械与纺纱器材近几年有了明显进步，精梳机最高速度接近国际最好水平，在非棉纤维精梳上取得突破；在全自动落纱粗纱机和全自动落纱细纱机以及粗细联、细络联技术也接近国际先进水平。但与国际先进水平相比，在制造精度、技术先进性及高速运转的稳定性等方面仍有一定差距，如梳棉机、并条机、全自动络筒机、转杯纺纱机、喷气涡流纺纱机等。

（五）优质化纺纱技术

中国经过多年的调整升级，在吸收新技术成果和提高创新能力等方面具备了良好的基础，纺纱企业国际化水平不断提高，近年来国内纺纱技术的科技创新十分活跃，不断涌现的新技术有脉聚式节能型集聚纺技术、柔洁纺纱技术、超大牵伸特细特纱纺纱技术、陆 S 纺纱技术、长丝 / 短纤复合纺纱技术、半精梳纺纱技术、精梳落棉转杯纺高支纱技术、高品质苎麻与汉麻纱线开发技术、数码彩纱技术、高效及非棉纤维精梳技术等具有自主知识产权优质化纺纱新技术。同时中国集聚纺纱规模由 2010 年 900 万锭增加到 2015 年 2107 万锭，清梳联占比由 2010 年 48% 提升到 65%，采用短流程、柔性梳理，重定量、大牵伸，自动、连续、智能化高效工艺路线的纺纱产能占成纱比重达 63%，比 2010 年提高 29%；新结构纱线如包芯、赛络、AB 复合纱，缎彩、竹节、粗细花饰纱，低扭、强弱捻变应力纱产能由 2010 年 8.5% 提升到 2015 年 15%；多维混色混纺产能大约占比达到 15% 的历史新高，优质化纺纱技术的创新水平和应用覆盖数量位于世界先进行列。

（六）智能化信息技术

信息技术在纺纱产业的应用支撑着近代世界纺纱历史上的第三次革命，它是计算机与自动控制等信息技术在纺纱技术研究与设计、生产、管理、市场营销等方面的应用，它与新材料、先进制造技术及纺纱产业的其它变革等因素的综合作用正推动传统纺纱步入现代纺纱的新阶段。

近几年在中国运用的纺纱信息化技术，包括面向生产制造层面的制造执行系统（MES）、自动监测和动态精细化管理系统，以企业资源计划系统（ERP）为核心的信息系统的集成应用；国际上以瑞士立达公司 SPIDERweb“蛛网”系统为代表，应用也仅限于使用瑞士立达全流程生产系统的几家企业。而中国江苏大生与经纬纺机合作的国家智能制造“数字化纺纱车间”中依托智能传感技术的“经纬 E 系统”将纺纱车间的机台运转数据、质量信息、人员信息、设备电量、车间环境温湿度、订单、排产等集成到大数据平台进行深入分析，以数据分析反向指导生产管理，在我国纺织行业实现闭环式大数据管理。打造高效智能化车间生产管理模式，可用于全套经纬纺纱流程中，也可用于其它厂家生产的非经纬设备的集成组合流程中；山东华兴纺织集团与三星集团 SDS 公司以及郑州天启自动化系统公司合作开发了国内首套智能纺纱系统也能适用于各种不同生产厂家的纺纱设备集成组合流程中。实现了生产过程可视；生产状态即时可控的智能化生产，中国纺纱企业能全部或部分应用在线生产监控的企业占比大约 16%，实现在线监控的机台比率的平均值约为 36.9%。

单机在线监测中，乌斯特公司新研制的 USTER QUANTUM EXPERT3 数字电容式清纱系统和新一代 LOEPFE 电清 YarnMaster ZENIT+ 均采用多个传感器监测技术，为细纱生产企业提供了极有价值的信息；中国在此领域尚有较大差距，但在该技术的生产运用领域，以无锡一棉为代表的企业将采集的全检数据进行二次开发，建立以大数据为依据的企业质量考核标准并严格贯彻实施，成效显著。

四、纺纱工程学科发展趋势及展望

纺织工业“十三五”发展规划提出的重点任务：一是提升产业创新能力，加强行业关键技术的突破的重点任务；二是大力实施“三品”战略，提升质量保障能力；三是推进自动化、数字化、智能化纺织装备开发；四是加强开发推进先进绿色制造，节能减排。

纺纱工程学科未来几年主要发展趋势包括以下三个方面。

（一）棉麻毛丝加工技术及其产品相互交融

随着纺纱技术的进步，棉麻毛丝等各种天然纤维资源得到进一步开发利用，同时化学纤维的差别化大大丰富了纺纱原料，由多种纤维混合和复合的纱线产品层出不穷，原有按原料的工艺分割将被打破，纤维原料的多元化和纺纱技术的通用化将成为发展趋势。

集聚纺纱多元化、品种通用化技术，塞络纺纱、长丝短纤复合纺纱的运用普及，低应力纺纱相关问题进一步突破，新型的涡流纺纱、转杯纺纱技术进一步发展，将有力支撑纱线产品的高效高品质加工，使得面料产品在舒适保健、易维护和功能性等方面适应人们更高的需求。

（二）连续化、自动化和智能化纺纱技术将得到普及

在国家实施“中国制造 2025”战略和“互联网＋”行动计划的背景下，智能化发展趋势的三大方向是智能化设备、智能化运营和智能化产品。企业实现节约能源、节约资源、节省用工、提高生产稳定性和保证产品高品质，提升产品附加值将成为未来几年纺纱业发展的大趋势。纺纱生产连续化、自动化方面：清梳联技术普及率最高，中国企业应用面已达 65% 左右，技术成熟，可进一步推广应用，加大覆盖面；精梳小卷自动运输与精梳自动接头：国际制造技术较为成熟，国内制造和运用才刚刚起步，需加大生产运用的研究开发；粗细络联国际国内技术均已较为成熟，未来的普及率将有很大的提升空间；梳棉到精梳、并条、粗纱的条桶自动运输是纺纱实现连续化成为现实（目前已有轨道式、小车式两种），尚没批量采用。单机自动化方面：纺纱生产各单机已经全部实现了满卷装自动生头，但断头后自动接头仅在全自动络筒机、全自动转杯纺纱机、喷气涡流纺纱机上实现，细纱机和前纺装备自动接头尚待研发，纺纱行业自动化高效装备普及趋势加速。信息化和智能化方面：信息化和管控一体化覆盖面将会大幅提升。信息技术在纺纱产业的应用支撑着近代纺纱历史上的第三次革命，它是计算机与自动控制等信息技术在纺纱技术研究与设计、生产、管理、市场营销等方面的应用，而它与新材料、先进制造技术及纺纱产业的其它变革等因素的综合作用正推动传统纺纱步入现代纺纱的新阶段。使纺纱生产向自动化、连续化、网络化、智能化和快速反应方向发展。运用神经网络和相关的计算机技术开展纺纱原料、工艺流程、装备状态、工艺参数与成纱质量的关系研究，用于成纱质量预测和计算机自动配棉；实施成纱性能质量预测，建立预测分析模型，研究各类自动获取、组织、表达、集成方式，通过预测指导纱线设计开发和生产过程决策，提升纺纱质量预测与控制智能化水平。

（三）纱线生产装备不断走向高端化

开发具有高效短流程纱线制备技术、重定量大牵伸纱线制备技术、高速柔性分梳纱线制备技术、多维、多色混纺新技术；升级现有纱线生产技术与装备，研究局部升级技术方案和整体技术方案等方面的关键技术，适应多层次企业更新改造需求。实现高效率、高品质、低消耗的纺纱加工制造；针对多层次装备开展各类纱线成纱工艺路线研究，为

形成生产过程管一控一体化提供支撑，探索细纱高速化瓶颈问题和解决途径，对细纱机断面尺寸与张力和捻度的传递的之间的关系展开研究，提升我国传统纺纱整体水平。

参考文献

[1] 姚穆．对当前我国棉纺织产业发展的几点建议［J］．棉纺织技术，2017，45（2）：1-2.

[2] 孙瑞哲．构建中国纺织服装行业的新未来［J］．纺织导报；2017，1：18-28.

[3] 朱北娜．中国棉纺织行业展望和需求分析［J］．中国棉麻产业经济研究，2015，4：31-33.

[4] 叶戬春．棉纺行业形势与技术升级发展趋势［C］// 2016 棉纺设备技术升级研讨会论文集．北京：中国棉纺织行业协会，2016：2-12.

[5] 陈建．棉纺车间智能化技术的应用体会［C］// 2016 棉纺设备技术升级研讨会论文集．北京：中国棉纺织行业协会，2016：34-41.

[6] 高卫东，郭明瑞，薛元，等．基于环锭纺的数码纺纱方法［J］．纺织学报，2016，37（7）：44-48.

[7] 徐卫林，夏治刚，陈军，等．普适性柔顺光洁纺纱技术分析与应用［J］．纺织导报，2016（6）：63-66.

[8] 谢春萍，王建坤，徐伯俊．纺纱工程［M］．北京：中国纺织出版社，2012.

[9] 高志娟，郁崇文．并条机后区牵伸倍数的模拟设计［J］．纺织学报，2017，38（4）：39-45.

[10] 贾国欣，任家智，冯清国．基于纤维长度根数分布的精梳加工模拟及棉网质量预测［J］．纺织学报，2017，38（6）：23-27.

[11] 马丽芸，汪军．纺纱在线检测的开发应用与管理［J］．纺织器材，2016，43（3）：61-64.

[12] U.Heitmann，郑媛媛．2015 国际纺机展：纺纱工程的革新［J］．国际纺织导报，2016（9）：22-26，36.

[13] 朱丹萍，寿弘毅，章友鹤，等．纺纱设备和技术的进步与发展［J］．浙江纺织服装职业技术学院学报，2017，1：1-7.

[14] 潘梁，朱丹萍，寿弘毅．国外纺纱机械与纺纱器材技术的进步与发展［J］．纺织导报，2017（4）：56-60.

[15] 郭东亮．近期国内外清梳设备的发展趋势［J］．棉纺织技术，2017，45（2）：81-84.

[16] 章友鹤，朱丹萍，赵连英．新型纺纱的技术进步及产品开发［J］．纺织导报，2017（1）：58-61.

[17] 刘荣清．棉纺粗纱机的发展和展望［J］．纺织导报，2014，2：32-35.

[18] 冯清国，任家智，贾国欣，等．棉纺细纱机后区牵伸力的在线检测［J］．纺织学报，2014，35（10）：36-39.

[19] 毕大明，章友鹤，史世忠，等．转杯纺与喷气涡流纺新型纺纱技术发展与进步的新亮点［J］．现代纺织技术，2015（1）：50-52，57.

[20] 梁莉萍．RS30C 半自动转杯纺纱机通过鉴定——鉴定委员会一致认为：该项目产品达到国际先进水平［J］．中国纺织，2016（6）：45.

[21] 刘允光，李子信，李正臣，等．当代精梳机最新梳理工艺技术创新［C］// 2017 全国纺纱新技术创新研讨会论文集．无锡：中国纺织工程学会棉纺织专业委员会，2017：106-112.

[22] 章友鹤，赵连英．环锭细纱机的技术进步与创新［J］．纺织导报，2015（1）：52-57.

[23] 纺织工业“十三五”发展规划．中国纺织报，2016-09-29.

[24] 张晓娟，徐伯俊，刘新金．采用多项式拟合的细纱机双区牵伸与三区牵伸纤维分布对比［J］．纺织学报，2016，37（4）：38-42，53.

[25] Zhang X J, Wu J, Xu B J, et al. Numerical simulation of top roller pressure and deformation in ring spinning with three draft zones using finite element method[J]. International Journal of Clothing Science and Technology, 2016, 28(2):

265–278.

[26] Zhang X J, Xu B J, Liu X J. Research on fiber distribution in front draft zone of super high draft ring spinning based on cut–middles method [J]. The Journal of the Textile Institute, 2017, 108 (2): 271–278.

[27] 张晓娟. 环锭纺超大牵伸条件下牵伸力研究 [D]. 无锡：江南大学，2016.

[28] 张一帆. 动态牵伸与静态牵伸之间的关系研究 [D]. 上海：东华大学，2016.

[29] Liu X J, Liu N, Su X Z. Research on mechanical properties of the Siro–spinning triangle using the Finite Element Method [J]. Textile Research Journal, 2015, 85 (4): 416–431.

[30] Liu X Y, Liu X J. Numerical simulation of the three–dimensional flow field in four pneumatic compact spinning using the Finite Element Method [J]. Textile Research Journal, 2015 , 85 (16): 1712–1719.

[31] Liu X J, Su X Z. Theoretical study of Solospun yarn torque [J]. International Journal of Clothing Science and Technology, 2015 , 27 (5): 628–639.

[32] Su X Z, Gao W D, Liu X J, Xie C P, Xu B J. Theoretical Study of Fiber Tension Distribution at the Spinning Triangle [J]. Textile Research Journal, 2013 , 83 (16): 1728–1739.

[33] Zhang X C, Zou Z Y, Cheng L D. Numerical Study of the Three–dimensional Flow Field in Compact Spinning with Inspiratory Groove [J]. Textile Research Journal, 2010 , 80 (1): 84–92.

[34] Li S Y, Xu B G, Tao X M, Chi Z R. An intelligent computer method for automatic mosaic and segmentation of tracer fiber images for yarn structure analysis [J]. Textile Research Journal, 2015, 85 (7): 733–750.

[35] 杨敏，谢春萍，刘新金. 全聚纺纱体内纤维转移规律对成纱性能的影响 [J]. 纺织学报，2016，37 (1): 35–40，51.

[36] 杨敏. 紧密纺纱体内纤维转移规律的分析研究 [D]. 无锡：江南大学，2015.

[37] 倪远. 脉动集聚联轴驱动四罗拉集聚纺纱装置的创新与突破 [C] //2016 棉纺设备技术升级研讨会论文集. 北京：中国棉纺织行业协会，2016：27–32.

[38] 糜娜，谢春萍. 紧密纺超大牵伸纺特高支纱牵伸工艺研究 [J]. 上海纺织科技，2016，44 (11): 22–24，28.

[39] 郑莹莹，徐伯俊，王晓岚，王进生. 超大牵伸纺纱技术的发展与分析 [J]. 纺织导报，2013 (1): 69–71.

[40] 佟飞，蔡文超. 一线串两机的异纤清除原理与应用 [J]. 棉纺织技术，2015，43 (3): 37–41.

[41] 党士许. 基于机器视觉的自动化棉流异纤检测技术的研究与实现 [D]. 郑州：郑州大学，2016.

撰稿人：谢春萍 任家智 汪 军 刘新金 苏旭中 李凤艳

机织工程学科的现状与发展

一、引言

作为纺织工程的重要组成部分，机织工程承担着生产机织物的任务，是服装用、装饰用和产业用纺织品加工中的重要环节。近年来，国产织造与准备机械技术水平都有了较大幅度的提升，五年国内新增无梭织机约四十万台（其中国产无梭织机约占70%），使得织机的无梭化率进一步提高。

随着纤维材料的发展和织造技术的进步，机织产品的结构发生了变化。机织所采用的纤维原材料中以化学纤维比重日益提高，2016年全年长丝机织物总产量为448亿米，同比增长3.5%，增速比上年提高1.58个百分点。机织物的应用领域也有了明显的变化，主要体现在装饰用和产业用机织产品比例得到了提升。机织产品性能也显著提高，仿真产品、功能性产品等得到较快发展。

在机织用设备方面，经过二十多年的发展，我国通过引进技术、消化吸收、自主开发，使无梭织机制造业得到了较快的发展。我国已经能够生产剑杆织机、喷气织机、喷水织机和片梭织机，成为生产无梭织机种类最齐全的国家。“十二五”期间织造机械领域的成就主要体现在：国产无梭织机由低、中端向高端延伸；技术水平不断提高；与高速无梭织造相适应的准备机械制造能力也在提升；国产无梭织机用各类配套件、器材和专用装置品种齐全，具备了专业化生产能力。

近年来我国机织行业通过采用自动化、智能化、信息化技术对传统产业进行升级改造，科技进步十分显著，纺织高校、研究机构及企业投入大量资金和技术力量进行机织各个方面的研究，不断地创新生产工艺和生产技术。例如，近年来整经机技术发展较快，在机械的精确控制技术、机器结构的优化、品种适应性、产品人性化等方面的研究做了很多工作；浆纱机也在自动化智能化生产方面做了很多的研究；国产喷气织机、喷水织机和剑杆织机的车速、入纬率等指标已接近国际先进水平，但在品种适应性、机电集成化、信息化、智能化等技术研究与国外仍有一定的差距。

本专题报告旨在总结近两年来机织工程学科在设备及技术革新等方面的新理论、新技术、新方法以及新成果等方面的发展状况，并结合国外的最新成果和发展趋势，进行国内外发展状况进行比较，提出本学科今后的发展方向。

二、机织工程学科发展现状

（一）基础研究现状

近年来，机织工程学科的基础研究凸显多学科交叉研究，比如纺织工程、机械设计制造与自动化、计算机技术、物联网工程、材料科学与工程等，因此从事机织工程相关基础研究的人员也分布在不同的学科方向。

在机织工程中，纱线的张力对产品的品质会产生重要的影响，较好地控制纱线的张力是高质量产品的保证，因此张力控制系统一直是基础研究热点。如络筒工序，随着对纱线张力控制系统要求不断提升，单锭驱动的纱线超喂张力控制系统得到了较快的发展，国内的东华大学、浙江大学、青岛科技大学等高校都对此进行了大量的研究。日本、德国、意大利等国家也根据应用需求推出了张力控制设备：日本三菱电机株式会社根据张力变化情况自动调整张力调节执行机构来控制柔性材料的张力保持恒定；德国的单锭独立的张力控制系统靠被动式的摩擦调节纱线张力；意大利的解决方案包括电子传感器和智能系统，关注纱线运行状况并检测从而满足张力控制要求。近年来，随着检测技术的不断发展实现了纱线张力的非接触式动态检测，国内高校诸如华东理工大学也着力于研发低成本、高精度、主动喂线的张力控制系统，其中执行机构为无刷直流电机，控制系统为非线性控制系统。

在整经工艺方面，当今的整经技术将机、电、气与计算机技术一体化，实现了整经设备的智能化、整经高速化、高质量化和控制技术的自动化。在整经卷绕过程中，要使系统平稳运行，张力的恒定控制也是关键。国产整经机消化吸收国外先进技术的基础上，自主研究、自主设计，在计算机辅助功能中，增加信息管理功能、故障显示与诊断功能，以不断提高经轴质量、节省劳动力与减轻劳动强度、改善工作环境、节省能源。天津工业大学、武汉纺织大学等高校研制的变频调速整经机恒张力控制系统以及双伺服整经机恒张力控制系统能够保持纱线在卷绕过程中的张力恒定。其中，天津工业大学的学者还研制了针对弹性较强、韧性较大的聚酯单丝的整经机，采用张力气动逻辑控制系统，可根据经纱张力变化选定摩擦辊的刹车压力等级，通过改变摩擦辊的转速以保持经纱张力在给定范围内。另外，还有专门用于金属丝的整经机，针对金属丝刚性大以及直径小、拉伸屈服强度小、易断等问题，采用独特的张力控制系统。

目前，织造生产中白坯布织造仍然占主导地位，但是个性化发展呈更为重要的趋势，这使得对浆纱工艺或浆纱设备有个性化发展的需求。另外，纺纱技术的进步也促使上浆准备工艺进行革新。近两年，涡流纺纱技术更趋成熟，纺纱品种范围进一步扩展，14.5tex 涡流纺纱线可到达免浆效果。高支、高密度宽幅家纺产品市场的兴起以及劳动力成本的增加使得上浆工艺得到进一步完善和规范化，对设备的自动化、智能化都有更迫切的需求。国内外对于浆纱机的基础研究主要着眼于基于互联网的数字化信息集成、传输技术、互联网通信技术、远程调试系统参数、在线监控数据等，以期实现数字化、智能化、无人化。在这方面目前仍处在初步应用阶段，还有大量基础研究工作需要做。

机织产品和技术的发展呈现出以市场需求为导向，剑杆织机的无剑带导钩引纬技术一直以来受到家纺宽幅织物织造领域的认可，比利时、意大利等国的机型通过模块化设计，针对家纺织物换装“自由飞行”的无剑带导钩引纬模块，实现对经纱低损伤引纬，取得较好的效果。由于装饰织物个性化、艺术品化的需求变化，织物的组织结构和花型的复杂化，且纬纱种类多，对于剑头、纬纱剪刀等部件的要求极高，需要在剑头的夹持结构、剑头形状等方面作改进，另外，采用开关磁阻电机作为主传动直接驱动动力源，它在控制器、慢速运动控制、冷却等方面取得进步，目前技术更趋成熟。喷气织机的自动化及智能化是重要的研发方向，其中一个新的发展动态是采用电动独立织边机构，节省了综框。另外，自动补纬装置、电机直驱主传动技术、智能化开口技术、织造导航系统等也是研发的方向。通过硬件改造和软件升级的方式降低喷气织机的生产能耗也是研发重点。喷水织机通过研发并升级了电控系统，具有停车档防止、测定及存储、织造导航、生产监控等功能。片梭织机的改造着眼于采用重型皮带轮、复合离合、高力矩启动装置、左右双经轴、机外卷装等。对于开口机构的理论分析和研究主要通过深入探寻开口机构参数与开口工艺之间的关系，研究开口机构的运动特征、载荷特征，为优化开口机构提供依据。

（二）工艺流程中的设备革新

1. 络筒

自动络筒机是纺织工业中纺部和织部的连接桥梁，络筒工艺的优劣直接影响纺织效率和纺织成品的质量。国内络筒技术主要着眼于张力控制、提高络筒工作效率、优化络筒机整体结构和设备智能化等方面研究。

天津宏大纺织机械有限公司在张力闭环控制系统的基础上，将控制退绕张力的闭环系统与调节附加张力的闭环系统有机整合，实现双闭环控制。

青岛宏大的 Vcro-E 托盘式自动络筒机采用栅式张力机构配合张力传感器闭环控制，对纱线张力进行实时动态补偿。采用 CCD 测控技术，智能判断管纱大小头；采用高效双插管结构和集中式三生头机构，供纱能力达到每小时三千支，插管能力达到每分钟五十至五十六个，生头能力达到每分钟五十五个，外观质量较之前也有较大提升。河北临西润园纺织公司使用了青岛宏大纺织机械有限公司的 SMARO–E 托盘式自动络筒机生产短车细纱，通过将 SMARO–E 生头机构优化、程序优化及挑刀装置改为双气缸结构等多项措施，有效解决了非集落纱生头效率低的难题。其中青岛宏大纺织机械有限责任公司、北京经纬纺机新技术有限公司研制的“JWG1009 型自动络筒机”、“托盘式自动络筒机的研制”分获 2014 年和 2015 年中国纺织工业联合会科学技术进步二等奖，接近国外同类设备的先进水平。

上海第二纺织机械股份有限公司在引进德国赐来福 AutoConer238 自动络筒机的基础上自主研发了 EJP438 自动络筒机，其主要的技术指标已达到或接近国际先进水平。

随着人工成本增加和劳动力减少，越来越多的生产厂家推出了针对染色后筒子的复倒以及对整经后的尾筒进行自动处理的筒倒筒型自动络筒机。如浙江泰坦股份有限公司推出的 TZL–C36B 型自动络筒机、意大利萨维奥公司的 Polar–multicone 纱库型自动络筒机也可以完成筒倒筒功能。

2. 整经

当今整经技术发展迅速，将机、电、气及计算机技术一体化，具有整经设备智能化、整经速度高速化、整经质量高质化、控制技术自动化等特点。

江阴四星棍泉机械有限公司 KGA128 型高速分批整经机、江阴四纺机新科技制造有限公司的 GA128C 等高速整经机均采用电机直接传动，变频调速，实现恒线速恒张力卷绕，使整经和成轴线速的波动极小，整经设计最高线速可以达到 1200m/min。电子技术在整经机上的广泛采用，使整经的自动控制技术能够自动检测、自动修正运行参数，达到运行管理的智能化，从而能做到正确分析，及时修正，使整经生产的主要工艺参数如张力、伸长、线速等得到准确地控制。

江阴华方新技术科研有限责任公司研发的新型 HF928H 高速智能分条整经机，该设备配备了自动储纱、断纱摄像系统，具备毛羽检测、自动测密等功能，可实现整经张力 10 ~ 1000N，倒轴张力 50 ~ 1000N，整经速度 1000m/min，倒轴速度 200m/min，具备张力低、速度快、效率高等性能，整个设备可变成控制，并配备有显示屏方便工艺参数的设定与监控。

整经过程中经纱张力保持均匀是提高经轴质量的关键，而保证整经张力均匀的关键在于控制单纱张力大小适度和片纱张力均匀一致。天津工业大学的研究人员设计了基于 PLC（可编程控制器）的双伺服整经机恒张力控制系统，通过采用双伺服电动机对收放卷轴的转速进行调节，PLC 实时进行目标张力与实际反馈张力的比较，通过目标张力和实际反馈张力的差值，控制伺服电动机的速度，形成恒定的整经张力，以保证整经过程的恒张力控制。

大 V 型筒子架具有使整经机经纱张力差异小，整经意外阻力小，利于高速整经等特点，因此大 V 型筒子架整经机已成为整经机发展的必然趋势。目前国内企业对大 V 型筒子架的发展研究已达到了较高水平，但存在多个生产厂家技术相同和外形近似的局面，缺乏各自突出的技术特点。

此外，基于图像处理的无损伤经纱断头检测技术在长丝整经机上普遍使用。

3. 浆纱

（1）注重更加环保、更加低能耗的浆料及其上浆技术开发

采用环保浆料、形成绿色环保浆纱技术是当前经纱上浆的发展方向。环保浆料的研发主要从三方面着手：一是开发新型高性能浆料，提高浆料性能；二是开发易降解、易处理的辅助聚合浆料；三是开发环保辅助平滑油剂。同时环保浆料的使用可使低耗能的中低温甚至常温冷上浆新技术成为可能。即在中低温甚至常温条件下调制浆液，并在常温下对经纱进行上浆，从而节省能耗。在浆料开发方面，西安工程大学研制的“固体聚丙烯酸类浆料生产关键技术与产品开发”获2014年度中国纺织工业联合会科学技术进步二等奖，该项目研究了适用于替代PVA浆料的固体聚丙烯酸类浆料，有利于减少对环境的污染。在浆纱新工艺方面，如西安工程大学等单位完成的“基于中低温浆纱技术的浆料制备关键技术”项目获得“纺织之光”2015年度中国纺织工业联合会科学技术二等奖，该项目研究了适用于中温浆纱技术的无吸湿再粘的聚丙烯酸类浆料。同时针对淀粉类浆料对疏水性纤维粘附性不足的特点，考虑了增强涤纶纤维纱线粘附力的因素。

由鲁泰纺织股份有限公司、江南大学、武汉纺织大学、常州市润力助剂有限公司、宜兴市军达浆料科技有限公司合作的经纱泡沫上浆关键技术研发及产业化应用项目获得“纺织之光”2015年度中国纺织工业联合会科学技术一等奖，该项目主要研究了经纱泡沫上浆系统、泡沫上浆发泡原液的制备、经纱泡沫上浆工艺，围绕经纱泡沫上浆关键技术进行了系统的创新研究，促进了经纱上浆和退浆生产的低耗、节能和减排，推动了经纱上浆技术的进步，对加快纺织加工技术的转型升级，推动绿色低碳生产具有积极意义。

卡尔迈耶公司、郑州纺机均推出了具有预湿上浆功能的浆纱机。预湿上浆具有节省浆料、环保等特点，但预湿上浆工艺并不适用于所有的品种且设备相对复杂，使得一台预湿浆纱机的应用范围受限，导致目前国内仅少量用户使用预湿上浆技术。

（2）浆纱设备阔幅化

高支高密阔幅家纺产品市场的兴起，对经纱的上浆有了更高的质量要求。整体来说，现代浆纱机逐渐趋向阔幅化与高架化，多浆槽和多单元传动。如郑州纺机的GA316型浆纱机全机采用九个单元同步传动，多单元传动技术的广泛应用，使浆纱机在结构形式、控制技术、设计指标等方面有重大提高；GA313型宽幅高效浆纱机宽幅压浆辊压浆力大，轧余率均匀，满足了宽幅浆纱工艺的要求；研制的水循环冷却系统的冷水湿分绞装置，使纱线与分绞棒接触表面温差恒定；研制的双面上蜡装置及分层上蜡装置，有效地解决了头份多密度大的经纱上蜡问题，已获得国家发明专利；浆纱机高架烘燥装置、侧开门式排气风机、浆纱机浆槽的纱线浸没、侧压装置、上浆辊气压式密封装置和浆纱机织轴卷绕装置均获得国家实用新型专利。其中恒天重工股份有限公司研发的“GA313型宽幅高效浆纱机”

项目获得“纺织之光”2016年度中国纺织工业联合会科学技术二等奖。

（3）人工智能在浆纱机上获得长足进展

随着劳动力成本和技术工人流动的增加，对设备的自动化、智能化都有了迫切的需求。浆纱设备在精益制造、数字化、智能化、信息化生产管理应用方面有大的进步。

通过创建浆纱智能专家工艺系统，经纱品种信息输入，系统自动生成相关生产工艺控制工艺传到设备执行，并在计算机上可显示机器的运转状态和各个工艺参数的执行情况。日本津田驹、郑州纺机、荣意来等公司，基于人工智能的控制系统对浆纱伸长率、回潮率、压浆力、温度等浆纱工艺参数实现精确控制；对生产过程的全部参数采集、存储、传输，实现与ERP管理系统对接。在提高设备控制精度的同时，利用基于互联网的数字化信息集成技术、云技术、互联网通信技术，实现远程调试系统参数，在线监控数据，实现在线的统一生产和管理，通过控制系统和管理系统的和信息化处理等技术，提升了设备的智能化水平。实现智能化生产已成为新一代节能浆纱机的发展方向。

（4）个性化需求浆纱设备增加

目前，尽管白坯织物仍然是织造的主要产品，但是个性化发展已成重要趋势，这使得对浆纱工艺或浆纱设备都有个性化发展的需求。

江阴祥盛纺印机械制造公司、台湾大雅兴业公司、无锡华丽纺织机械有限公司、无锡鑫润纺织机械有限公司等厂家均设计生产了适应白坯经纱染色后上浆的染浆联合机。可将平幅片状冷纱线经整经后在浆染联合机上依次进行煮练、染色烘干，卷绕成织轴后供布机织造。其纱线退绕张力、纱线染色张力、染色温度、浆液温度、压浆力等参数均可自动控制。

郑州纺机工程技术有限公司、盐城市荣易来纺机有限公司、台湾大雅公司等厂家还分别设计生产了多单元传动的智能型经浆联合机，可用于满足色织生产企业多品种、少批量的需求，对高支高密产品有很好的产品适应性。

为适应高支高密织物多头份及整幅纱片中不同原料、不同号数纱线要采用不同浆液上浆的要求；越来越多生产企业选择多浆槽进行生产。国内有GA311型三浆槽十二单元浆纱机，国外西点·博山公司也有多浆槽浆纱机。

4. 穿结经

采用自动穿经机可大大提高穿经速度，为缓解用工成本压力和快速响应多批少量的市场需求，整个市场预估需要四千台左右自动穿经机。目前自动穿经机的市场保有量仅约为四百台，绝大多数分布在毛织、色织等对穿经质量要求较高、难度较高的企业。自动穿经机市场前景广阔，发展空间很大。

在国家“机器换人”产业政策的驱动下，浙江日发纺织机械股份有限公司于2015年4月启动了自动穿经机项目。通过消化吸收、组合创新的开发方式及模块化设计方法，成功研发了系列自动穿经机，其基本机型可以适合C型、J型、O型综丝，适用于80%的无梭织机。穿停经片时穿经速度为140根每分钟、不穿停经片时可达200根每分钟；主要技术路线为采用筒纱穿经方式，这种方式比经轴穿经方式性价比更高。据介绍，在系列化开发阶段，将进一步开发适用于毛巾及色织领域的机型，扩大适用范围。

5. 织造

根据国际纺织制造商联合会（ITMF）发表的第39期《国际纺织机械年度交易量统计数据报告》（ITMSS）报告显示，2016年，无梭织机的全球交易量上涨了4%（约8.4万台）。喷气织机和喷水织机分别增长了15%（约2.29万台）和6%（约3.18万台）。而剑杆织机和片梭织机的交易量则下降了6%（约3万台）。

2016年度各种无梭织机（喷气、喷水、剑杆和片梭）的主要交易目的地依旧是亚洲，占世界总交易量的91%。其中41%是喷水织机，32%是剑杆/片梭织机。运往欧洲和北美洲的无梭织机中，剑杆和片梭织机分别占73%和56%；而喷气和喷水织机分别仅占2%和7%。

在经济环境复杂多变的情况下，纺织机械企业生产经营下行的压力依然存在，结构调整产业升级艰难前行。值得注意的是，经受全球金融危机冲击后，亚洲市场对纺织机械的需求出现了变化，对设备需求档次进一步提升，对高效、高质、自动化程度高、节能设备需求不断增加。

因此，织造技术的发展将集中体现在节能降耗、设备技改、提高品质和差异化创新等方面。织机设备生产企业纷纷创新机织工艺关键技术和设备，并加快产品连续化、自动化、高效化、模块化和精品化研究，研究改进织机数控系统，进一步实现节能环保。织机在不断提升速度的基础上，稳定性、适用性和运行的可靠性也逐渐提高。同时，织机还出现了采用模块化、通用化设计，保持同原有产品结构或装置之间的互换性，满足用户企业对不同织物品种的机织工艺要求，降低用户投入成本、丰富产品的多样性等特点，一些生产企业还不断拓展无梭织机织物品种适应性，并向产业用应用、特种织造延伸。

（1）剑杆织机

剑杆织机作为使用最多的无梭织机之一，具有织物品种适应范围、织造领域广泛的特点，同时适合多品种、小批量的生产。可织造特殊效果织物，如体现手工编织效果、质朴绳线元素、非织造布条带以及花式纱线等织物的织造，以及碳纤维、玻璃纤维、金属纤维、高强聚酯纤维、丙纶工业丝等产业用纺织品的生产。

山东日发纺织机械有限公司开发的RFRL31型剑杆织机，具有特别适用于高密织物织造的特点。在国内高速织机上率先应用开关磁阻电机调速技术，可自动变速和变纬密织造，同等织造条件下比使用传统电机节能15%以上。RFTL61型高速剑杆毛巾织机采用开关磁阻电机直接驱动，启动力矩大，节能效果明显；优化后的共轭打纬凸轮和“空间曲柄连杆”机构，配以无剑带导钩引纬，大幅降低了剑带的磨损。

恒天重工股份有限公司推出的G1736型剑杆织机采用了具有自主知识产权的永磁同

步电机或开关磁阻电机，可轴向移动的双工位的电机驱动装置等集成技术，缩短传动链、扩大调速范、加大启动转矩，从而有效地降低功耗；采用润滑点末端小孔节流方法、水冷系统的稀油循环润滑装置，提高了机械工作效率和整机的可靠性；采用友好的人机界面，适应品种范围广，操作简单、方便、可靠。由该公司研发“G1736 型剑杆织机”项目获得“纺织之光”2015 年度中国纺织工业联合会科学技术三等奖。

经过长期研发，浙江泰坦股份有限公司的数码高速剑杆织机已达到了国内织机制造的领先水平，其性能已接近国际技术水平。最新机型包括 TT-828 数码高速剑杆织机、TT-858 直驱智能剑杆织机。

浙江万利纺织机械有限公司、浙江理工大学研发的“宽门幅产业用布剑杆织机关键技术的研究及产业化”项目获得“纺织之光”2016 年度中国纺织工业联合会科学技术二等奖，解决了高密、宽幅、厚重等产业用纺织国产化设备加工的难题。

（2）喷气织机

喷气织机主要通过喷嘴装置喷射具有一定压力的气流来完成引纬运动，具有引纬速度快、入纬率高、机电一体化程度高、机械传动链短、结构紧凑等特点。除了高速高效的优点，喷气织机的品种适应性也得到了提高，常规纱线以及无捻纱、强捻纱、弹力纱、网络丝等均可实现在喷气织机上的织造。随着电子化、智能化技术在喷气织机上的应用，其织造效率得到进一步提升，操作更加便捷，引纬系统更加优化。此外，由于喷气织机引纬系统所需的压缩空气能耗通常占到整机的 70% 以上，所以降低引纬所需压缩空气的消耗成为喷气织机节能降耗的技术关键。

近年来，喷气织机节能效果更加显著。青岛同春机电科技有限公司的 TC980A-340-2C 喷气织机可节能 30% ~ 40%。长岭纺电的 CA082 喷气织机是国内首家实现 8 色引纬织造的喷气织机，顺应了行业技术发展趋势，实现了高效节能。经纬津田驹纺织机械（咸阳）有限公司生产的 ZAX-GSi 喷气织机拥有 8 色自由引纬控制系统、节能控制（一拖二电磁阀），可实现超高速低压力引纬（WBS-C），拥有 APR 自动补纬装置，能织造出高附加值、高品位的织物。青岛同春机电织机比同类织机在同条件、同环境下节能 30% ~ 40%左右。

织机的织造幅宽和速度大幅提升。天一红旗纺织机械有限公司等推出了门幅达 460cm 的宽幅喷气织机，使喷气织机能织造原主要由剑杆、片梭织机织造的部分超宽幅产品。上海中纺机生产的 GA708 喷气织机，有 190 和 280 两个系列，能以 1200r/min 的车速织造全棉衬衫面料和家纺面料。青岛红旗纺织机械有限公司生产的 JA91 型高速喷气织机，车速可达 1325r/min。

同时，织机的稳定性和耐久性得到提高。山东日发纺织机械有限公司 RFJA30 型高速喷气织机重心更低，增强了机架稳定性；优化了连杆打纬机构，以适应更高的车速和更大引纬角度。经纬津田驹纺织机械（咸阳）有限公司的 ZAX-GSi 喷气织机采用强韧的双侧箱体墙板和以横梁为主体的高强度墙板构造，使其即使是重磅织物的超高速运转也能抑制震动，提高了其耐久性。该机将摇轴中支撑作为标准配置，提高了打纬力，实现高速运转状态下高密度织物的织造。该公司研发的“RFJA33 型毛巾喷气织机”项目获得“纺织之光”2015 年度中国纺织工业联合会科学技术二等奖，同样接近国外同类设备的先进水平。

寻找差异化发展，专注市场细分是近年来喷气织机发展的另一趋势。织机市场细分化趋势不可逆转，企业越来越注重用户核心的诉求。越来越多的厂家开始寻找差异化发展，对行业细分化市场提供针对性解决方案，以满足用户的不同需求。丝普兰公司的喷气织机为色织面料行业而设计开发，该机系电子送经电子卷取、凸轮开口加高低气压四色选纬，在同一台织机上采用两种不同的气压为不同细度的纬纱引纬织造。其中 SPR800A-ES-ET8C-190D 喷气织机是为鞋面织物而研发的喷气织机，采用大提花开口加高低气压八色选纬，并配置两种不同气压用于不同细度纬纱的引纬织造，可专用于生产运动鞋、旅游鞋鞋面面料。

此外，智能化和网络化控制技术在织机上广泛应用。青岛天一集团红旗纺织机械有限公司的喷气织机拥有良好的机械性能和智能化控制技术，采用包括高强度稳定机架、平衡打纬等专利技术使织机在高速状态下具有高稳定性。陕西长岭纺织机电科技有限公司推出了 CA082 高速八色喷气织机，该机采用八色智能引纬算法、全数字化八色花色编程系统、多任务实时操作系统以及集成化高速喷气织机电控系统，实现了整机的智能化、网络化，具有高效引纬、低气流消耗、高品种适应性与引纬可靠性。

（3）喷水织机

喷水织机是用水射流完成引纬的无梭织机，它利用喷嘴喷出的水射流将纬丝从梭口的一端引向另一端。截至 2016 年底，全国拥有喷水织机四十余万台，年产各类长丝织物 448 亿米，喷水织机在化纤行业中发挥着举足轻重的作用。全国喷水织机生产呈现出明显的产业集群态势，如 2016 年江苏盛泽镇和平望镇拥有国产和进口喷水织机共十六万余台、浙江长兴县和秀洲区拥有国产和进口喷水织机分别为十二万余台，江苏、浙江和福建三省产业集群区共拥有三十万余台喷水织机。

喷水织机的发展主要体现在节能降耗，高速高效，提高适应性和稳定性，加强喷水织造生产废水的全处理和全回用。

近年来，喷水织机在原料适应性和品种生产多样性上有较大突破。喷水织机适应疏水性化学合成纤维的生产织造，已从单一的常规涤纶、锦纶织造，向差别化纤维，仿真丝、仿毛、仿棉织物发展。已从以使用 75dtex、110dtex 和 165dtex 等常规涤纶丝、锦纶丝进行织造为主，向普通丝、细旦丝、超细旦丝、强捻丝、易收缩丝等多种纤维的织造发展；不但能进行单一纤维的织造，而且能进行复合丝、包缠丝的织造。织物品种也已从仅能生产薄型织物向厚、重型织物的织造发展，从低密度织物向高经纬密度的织物发展，从简单组织织物向提花织物生产发展。

喷水织机的开口机构技术日益成熟。开口装置已从原来的连杆式简易开口机构，向凸轮、多臂和大提花开口发展。随着以江苏牛牌纺织机械有限公司为代表的国产凸轮式和多臂式开口机构技术的日益成熟，喷水织机的组织织造能力得到了进一步的提高。目前，喷水织机已普遍配置双喷、三喷或四喷，已实现四色选纬甚至六色选纬，提高了织机的产品适应能力。喷水织机与大提花开口装置的配合也已在浙江长兴等地织造企业得到实际应用，主要用于生产色织提花遮光窗帘织物，取得了良好的效果。

喷水织机车速大幅提高。由于机电一体化技术的应用，电子送经、电子卷取等配置的普及，以及对织机水泵（陶瓷水泵）、喷嘴、开口机构、综框和机架材质的改进设计，减轻了织机的振动，引纬和打纬更加稳定，提高了织机的运行效率和运行质量。正常生产的织机车速从过去的 500 ~ 700r/min，普遍提高到 700 ~ 900r/min，甚至高达 1000r/min；入纬率也从 1000m/min，提高到 1800m/min，甚至高达 2500m/min。目前，国产部分织机实验和演示车速高达 1400r/min，喷水织机的车速已有了大幅提升。

喷水织机筘幅明显增加，已从 110cm，130cm，170cm，190cm 和 230cm，逐步发展到 360cm、420cm。最近几年，随着新技术的应用，特别是采用新型喷嘴和稳定器，使织机的喷射水流集束性更好，实现了较小开口和较少水量的稳定运转，用水量由每日五至八吨，下降到了五吨以下。

织机的自动化水平得到增强。随着电子送经、电子卷取的普及，ERP 等管理系统的应用，越来越多的织机设备安装和使用信息采集和监控系统，实时反映工厂喷水织机的车速、产量和效率等运转情况，使管理人员及时发现问题并作出决策，减少繁重的数据统计，实现现场和远程监控，为企业科学和精细化管理奠定了基础，为促进喷水织机车间少人或无人打下基础。

喷水织造生产废水的全处理和全回用得到重视。近几年来，浙江、江苏等地对环保不过关的喷水织造生产进行了严格的控制。经过几年的整治，浙江等地喷水织造集群区基本实现了废水全处理和全回用，取得了良好的社会和经济效益。

山东日发纺织机械有限公司研发的“RFJW10 型高速低耗喷水织机”项目获得“纺织之光”2014 年度中国纺织工业联合会科学技术进步二等奖。

（三）产品设计和技术革新

1. 机织产品 CAD 技术

近几年，机织 CAD 技术的研究重点仍主要集中在织物的仿真模拟、CAD 系统的集成化和智能化等方面。智能设计和专家系统技术的引入，使 CAD 系统的自动化程度和问题求解能力大为增强，设计过程更趋人性化。三维场景模拟技术、纹织图像的矢量编辑技术、纹样意匠的多图层框架绘图分色技术、意匠及织物的自动配色技术等的发展为机织 CAD 技术注入了更多的活力。

（1）纱线虚拟仿真的发展

目前纱线的仿真方法有许多，如：利用光照模型来反映纱线的三维效果；用三次 B 样条曲面构建纱线模型；利用 OpenGL 实现纱线的计算机模拟等。上述各种方法都可以在一定程度上仿真纱线的外观，但仿真效果与实际还有一定距离。

其中采用三维几何模型对纱线进行建模成为研究热点。有学者基于粒子系统的方法，模拟出纱线动态加捻的过程并得到最终加捻的纱线，然后进行三维填充渲染，实现了纱线的真实感绘制；此外，还有通过 NURBS 算法对纱线表面形态进行模拟仿真，并对某些控制顶点进行修改，建立不同形态的纱线外观模型。根据纱线的形态结构和性质，分别用虚拟现实技术 VRML 及非均匀有理 B 样条（NURBS）曲面算法对纱线外观进行建模。根据骨架建模思想实现了纱线的真实感仿真。

在商业化应用方面，2016 年，杭州经纬计算机系统工程有限公司推出全新织物仿真模拟软件 CAD View60，纱线模拟模块可采用纱线扫描录入方式，能够保留真实纱线上的细节，软件不仅可以模拟出棉纱、长丝等常用纱线，也可模拟出段染纱、雪尼尔纱、竹节纱、大肚纱等花式纱线。

（2）织物动态仿真的发展

织物的动态仿真技术一直是近年来计算机图形学领域的研究热点，为了实现织物的动态仿真，需要模拟织物受力产生的各种形变。目前织物静态真实感模型算法主要是围绕光照处理、微观属性的模拟和纹理映射展开，以产生褶皱、悬垂、纹织效果等仿真细节，这些算法一般是针对织物的某种属性进行仿真，目前织物静态仿真有很多已进入商业化应用，主流纹织软件大都支持单经单纬，单经多纬，重经重纬等多种类型的织物模拟，并能进行停撬、抛花、换道等工艺，以及剪花、拉毛等后处理工艺的模拟。

三维服装实时仿真中，织物建模是非常重要的研究课题。对织物建模的尝试源于 1986 年 Weil 提出的一个纯几何模型，它主要是计算两个约束点之间的悬链线，然后通过迭代细分来描述织物当前的褶皱状态。由于纯几何模型过于简单，完全忽略了织物本身的物理特性，随后出现了基于物理的织物模型。Terzopoulos 首先引入弹性变形模型，用曲面来模拟织物。应用这种连续模型可以得到逼真的织物仿真效果，然而这种模型计算量过大，通常会严重制约系统的实时性，因此连续模型更多地被应用于对真实感要求比较高的离线计算系统，也包括一些以研究织物材料特性为目的而构建的力学模拟环境。现有的计算机硬件条件下，还无法利用连续模型生成交互式织物仿真动画，为此有人将相对比较成熟的粒子系统模拟技术引入到织物物理建模中，通过降低模拟的精确性来提高计算效率。Provot 提出了针对织物的质点弹簧模型；Volino 将质点弹簧模型扩展到非结构化的三角形网格；Cordier 等提出了一种混合建模方法，该方法针对服装仿真，根据服装相对于角色模型的摆动幅度将其划分为三类区域，然后用不同的方法进行模拟。

目前，很多三维动态仿真功能尚处于研究与开发阶段，国内外流行的纹织 CAD 系统也很少有提供完备的织物三维仿真功能。

（3）虚拟仿真的发展

在织物三维仿真方法中，一般是通过对纱线进行三维模拟，再根据织物结构及工艺进行三维仿真。虚拟仿真需要将面料或服装放置到虚拟的场景中进行展示。有学者利用基于OpenGL的三维场景模拟系统，对Kinect三维重构的模型进行织物场景模拟，可以真实模拟纺织品在Kinect三维重构场景中的应用效果。Kinect是微软公司发行的针对Xbox360视频游戏主机的体感周边外设，集成了许多先进视觉和声学技术的自然交互设备。

此外，越来越多的电子游戏商家和当前热门的虚拟演播室等也在致力于人物角色服装的褶皱及自然动态效果的仿真技术研究。织物的三维动态仿真研究具有很大的实用价值和现实意义，但也充满了难题和巨大的挑战。

（4）智能CAD系统

智能CAD就是将传统的CAD技术和专家系统相结合，形成高度集成的CAD系统。这大大提高了CAD应用的便利性与效率，是一个具有潜在意义的发展方向，它可以在更高的创造性思维活动层次上，给予设计人员以有效的辅助，以智能化设计促进产品的创新，以多快好省、灵活多变的方式创造性地设计出个性化的创新产品。

在新版的CAD View60系统中，根据用途不同，系统可以提供意匠自动配色和打样自动配色，意匠配色根据设置的经纬线颜色，依据色彩搭配原理，将意匠上的颜色进行自动变换，批量随机生成多个不同的意匠配色效果，供用户选择。打样配色是利用上机纹板文件，模仿织造过程，根据配色方案，自动替换经纬纱颜色，并高效的生成出配色模拟效果图，此外，新版的系统还支持多图层意匠工艺及分色处理，大大提高了系统的应用效率。

近几年，国内出现了高度集成的织物CAD系统，如浙大经纬公司的棉织像景自动处理软件、丝织像景自动处理软件、床品工艺自动处理软件等能够实现单一品种织物设计流程的完全自动化。

（5）CAD软件向集成化与网络化发展

随着CAD的功能越来越多，原本单机化的CAD软件已经不能适应现代网络化办公的需要，计算机集成制造系统（CIMS）的出现解决了这一问题，纺织CIMS可将产品从设计到投放市场所需的工作量减少到最低程度，从而提高纺织企业对市场的反应速度，整体上实现了纺织企业的优化运作。当前应用比较成熟的服装CIMS实际上就是多个信息化子系统，包括GIS、CAD/CAM、CAPP、FMS等的信息集成和功能集成。它覆盖了企业从产品报价、接受订单开始，经过产品设计、生产计划安排和制造到产品出厂及售后服务等全过程的全部经营活动。

目前，浙江大学设计了纺织物定制平台，纺织物定制平台是一个利用Web相关技术搭建的垂直化电子商务平台，实现行业信息整合、纺织物一站式定制以及纺织物线上交易等功能。并通过将可网络化的纺织CAD技术封装成云服务插件解决了传统纺织CAD软件使用成本高以及维护不便等问题。天津工业大学开发的织物 CAD 在线设计系统结合了网络技术和数据库技术，该系统除了具有原有 CAD 软件的优点外，还能提供网络协同设计、信息交流、丰富的素材数据库等功能。

（6）矢量化 CAD 技术的发展

以往织物 CAD 系统一般都只支持位图的处理和加工，但纹织图像不同于普通的彩色图像，它是由一个个的色块组成，而且颜色数目不多（一般不超过 256 种），非常适合使用位图矢量化技术将其转换为矢量图。将图像矢量化后，有利于图像的再利用和再创造。纹织 CAD 中的矢量技术一般包括位图矢量化和矢量编辑这两个部分。

针对矢量图形，通过矢量编辑器可以提取指定图元，并将其保存到矢量图元库。浙江大学为矢量技术在纹织 CAD 中的应用做了许多基础和应用研究，如基于改进的 Potrace 算法进行矢量化，能够将索引色纹织物图像矢量化。使用矢量编辑控件 TCAD，开发适用于纹织图像的矢量编辑软件；将图像分割中的区域生长法应用到矢量化中，提出了一套适用于纹织图像的轮廓矢量化算法；对纹织矢量编辑绘图系统进行重新设计开发。改进设计的纹织图像矢量编辑绘图模块，能根据纹织图像所具有的图形重复对称性和基本图形元素相似性，实现对纹织图像基本图形元素的组合和重复利用等。

矢量技术大大增强了纹织系统的图像处理功能，改变了传统的纹织工艺，使同一纹样能够满足各种纹织工艺的要求，提高了纹织图案的复用性和稳定性，以实现纹织工艺的自动化，提高纺织企业的经济效益和生产效率。

2. 机织新产品的开发

随着科技的进步，经济的快速发展，人们生活水平的不断提高，环保意识的不断提高，消费者对服装的要求越来越高，衣服不再仅仅是传统的遮体御寒物品，人们在购买衣服时不仅要求服装款式新颖，更注重服装面料的舒适性。而且还要具有环保可降解性。

（1）环保纤维的开发应用

竹浆纤维是一种新型的再生纤维素纤维，同时也是一种新型生态环保纤维。竹浆纤维具有较高的韧性、耐磨性，且可纺性能优良，此外，在吸放湿能力、抗菌抑菌、抗紫外线等功能性方面也有显著的优势。但是强力低是竹浆纤维最明显的缺陷，考虑到竹浆纤维湿强度低，棉纤维的湿强度大，而棉织物的光泽和悬垂性差的情况，采用竹 / 棉（70/30）混纺纱线，充分结合竹浆与棉各自的优点，弥补彼此的缺陷，充分发挥了竹浆纤维吸湿透气、舒适性强的优势。如盐城工业职业技术学院、江苏悦达家纺有限公司研发的“桑皮纤维的绿色高效制取及其功能性纺织产品的开发”项目、孚日集团股份有限公司研发的“汉麻在家纺产品中的开发与应用”项目均获得“纺织之光”2014 年度中国纺织工业联合会科学技术进步三等奖。江苏工程职业技术学院、江苏大生集团有限公司研发的“舒适多功能生物质纤维混纺纱线和面料加工关键技术及产业化”项目获得“纺织之光”2016 年度中国纺织工业联合会科学技术二等奖。

（2）功能性织物的进一步开发

保健功能面料是近年来纺织行业一个重要的开发热点。传统的方法主要是采用保健功能的纤维原料，进行纺纱织造，另外一种是采用新技术对纺织面料进行功能整理，使其具有一定的保健功能。这两种方法各自都有缺点。目前有学者采用一种生产机织保健功能面料的新方法，面料由传统的平面结构演变为三维立体结构，在基础面料本体上，织造出立体的正面管与反面管，在正面管与反面管中，通过添加纯天然的保健材料，即可得到一种具有保健功能的纺织面料。该纺织面料具有独特的外观结构设计并保留了保健材料的纯度、天然和环保性，功效强且持久，可以用来制作健康枕，保健靠背，保健内衣等保健功能纺织品。

原纱抗菌通常是在纺丝时添加银系抗菌粉体制成抗菌色母粒而制成不同规格的抗菌原纱。与普通纱配合织造成抗菌涤塔夫，再经染色和后处理，可以避免色变等不足。另外，纱线对银系产品的包覆和缓释，能很好地解决抗菌的耐洗性和持久性，达到永久抗菌的效果。江苏联发纺织股份有限公司、东华大学研发的“纯棉超细高密弹力色织面料关键技术研发及产业化”项目获得“纺织之光”2015年度中国纺织工业联合会科学技术一等奖。鲁泰纺织股份有限公司研发的“纯棉凉爽舒适色织面料开发的关键技术研究”项目、山东南山纺织服饰有限公司研发的“防辐射复合功能精纺毛织物关键技术研究与产业化”项目获得“纺织之光”2014年度中国纺织工业联合会科学技术进步二等奖。

（3）特殊结构织物的开发

近年来，随着人们生活水平的提高以及对于审美的追求，服装以及家纺面料已经不局限于简单的二维形态而寻求更多的肌理效果，褶裥面料作为典型的具有三维造型效果的面料，在服装及家纺面料领域受到广泛应用。褶裥在服装设计中有着广泛的应用，布料经过折叠后可以产生褶绉，形成褶裥造型。褶裥使面料突破二维平面形态，打破原有面料造型的平衡感，给面料增添优雅活泼和丰盈蓬松的视觉效果。褶裥作为一种特殊的面料肌理效果，被广泛应用于服装及家纺设计中。

机织褶裥面料的成型方法可以大致分为两类，一类是通过对面料进行二次加工的方法成型，主要包括耐久压烫法和缝制法。另一类是利用局部纬向管状组织或双层组织的设计，结合特殊的间隙式送经机构成型。耐久性压烫整理，是继“洗可穿”之后的一种新的整理工艺，其方法是先用浸轧树脂整理剂整理织物，使加工织物具有潜在的“热塑”性能，当织物制成成品后，再进行高温压烫定型，是织物具有耐久的褶裥和稳定的外观。对面料进行二次加工形成褶裥的方法还有缝制法。分为手工缝制和机器缝制，缝制法多出现在服装设计的过程中，设计师通过灵巧的双手，使面料产生各种各样的褶裥效果，是服装造型常用的方法之一。目前，对于手工制褶工艺研究，主要在丰富褶裥造型，提高面料的艺术价值。由淄博银仕来纺织有限公司、东华大学联合开发，“大褶裥大提花机织面料喷气整体织造关键技术研究及产业化应用”项目获得“纺织之光”2016年度中国纺织工业联合会科学技术一等奖。

三、机织工程学科国内外研究进展比较

（一）设备对比

1. 络筒

与国内络筒技术主要着眼于张力控制、提高络筒工作效率、优化络筒机整体结构等方面研究相比，以德国、意大利和日本等世界一流自动络筒机为代表的国外先进水平当前对络筒工艺的主要着眼点除了继续改进络筒机的张力稳定问题外，依旧在于对实用耐用型的新型自动络筒机的关键部件进行改进优化，使新型络筒机的工艺更精确、功能更加先进，不断朝着智能化、信息化、省人工、免维护方向发展，并且使络筒机的运作更加节能环保。

（1）张力实时监控

意大利 SAVIO 公司 Eco PulsarS I 型自动络筒机采用步进式电机加栅式张力加压机构的方式，由步进电机带动螺杆运动精确调整张力加压，即使在加工竹节纱和弹力纱时仍然能保持对纱线张力的完美控制。

德国赐来福公司 AUTOCONER X6 无槽筒自动络筒机在圆盘式张力加压装置之外提供新型门栅式张力加压装置可供选择，同时采用 Speedster FX 管纱气圈跟踪系统，有效实现张力稳定，并确保了筒子成形质量。

日本村田 No21C-SProcessConer 自动络筒机采用高速卷绕的张力管理系统和跟踪式气圈控制调节器，从卷绕开始至结束，气圈控制器（BAL-CON）跟踪退绕，保持卷绕力始终不变。

自动络筒机采用张力传感器，在线测试张力值，并以步进电机精确调整张力加压的方式，对于保证纱线质量及卷装质量起到显著成效。

（2）无槽筒精密导纱技术

国外对络筒机筒纱卷绕成形工艺的研究比国内发展迅速的多。世界上最先进的三种自动络筒机制造商已全部开发出自动型管纱喂入式无槽筒精密络筒技术。

意大利 SAVIO 公司 Polar Multicone 纱库型 / 筒倒筒型自动络筒机采用 Multicone 数码纱线排列技术，横动导纱系统采用电机驱动带动导纱钩做往复运动，比钟摆系统更贴近筒纱，并与卷绕点保持固定间距保障了筒纱成形过程中对纱线的精确控制，尤其是在筒纱边沿区域。采用精确步进卷绕，在不同筒纱直径范围内通过卷绕角度的连续变化控制筒纱中相邻纱层之间的距离。导纱动程方面可在上位机上设定以生产任何几何形状的筒纱以及左右对称和不对称的筒纱。

日本村田公司 PROCESS CONER Ⅱ FPRO Plus 无槽筒式积极横动型自动络筒机主要用于短纤纱的卷绕。采用自动接头，属于管纱喂入型，可省去倒筒工序，直接生产适合染色

需要的松式卷绕。卷绕速度最高可达1500m/min，具有高速、高精度和低能耗的特点。

德国赐来福公司AUTOCONER X6无槽筒自动络筒机采用PreciFX纱线智能横动系统可以方便地选择随机卷绕、精密卷绕和逐段精密卷绕三种方式，实现从管纱直接到松式筒子的卷绕，卷绕速度最高可达1800m/min。

无槽筒络筒技术一方面可以省去染色筒子的倒筒工序，另一方面可同时实现不同密度、不同锥度、不同形状、不同动程筒纱的卷绕，具有高度的灵活性。可以预见，无槽筒络筒技术将在未来的自动络筒机市场占据越来越大的市场份额。截至目前，国产精密络筒机设备尚未有无槽筒自动络筒机面世，有待突破。

（3）控制软件开发技术

瑞士SSM公司XENO-YW Precision精密数码卷绕络筒机采用了DIGICONE2绕线算法的最新模块化XENO卷绕平台，可自由编程设计卷绕形状，使得在相同染色条件下的染色筒子密度增加了10%~20%，同时配备有fstflex™高速灵活电子排纱系统与digitens™数码张力在线控制系统。比较而言，控制软件开发一直是国产设备的短板，需要进一步加强，尽快缩短与国外同类设备的差距。

（4）绿色环保、节能低耗技术

意大利SAVIO公司的Eco Pulsars自动络筒机各单锭独立配备步进电机驱动的负压吸风系统，可以按所需的吸力水平来独立设定，仅在单锭需要时开始工作，最大可节约能耗30%，同时噪声明显下降，回丝量也得以减少，提高生产效率10%。

德国SCHLAFHORST公司在最新机型AUTOCONER X6自动络筒机上突出E^3概念，即节能、经济效益和人体工程学。采用SmartCycle智能循环和全新负压调节系统根据“按需功能”的原则产生负压，配合气动优化的筒纱吸嘴和MultiJet单锭清洁喷嘴，显著降低能源消耗。

（5）设备的智能化、信息化技术

村田公司的Muratec智能支持系统、青岛宏大的Vcro智能化信息系统，均可实现在车间现场完成设备的操控和全面的设备信息采集与智能分析，实现管理人员对生产信息的监控、统计和分析。

2. 整经

国产各类纱线整经机技术水平已基本满足纺织企业对整经生产的要求，但在自动化控制、张力控制、整经速度方面与国外先进的整经机还存在一定差距。

德国卡尔·迈耶推出的ISOWARP分条整经机，以高速度与较小的经纱张力相结合来提升生产力。通过减少分条定位举例和调整进入平衡罗拉的经纱角度，使在低张力条件下获得较高的经纱卷绕密度，分条整经时的张力自动控制系统保证经轴缠绕点处纱线张力不随经轴直径和整经速度的变化而发生变化，并以正反馈方式对经轴张力进行控制。ISOWARP可加工的织轴盘片直径最大可达1m，比原先增加了20cm，而速度增加了30%。

瑞士贝宁格（Benninger）公司以其独创的分条整经技术而闻名，整经线速度可达1200m/min；日本津田驹分条整经机适应性较强，可用于 30 dtex 以上的各种无捻长丝、弱捻长丝的整经。

3. 浆纱

近两年，国内外在浆纱方面的研究主要体现在高效和节能。日本津田驹 HS-20，德国祖克 S432 型等新型浆纱机均采用了先进的变频调速技术，实现异步电动机的无级调速，提高控制精度的同时，降低能耗，被广泛应用于浆纱设备中。

德国卡尔·迈耶 SMS-SP 型浆纱机带有预湿功能，其浆槽采用新型专利技术：设有浸没辊，配备三个基于喷淋技术的高射流上浆区域，最终用较少的浆液完成高品质的上浆过程，可节约至少 10% 浆料，避免过度上浆，降低退浆能耗。

卡尔·迈耶公司也可配备有上浆自动控制装置，包括微波测量纱线压出回潮率，折射仪测量浆液含固率，流量计测量浆液消耗以及 PLC 程控器等。

美国西点公司与印度博山公司合资生产的 VPS 型浆槽也属于减少压辊，前后压浆辊对中间上浆辊横向加压的方式。与国内已经采用的 S632 型浆纱机浆槽类似，但不设置浸没辊。纱线由引纱装置喂入浆槽，直接从后方的预压浆辊上方绕入，在预压浆辊与上浆辊挤压区的上方加装喷淋浆管，以保持双浸压的浸浆次数。

各种新型浆槽在以上各方面的改进，互相借鉴，但并不完全一致。正是这种不一致，在使用中比较、竞争，有助于产生更完善、更优良的浆纱机。

4. 穿结经

目前，自动穿经机主要由国外企业生产，史陶比尔自动穿经机具有积极式经轴控制和卓越的分纱系统等独特优势。其新型移动式自动穿经机 SAFIR 系列具有电子双经检测、纱线类型识别（包括 S/Z 捻检测）、纱线自动排序等功能，对原料无特别要求，适用于普通纱线及玻纤等特种纤维的穿经。穿经速度最大可达到 250 根每分钟，幅宽可达四米。在一个穿经周期中，穿经机可实现将经纱直接从一根经轴穿入停经片、综丝和钢筘中，实现直接上机织造。

与之相比，国产设备还处于起步阶段，日发纺机开发的自动穿经机穿经后还需要额外再上机接经，且对穿经原料具有一定的要求与限制。

总体而言，国产织前准备机械的水平正在逐步接近世界先进水平，其发展趋势都是朝着智能化、信息化、节能、绿色环保、省人工、免维护的方向发展。建议制造厂家在消化吸收国外先进技术的同时，加大自主技术研发力度，根据自己的技术和制造水平研发符合中国国情的织前准备机械。同时紧扣国家倡导的“智能制造”战略，研发自动化、智能化水平更高的产品。

5. 织造工程

从 ITMA 2015 的展会上可以看出，剑杆织机的装备适应性更加广泛；喷气织机的织造速度和效率大幅度提升，节能效果也更显著；高性能的毛巾织机，毛圈高度、纬纱打纬距离的控制更加精确。

（1）剑杆织机

首先，近年来织机品种适应性更广。多尼尔刚性剑杆织机采用积极式中央交接纬的引纬方式，最多十六色选纬，配备 AirGuide® 气体剑杆引导装置和 MotoLeno® 多尼尔绞边装置，可生产从丝织物到十六色纬装饰织物、服装面料，再到碳纤维、玻璃纤维以及涂层土工织物，品种适应范围极广。意大利奔达公司的 MAXI 230 剑杆织机采用积极式双剑杆引纬系统、中央交接纬方式、花式纱线选纬系统，该机最大特点是可实现多种花式纬纱的引纬，最高可达十二色选纬，品种适应性强。意大利意达公司的 R9500 剑杆织机幅宽范围 170 ~ 540cm，四至十二色选纬，适合家居装饰织物、衬衫面料、女士时装、过滤织物、商标等的织造。

其次，高端产业用剑杆织机发展快速。多家厂商都推出了高端产业用剑杆织机。必佳乐新型 OptiMax-i 剑杆织机采用带导带钩的积极式剑头引纬系统（GPG）或自由飞行式引纬系统（FPG），专门用于产业用纺织品和各种复杂纱线的织造生产；多尼尔新推出的 P2 型剑杆织机，在原有 P1 型剑杆织机的机型上作了许多改进，幅宽 320cm，车速 260r/min，采用积极控制的中央交接纬方式以及双经轴织造，采用专门开发的卷布装置、纬密均匀性控制装置、高打纬力打纬机构、多尼尔 SyncroDrive® 同步驱动系统、AirGuide® 气垫式导剑装置、ErgoWeave® 操作平台、全自动防开车档以及电子纬纱选色、卷取、送经装置，可以实现超高密厚重过滤织物的生产。

此外，机电一体化进一步应用。必佳乐新推出的 OptiMax-i 剑杆织机通过对机构和整机的优化设计，具有更高的设计速度，展示速度达到 850r/min，织机机电一体化程度更高，更多的机械结构被机电一体化的简化结构所取代，自动化程度提高，动态控制，更适合不同织物的织造工艺要求，如电子纬纱剪刀、伺服电机驱动的控制剑头释放机构等。

（2）喷气织机

必佳乐喷气织机：比利时必佳乐公司的 OMNIplus Summum 系列喷气织机延续了其一贯的性能灵活与技术优势，采用了新型电磁阀控制技术、空气控制系统、纬纱自动修复装置、AUTOSPEED 车速调节装置、电子纱罗绞边装置、快速更换品种装置（QSC）、全电子控制气压调节器、集成式气压传感器、各通道配置独立气缸等技术装置。Terryplus Summum 6-J 260 毛巾喷气织机幅宽可达 360cm，最高八色选纬，运行速度可达 850r/min；配备 OptiSpeed 毛圈高度控制系统、毛圈高度监测系统和针辊控制系统，不但确保了毛圈高度的优化设计，而且可设定每根纬纱的打纬距离，保证了毛巾织物的品质和多样性。

丰田喷气织机：日本丰田公司推出四款 JAT810 系列喷气织机分别在灯芯绒、色织布、高级浴巾、细褶皱窗帘布等面料的织造上呈现出了独特的优势。该机型配备了 ALPIN 空气节能系统，通过在纱筒和储纬器之间安装传感器，来监控纬纱的性能参数，经过数据处理，系统可以优化电磁阀的开闭时间，减少不必要的空气消耗，最终可降低20%的空气压力，采用较低的压力进行引纬，实现节能的效果。可配备E-shed电子开口装置，通过伺服电机实现对每一页综框的独立控制，可针对每一页综框设置不同的开口时间，开口曲线更加光滑。

津田驹喷气织机：日本津田驹公司的喷气织机主打高速运行，速度可达2015r/min，同时采用了新一代友好界面系统（Weave Navigation® System-II），操作更加方便。Zax9200i-340-8C-J喷气织机幅宽340cm，八色选纬，该机采用DSS—II辅助喷嘴系统、ECO II节能钢筘、优化喷气气压的主喷嘴系统，实现了空气节能与纬纱喂入的多样化；同时采用了新型友好操作界面系统Weave Navigation® System-II、i-WBS纬纱制动系统和新型电器组件，提升了织物花纹织造能力和系统操作的人性化。

多尼尔喷气织机：德国多尼尔公司AWS 6/J G16型，额定幅宽210cm，六色选纬，织造速度达到1000r/min，入纬率接近1750m/min，可加工超细羊毛精纺西服面料。该织机以其轻柔的引纬及自动断纬修复功能为主要特点，通过改进喷嘴缓和了引纬对纬纱作用力，从而能够更加顺利地处理敏感纱线。以上机型采用了多尼尔SyncroDrive®装置和EcoValveControl®电磁阀控制系统，进一步降低了开口运动的振动以及织机的能源消耗。

意达喷气织机：意大利意达公司A9500p喷气织机采用了意达iREED®新型异形钢筘和单孔辅助喷嘴，提高了引纬效率，织造速度可达到1251r/min，而空气消耗可以降低23%，空气压力也得到了降低；采用的双串联式主喷嘴，使气流分配更合理，也降低了空气压力与消耗以及由纬纱断头造成的织机停车次数，提高织造效率和织物品质；此外A9500p还可以实现辅助喷嘴压力在控制台上的自动设置、气压等数据的存储，可以避免错误操作带来的气耗损失。

MüJET MBJL6商标喷气织机：约科布·缪勒公司MüJET MBJL6喷气织机采用新一代MüJET喷气技术，是专门针对高档商标织物的高效率和高灵活性织造而开发的。与原有MüJET机型相比，新型MBJL6型的工作幅宽为1200mm，生产速度达950r/min，产量提高了20%。经过改进的引纬系统工作稳定和作用轻缓。左、右接力喷嘴的压缩空气可独立调节，从而降低耗气量。C系列MüDATA触摸屏控制器简化了速度、纬密、经纱张力和引纬等工艺参数的调整。另外，整幅多达一百二十个新开发的TC2切边元件确保切边光滑、均匀。

（3）喷水织机

目前，以津田驹ZW408系列为代表的织机普遍采用超驱动电动机的方式以防止停车档的产生和启动后第一纬纬纱的松弛，并通过直接连接在主轴上的大容量电磁制动器，实现织机准确的定位停车，消除停车档带来的疵病，提高产品质量。

日本丰田公司LWT710喷水织机，筘幅为280cm。采用新型打纬机构、新型墙板机构以及超高速处理CPU，可配电子开口装置“E-shed”。

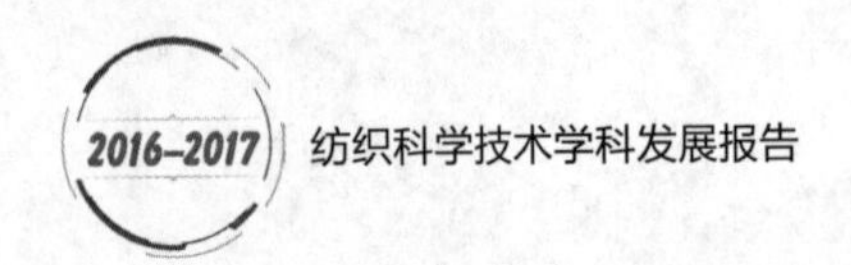

（4）特种织机

法国史陶比尔旗下子公司 Schonherr 公司推出的新型 ALPHA 500 双层双剑杆地毯织机，织机幅宽 5.3m，最高十二色选纬，配备两组史陶比尔 LX2493 提花机构，提花针数达到 13440 针，通过灵活改变花型、幅宽和经纱组数，可以实现镶边地毯、全幅地毯、高密地毯等规格的地毯织造。

比利时范德威尔公司推出的新型 RCi02 双剑杆绒头地毯织机，幅宽五米，配备 13000 针博纳斯提花机构和 VDWX2 喂纱器，由多台伺服电机相互配合完成织造运动，具有更智能的割绒运动、更高的生产效率和灵活性。公司还开发了 VSi32 型天鹅绒织机和 Cobble MYRIAD 簇绒织机。VSi32 型天鹅绒织机采用提花织造，幅宽最高可达三米，生产的天鹅绒织物可用于家居装饰、汽车内饰灯领域。

（二）新产品和技术对比

1. 机织产品 CAD 技术

目前，国内外的机织产品 CAD 系统种类多，发展快，普及率高。国内已开发成熟、投入商品化的主要有杭州经纬计算机系统有限公司开发的纹织、多臂、织锦、工艺画 CAD 系统系列和早期的提花织物 JCAD 系统、浙大光学仪器厂开发的 EST-Top Jacquard 纹织 CAD 系统；此外，还有上海视博与东华大学及绍兴轻纺科技中心联合开发的 FCAD2000 纺织面料计算机辅助设计系统、上海佰锐数码科技有限公司与上海纺织研究所合作开发的 AU 系列 CAD 系统、天津工业大学机械电子学院 CIMS 研究所与天津宏大集团联合开发的机织物 FJCDA 系统、中国纺织科学研究院开发的织物 CAD 设计系统、浙江理工大学开发的 ZIS 素织物设计系统和 Zcad 面向多重多层织物小提花织物设计系统、武汉纺织大学开发的 WFCAD 纺织产品设计系统等。

相比之下，国外的纺织 CAD 系统的开发时间比较早、界面美观，功能和性能相对完善。主要有德国 EAT 公司的 Design Scope Victor 纹织系统、荷兰 NedGraphics 公司的 NedGraphics Texcelle 系统、德国 Grosse 公司的 Jac 系统、英国 Bonass 公司的 Cap 系统、西班牙 InformaticaTextil 公司的 Penelope CAD 系统、西班牙 Pixel Art 公司的 PIXEL 系列 CAD 系统、意大利 Bottinelli Informatica 公司的 Jacqsuite 花型生产管理系统、瑞士 Muller 公司的 MUCAD 系统、美国 AVL Software 公司的 WeaveMaker 织物设计系统、英国苏格兰纺织学院开发的 ScotWeave 织物 CAD 系统、印度 Wonder Weaves Systems 公司的 Woven Fabric Design Studio、法国 YXENDIS 织物 CAD 系统、韩国 SaeHwaLoom 织标 CAD 系统等。近年，较为热门的是斯洛文尼亚 Arahne 公司的 ArahPaint 循环图样绘制软件、ArahWeave 纹织 CAD 和 ArahDrape 纹理贴图展示软件。

目前，国内的纹织 CAD 系统已较为成熟，专业化程度高、适应性强、价格适中，而且在国内外也有大量的客户应用，但是对于实物效果的模拟还不够完美，还很少能提供织物的三维仿真功能或者仅提供简单织物组织的三维模型。国外CAD系统中，Design Scope Victor、Pixel Art、NedGraphics Texcelle和Pixel Art等系统的织物三维模拟功能都较为强大，效果较好。

2016年，罗马尼亚研究人员提出了一种基于细胞自动机（CA）理论的小提花CAD软件（名为TexCel）。细胞自动机（CA）是一种离散模型，由称为“细胞”的规则网格组成，每个细胞都处于有限数量的状态中。细胞自动机用简单的规则和结构就能够产生多种多样的小提花织物图案。TexCel可以自动选择并显示平衡组织或包含固定的最大纱线浮长数的组织，具有极大的时尚面料设计潜力。

2. 机织新产品

随着科技的进步，经济的快速发展，人们生活水平的不断提高，消费者对服装、纺织品的要求已不仅仅是传统的舒适性和耐用性等，而机织物的智能化和多功能化依然是近几年间机织新产品的开发的热点，相关企业和研究院校分别探究机织物智能化和多功能化的实现方法以及开发具备新功能的产品。

纺织品的智能化已经是各国纺织科研人员不断研究的一个热点，通过嵌入技术，识别技术，传感器技术，连接技术，柔性显示技术等与纺织品的结合以实现纺织品的智能化。

健康公司Siren Care智能袜子是利用温度传感器监测足部炎症反应，从而帮助糖尿病患者及早发现足部问题。采用了不可充电设计，单次使用可以维持六个月的续航。这得益于其自动休眠机制，当消费者穿上袜子时，才会进行工作，否则将会进入休眠模式。此外，该款智能袜子也具有防水性能，可支持机洗。

美信公司Sensatex智能衬衫能够检测心率、温度、呼吸以及消耗了多少卡路里的热量。也可以在穿衣人心脏病发作或虚脱时发出警报，从而降低突发性死亡的概率。

此外，丝绸产品自古以来便是机织产品中重要的一环，更是最能代表中国机织技艺和文化的一类产品，现如今依然占据着一席之地。而自中国提出建设“新丝绸之路经济带”和“二十一世纪海上丝绸之路”的战略构想以来，这一跨越时空的宏伟构想，承载着丝绸之路沿途各国发展繁荣的梦想，赋予了古老丝绸之路以崭新的时代内涵。在“一带一路”国家战略的引领下，古老的中国丝绸与科技、时尚结合，不断创新，朝着环保、科技、时尚的方向发展。

尽管丝绸产品相比其他机织产品而言要更为成熟，但仍然存在发展空间，近几年来丝绸新产品的开发主要发展集中于利用设备的改进、组织结构的配合、真丝纱线原料的处理工艺，开发具有新型外观效果、服用性能更佳的产品。

四、机织工程学科发展趋势与展望

（一）学科发展前景和发展趋势预测

纵观全国，织造行业正在经历着重大的历史变革。传统的有梭织机正在被无梭织机所替代。剑杆织机、喷气织机、喷水织机、片梭织机，在产品的升级换代、出口创汇方面，起着越来越重要的作用。随着纺织新原料、纱线新结构的不断出现，新型浆料、上浆新工艺及浆纱新装备越来越引起人们的重视。高压上浆、预湿上浆、泡沫上浆、热熔上浆和低温上浆已逐渐应用于生产实际。工业用织物、无纺织物、特种织物的生产在我国已初具规模。对织物的深加工、后整理越来越引起人们的重视。多梭口织造这个将在未来产生重大影响的新型织造方法，已引起全世界有关人士的关注。

新型织造技术与产品的主要发展创新趋势将锁定在节能降耗、设备技改、提高品质和差异化创新等方面。行业需进一步创新织造工程关键技术和设备，加快高效化、模块化、精品化研究，进一步节能降耗；研究新型织造工艺技术和设备，实现织造工序连续化、自动化、高效化，研究开发织机数控系统；高性能织造机械零部件的制造技术研究，主要有表面处理技术、热处理工艺技术的研究，材料研究，研发专用零部件连续化生产线和专用装备；创新高性能低成本纺织结构复合材料织造技术研究，实现大型化、复杂化、高质量化和智能化的预制件制备技术和复合材料成型技术。

（二）未来研究方向建议

机织学科将随着生产的需要不断地更新，不断地发展和壮大。它将与其他学科交叉起来，开发新的科学领域。展望机织学科的未来，前途无限光明，道路无比宽广。结合学科发展趋势，未来的研究方向有以下几点建议：

1. 进一步缩小国内外织造装备的差距

按照《纺织机械行业“十三五”发展指导性意见》，未来五年，织造装备的发展主要集中在五个方面：①进一步提高自动化、智能化水平。研发先进的控制系统和专家系统，快速进行在线数据采集、监测和设定，调整各种工艺参数，远程故障诊断；通过互联网、工业以太网、现场总线，实现机器联网控制、诊断和管理，织机设备操作更加简单方便，减少用工、降低维护成本。②进一步提高可靠性和稳定性。织机在不断提升速度的基础上，其稳定性、适应性和运行的可靠性将进一步提高。③设计模块化，提高品种适应性。采用模块化、通用化设计，保持同原有产品的结构或装置之间的互换性，满足对不同织物品种的机织工艺要求，降低用户投入成本、丰富产品的多样性。④追求速度与环保节能并重。随着全球纺织对“节能环保”概念的重视程度越来越高，剑杆织机的耗电量、喷气织机的耗气量的减少、喷水织机废水全处理，也成为衡量织机先进性的重要指标。⑤差异化织机、特种织机是未来重点发展方向。发展满足特种织造需要的高性能毛巾织机、大提花织机、地毯织机，满足产业用纺织品需要的片梭织机、刚性剑杆织机等系列化产品，填补国内空白。

2. 深入研究先进机织工艺与理论

经过多年来的消化吸收与自行研发，我国机织技术有了显著的提高，但要实现在生产速度、产品适应性、运行效率、能耗、自动化智能化水平等方面的进一步提升，需要有扎实的织造工艺理论与技术研究作为基础。如络筒机的防叠机构、纱线张力控制系统的理论研究，包括纱线重叠产生的机理、运动学分析、各构件运动情况的数值模拟、络筒张力控制系统的仿真等；新型浆料的研发，浆纱机浆槽的安全分析及关键结构优化设计，基于等离子体处理的绿色浆纱技术等；喷气织机气流引纬流场的数值模拟与优化设计，引纬理论研究以及打纬动力学分析等，这些都是提升我国机织产业生产水平的重要依托。不断研究新纤维材料、新型结构纱线在机织工程中的应用，解决织造过程中出现的工艺与技术难题，加大机织新产品的研发，实现机织产品功能性、服用性及外观风格等方面的全面提升，使中国机织产品成为国际纺织品市场精品、名品的典型。同时加大功能纤维和特种纤维在服装面料方面研究力度和深度，提高产品的附加值。

3. 加大特种机织物及机织新产品的研发和投入

“十三五”期间，随着生态环保意识提升、健康养老产业发展、新兴产业不断壮大和“一带一路”战略推进等，产业用纺织品具有较大发展空间。一方面，特种结构、厚度、幅宽等机织物的需求进一步增加，而我国在这一方面仍存在较大的差距，应加大特种机织物织造设备的攻关、工艺技术及配套技术的研究，特别是各类无梭织机品种适应性的提升、特种纤维机织物开发，逐步缩小与国际先进水平的差距；另一方面，加大对特种产品的研发。其中包括战略新材料产业用纺织品，以大飞机、高速列车、高端装备、国防军工、航空航天、新能源等领域应用为重点；环境保护产业用纺织品，围绕大气、水、土壤污染治理三大专项行动，继续提升空气过滤、水过滤用纺织品性能水平，扩大生态修复用纺织品应用范围；医疗健康产业用纺织品，推进人造皮肤、疝气修复材料等高端医疗用纺织品开发应用；应急和公共安全产业用纺织品，包括在个体防护、应急救灾、应急救治、卫生保障、海上溢油应急、疫情疫病检疫处理等方面可以发挥作用的产品；基础设施建设配套产业用纺织品，应用在大型水利设施、城市地下管网、高速铁路、大型机场改扩建、港口码头建设等领域；“军民融合”相关产业用纺织品，为纺织行业与军工行业双向融合、互动发展提供了新机遇。

4. 进一步研究纺织设计 CAD 技术

进一步加大 CAD 技术的研发和推广，鉴于机织产业在产品设计方面出现诸如新纤维原料的大量应用、小提花大提花产品比例增加、快速化或智能化产品设计、特殊结构机织物的不断出现与更广泛应用等新情况、新要求，使织物的模拟和仿真存在不少难点，应该在加强相关设计理论、数字化实现方法等方面研究的基础上，加大机织 CAD 设计系统的研制，其中包括进一步完善纱线、织物的外观仿真技术、三维模拟与展示技术，并在建模方法上向动态建模发展，以期达到可以通过网络快速生成修改模型。

5. 喷水织造废水全处理及全回用技术的研究

喷水织机产量高、质量好、织造费用低，是当前中国纺织业中应用最广泛的织造设备之一，但是要消耗大量的新鲜水源。截至目前我国已经拥有喷水织机四十万台，因为织造过程中会使用润滑脂和浆料，所以导致出水的 COD、SS 较高，如果不能有效的对喷水织造废水进行处理，循环利用，则会导致巨大的水环境污染和资源浪费。随着水资源的日益紧张和各地水质排放标准的日趋严格，纺织行业废水的有效治理和回用事关企业的生存和发展。因此喷水织造废水的处理和回用技术的更深入研究势在必行。

参考文献

[1] 罗金龙．络筒机纱线张力控制策略及其新型控制器的研究［D］．华东理工大学，2016.

[2] 王琛，杜宇，杨涛，等．整经机的技术特点与发展现状［J］．纺织器材，2017（1）：01–07.

[3] 中国纺织机械协会．织造及准备机械（上）［J］．纺织机械，2017（4）：52–59.

[4] Inoue K, Shimo H, Hasui K. Bobbin isolating device and automatic winder: EP, EP2495204［P］．2016.

[5] 瞿建新，刘梅成．AUTOCONER X5 D 型络筒机管纱传输系统简介［J］．棉纺织技术，2015，43（10）：67–71.

[6] 陈燊，杨化林，CHEN Shen，等．SMARO 型自动络筒机槽筒部件自动装配线设计［J］．纺织器材，2015，42（4）：10–12.

[7] 张明欣．EJP438 型自动络筒机大吸嘴凸轮机构的分析与改进［J］. 装备机械，2015（2）.

[8] 陈金灿．国产整经设备智能化获新突破［J］．纺织机械，2015（9）：72.

[9] 卡尔迈耶最新装备动态［J］．纺织导报，2016（5）：70–71.

[10] 杜宇，王琛，杨涛，张斌．基于 PLC 的整经机恒张力控制系统设计［J］．毛纺科技，2016（6）：58–61.

[11] 郭腊梅，田永龙，凌超，黄婉珍．环保浆料研发不能忽视环保性能［N］．中国纺织报，2015–11–30006.

[12] 史博生，徐谷仓．降低上浆率新工艺的研究［J］．纺织导报，2016（6）：80–83.

[13] 萧汉滨．新型浆纱机的近期发展趋势［J］．棉纺织技术，2015（6）：24–27.

[14] 新型节能、高效浆纱设备—GA316 型浆纱机［J］．China Textile，2016，10：93.

[15] 徐浩贻．绿色上浆研究与展望［J］．现代纺织技术，2014（2）：58–64.

[16] 马磊．织造装备技术的最新进展—ITMA 2015 参展织造装备评述［J］．纺织导报，2016（4）：64–70.

[17] 陈忠农，叶远雄．高速剑杆织机系统［J］．纺织机械，2015，3（3）：72–75.

[18] 张巍峰．喷水织机进入大面积更新换代期［J］．纺织科学研究，2017（4）：65–67.

[19] 马磊．织造装备技术的最新进展— ITMA 2015 参展织造装备评述［J］．纺织导报，2016（4）：64–70.

[20] 徐正启．喷水织造废水处理及回用工程与关键技术研究［D］．上海：东华大学，2016.

[21] 胡玉才．国外喷气织机发展现状［J］．纺织科技进展，2016（11）.

[22] Lu J, Zheng C. Dynamic cloth simulation by isogeometric analysis［J］．Computer Methods in Applied Mechanics & Engineering，2014，268（1）：475–493.

[23] 史永高．基于粒子系统的三维纱线及织物模拟［D］．杭州：浙江理工大学，2015.

[24] 蒋黎．基于云服务的纺织物订制平台设计与实现［D］．杭州：浙江大学，2015.

[25] 张元兵，周燕．加快纺织行业信息化建设的探讨［J］．纺织报告，2015（12）：49–52.

[26] 朱东勇．纤维可控的三维布料动态仿真［D］．杭州：浙江理工大学，2016.

[27] 刘梦佳．机织褶裥面料织造技术研发［D］．上海：东华大学，2016.

[28] 刘荣欣．竹浆 / 棉混纺机织衬衫面料的开发［J］．化纤与纺织技术，2016，45（3）：15–18.

[29] Meng Tianqi. CAD algorithm for woven photograph based on computer graphics [J]. Teaching and Computational Science，2015：57-61.

[30] 王松，马崇启. 织物CAD在线设计系统[J]. 纺织学报，2014，35（3）：132-135.

[31] 2015米兰国际纺织机械展览会预览（三）. http://www.xuehuile.com/blog/23d69ff95bae4d6ba6dd2eb1fd17a0f8.html.

[32] 墨影. 织造机械：持续发力突破关键点[J]. 纺织机械，2016（9）：34-35.

[33] 工业和信息化部关于印发纺织工业发展规划（2016 — 2020年）的通知，http://www.miit.gov.cn/n1146295/n1652858/n1652930/n3757019/c5267251/content.html.

[34] 浙江省人民政府办公厅关于推进丝绸产业传承发展的指导意见，http://www.gov.cn/zhengce/2015-11/19/content_5057450.html.

撰稿人：祝成炎　王宁宁　李启正　李艳清　田　伟　金肖克

针织工程学科的现状与发展

一、引言

针织工业是我国纺织工业中产业链相对较为完整的行业，随着国内外市场的不断扩大，我国针织行业近几年都保持了较快的发展。根据针织工业协会统计，针织行业固定资产投资逐年增长，从 2006 年的 167.72 亿元增长至 2016 年的 1258.52 亿元，年均增长率达 22.33%。逐年增长的固定资产投资促使我国针织行业的主营业务收入快速提升。针织行业中具有一定规模的企业主营业务收入从 2006 年的 2446.94 亿元增长至 2016 年的 7545.15 亿元，增长率达 11.92%。“十三五”期间，针织行业产业结构得到全面优化，产业布局更加合理，服装用、装饰用和产业用针织产品均衡发展，针织时尚产品的影响力逐步提升，针织产品已经逐步拓展到特种、高端以及新用途等领域。针织产品的多样化需求又给针织机械带来了巨大的发展空间，促使针织机械不断朝着高效、智能、高精度、差异化以及高稳定性等方向发展。

新型原料的开发、工艺的创新、装备数控技术的突破和针织应用领域的拓展，高效生产技术、数字提花技术、全成形生产技术、结构材料生产技术和智能生产技术的全面研究与应用，促进了针织工艺技术的不断革新，并且使针织机械设备在设计、加工与制造水平等方面日益提高。全球针织机械呈现智能化、节能和绿色环保发展趋势，与针织机械配套的专用电子装置、控制系统、产品设计系统及各种专用智能化生产管理系统的技术水平更趋完善，为针织机械的自动化、智能化提供了基础条件。

针织行业在我国纺织服装领域占据越来越重要的地位，针织产品使用的范围延伸到人们生活的各个领域。针织面料和服装的风格与性能影响因素主要有原料选用与组合、织物结构设计与编织工艺、后整理技术等。新型纤维材料开发与纺纱技术的进步，为面料功能风格提供了更多可能性，正在向轻薄、弹性、舒适、功能、绿色环保、整体编织与无缝内衣等方面发展。为了研制开发针织新面料，一方面需要跟踪国内外新型纤维与纱线的发展动态，另一方面还要根据新型原料的特性和最终产品的用途与要求来设计面料，并探索相应的针织加工技术和后整理工艺。针织与服装加工新技术的不断涌现，促进了针织产品的创新、质量与档次提升。

依托巨大的高端市场消费潜力和不断成熟的技术配套体系，在中国产业结构调整、升级步伐加快、技术水平和生产工艺稳步提高、产品附加值大幅提升的背景下，全球中高端针织产品的生产向中国转移的趋势日益明显，中国中高端针织产品出口和全球市场份额总体上将维持上升态势。中国针织业的竞争力正在经历由规模到档次的转化，中国在全球高端针织业的竞争地位正在不断提升。但是应该引起重视的是，随着全球经济的变化，市场需求低迷、成本持续攀升、环保形势严峻、产品同质化严重，我国针织产业比较优势下降，生产向外转移加快，下行压力加大。因此在新常态下如何实现技术的突破，保持针织产业可持续发展是值得关注的重要问题。

本专题报告旨在总结近年来针织工程学科的新理论、新技术、新产品等方面的发展状况，并结合国外的最新研究成果和发展趋势，进行国内外发展状况比较，并提出本学科今后的发展方向。

二、针织工程学科发展现状

（一）基础研究现状

1. 提花工艺创新

针织提花是针织工艺的核心技术，国内近年来在针织经编、纬编和横编提花方面，通过自主创新，带动了提花技术的快速发展。

（1）经编提花工艺创新

创新了经编高速提花、毛圈提花、毛绒提花、成形提花和剪线提花的工艺技术；采用有限元方法、轻量化设计原则、智能协调控制算法，在国内率先研制出经编高速提花、毛圈提花、毛绒提花、成形提花和剪线提花五大系列装备和配套系统。

（2）纬编提花工艺创新

创新了纬编移圈提花、调线提花、立体提花和成形提花的工艺技术；设计了提花、移圈、选针和选纱等核心部件，解决了成圈和导纱部件的高动态响应控制难题，研制了纬编移圈提花、调线提花、立体提花和成形提花四大系列装备和配套系统。

（3）横编提花工艺创新

创新了横编颜色提花、结构提花和成形提花的工艺技术；建立了横编成圈和提花运动的动态模型；设计了控制模块，研发出具有自主知识产权的提花、移圈、添纱和嵌花核心部件；解决了成圈张力波动过大难题，在国内率先开发横编颜色提花、结构提花和成形提花系列装备。

提花工艺的创新研究，为针织提花装备和高端提花产品的生产提供了整体解决方案，带动了我国针织提花产业的快速发展，已在国内外近二百家针织企业应用，打开了国内针织企业的国际化高端市场，带动了近年来针织提花的流行和繁荣。

2. 成形工艺创新

成形工艺指利用参加编织的织针数量的增减、组织结构的改变或线圈密度的调节，直接形成衣片或服装的针织生产工艺。成形技术在服用与产业用应用领域都发挥着巨大的作用，成形技术与提花技术结合多用于服饰领域，成形技术与增强技术结合多用于产业用领域。成形工艺减少了后道缝制加工，不但减少人工成本，降低裁剪损耗，还增加了服装舒适性，提升了产品质量和档次，因此对成形技术的研究具有重要的意义。

（1）经编成形工艺创新

在经编无缝成形技术方面，江南大学联合江苏润源研究了双针床经编机上服装、连裤袜、手套等系列产品的无缝成形原理，完善了普通经编产品的无缝成形理论，提出了利用单面提花进行“主体服装”成形、利用双面提花进行“左右侧缝”成形、利用组合提花方法进行“上下边缘”成形的经编全成形实现方法，设计了专用的电子凸轮控制算法来模拟花盘凸轮驱动提花梳栉实现柔性横移，利用提花驱动技术实现了单针、两针、三针的数字提花控制，解决了经编成形织物的无缝连接难题。

（2）纬编成形工艺创新

在纬编无缝成形技术方面，江南大学联合惠安金天梭、江苏润山研究了纬编无缝成形原理，提出了提花、变密度和移圈复合无缝成形技术，攻克了纬编无缝内衣、成形鞋材和成形时装的编织难题，开发了纬编无缝成形织物设计与仿真系统，解决了高频低耗电子选针元件以及驱动模块的核心技术问题，研制了具有双面移圈功能的电脑提花无缝圆纬机，打破了国外对纬编高端装备的技术垄断。

（3）横编成形工艺创新

在横编全成形技术方面，江南大学联合江苏金龙公司提出局编、筒形编织、隔针编织等横编成形技术，提出了在双针床横机上进行全成形罗纹编织和加针的工艺，利用添纱技术和移圈技术，实现在双针床电脑横机上的全成形产品开发。江南大学还在国内率先提出四针床电脑横机的工艺和产品设计方法，攻克了全成形时装、全成形服饰、3D 异形结构的技术难题，对四针床电脑横机主要机构的工作原理和工作方式进行了研究，阐明了四针床电脑横机全成形编织的工艺方案。

3. 织物仿真模型研究

（1）经编织物仿真

江南大学针对绒类织物提出了基于层状纹理的思想，通过分析经编毛绒织物的结构特点和原料特性，提出了经编提花毛绒织物的纹理层生成方法，利用层状纹理模拟织物绒纱效果，并通过纹理图实现绒纱的明暗和高低效果，该仿真方法输出效果直观，实时性好，可以满足计算机辅助设计系统的实用性要求。针对拉舍尔蕾丝花边织物，根据地梳线圈、贾卡线圈和花梳垫纱的特点及关系，根据垫纱数码、织物密度、纱线张力等形变影响因素对不同类型垫纱设定不同的弹簧形变系数，利用胡克定律和显示欧拉方程求解弹簧受力和质点位移，建立了适用于经编蕾丝织物质点—弹簧模型。

（2）纬编织物仿真

纬编织物一般采用将平面模型立体化的方法，建立长方体弹簧—质点模型，以此来模拟纬编织物复杂的组织和立体效果，通过基本组织三维弹簧—质点模型的建立、花色组织三维弹簧—质点模型的建立、织物结构受力变形三维弹簧—质点模型的建立，从而实现纬编针织物三维模拟，这种仿真方法动态、实时、快速，并且仿真效果逼真。

（3）横编织物仿真

针对横编针织物的模拟，江南大学提出了一种基于交织点的线圈中心线模型，基于三次 Bezier 曲线对成圈、集圈的常规形态和变形形态进行拟合。以线圈中心线为基准进行纹理映射，通过插值算法增加真实感。为了能够使二维的线圈表现出三维的串套关系，提出分区分层贴图法，即对线圈纵向进行分区，将不同区域的图形按照一定规律放置于不同的图层中，然后将图层组合呈现线圈的消隐关系。为了解决线圈重叠关系，优化和完善了贴图顺序，完成了对常规组织和绞花组织的线圈结构图表达。

（二）针织设备革新

1. 经编设备

（1）高速化发展

随着针织生产技术的逐步发展与劳动力成本的日益增加，对针织装备的运转速度和生产效率要求不断提高。生产高速化即是在保证针织产品品质的条件下使得针织装备生产速度的最高化，从而降低单位产品的生产成本。经编生产的高速化技术在未来一段时期内将始终是经编装备的研究方向。

国产高速特里科型、多梳拉舍尔型和双针床拉舍尔型经编机近年来在机器速度方面有所发展。通过对曲轴连杆机构的不断优化，经编机的生产速度已取得较大进步。常德纺机的三梳高速特里科经编机（218″/ E28），采用了曲轴连杆传动和碳纤维增强材料的成圈机件床体等先进材料和工艺制造技术，宽幅型的经编机速度也有了很大的提升，达到了 2500r/min；福建鑫港制造的 XGHM43/1 型电脑多梳贾卡经编机，通过对成圈传动机构和成圈机件结构的不断优化，成为国际上首台突破 1000r/min 的多梳贾卡经编机；常州五洋通过采用曲轴连杆机构传动成圈机件技术，开发了生产速度达到 1000r/min 的高速型双针床经编机。江南大学研发项目“基于高动态响应的经编集成控制系统开发与应用”，获得 2014 年中国纺织工业联合会科学技术进步奖一等奖。常州市第八纺织机械有限公司研发项目“GE2M-G 高速多轴向经编机（玻璃纤维）”获得 2016 年中国纺织工业联合会科学技术进步奖二等奖。

（2）阔幅化发展

为了适应市场的需要，提高经编生产企业的竞争力，经编机工作幅宽越来越宽。以多梳经编机为例，经编花边生产企业先是由传统编织两幅（134″）增加到编织三幅（201″），现更是开始广泛采用四幅（268″）编织，从而减少了人工成本。常德纺机的三梳高速特里科经编机，福建鑫港纺机的压纱型多梳贾卡经编机和高速贾卡经编机，广州霏鸿、江苏润源和常州赛嘉的多梳和贾卡经编机等，均有达到或超过 200″幅宽。

对于超宽幅宽的经编机，由于经编机主轴长度过长，且负载较重，需要将单端输入轴改为中央输入轴，以减少转角扭差，提高成圈机构同步性。针床、针芯床、地梳、贾卡梳分两端配置，花梳一端配置。

（3）梳栉数量增多、配置灵活

为了生产花纹繁复的多梳产品，经编机械厂商还推出了超出一百把梳栉的多梳机。福建鑫港的 XGHF103/1/30 型压纱多梳贾卡经编机，梳栉数达到一百零三把。为了具有更加灵活的花边产品适应性，机械厂商推出的多梳设备配置差别较大。广州霏鸿 FHJ71YS-1-32-Z 型和 FHJ91YS-1 36-B 型两种压纱多梳贾卡经编机，贾卡梳分别配置在衬纬花梳之前和衬纬花梳之后，从而形成不同风格的花纹效果；江苏润源、福建鑫港和常州五洋的多梳经编机梳栉配置也均有差异，这为蕾丝花边生产企业的产品差异性创造条件。

（4）网络化发展

随着互联网技术的发展和企业生产水平的提高，越来越多的经编机将采用在线实时数据采集技术，将经编机作为网络终端，使得管理人员在经编生产过程中实时掌握机台、订单及工作人员的生产状况，实现业务数据与资源共享，同时建立快速反应机制，掌控生产异常情况，及时进行调整、调配，并对生产人员的产量及效率进行统计分析；还可建立企业生产数据库，积累企业生产管理经验数据，避免人员流动造成的数据遗失。

江南大学自主研发了经编集成控制系统，并与浙江越剑、晋江佶龙、江苏润源等十家机械企业配套，如配套越剑的 YJHKS 4M -TJ 型提花毛巾机、配套晋江佶龙的 GER6 型高速拉舍尔机。这些装备的控制系统均具有远程操作功能，并支持手机 APP，只要连接有线或无线网络，即可实现经编机操作与控制数据的远程访问、操作以及生产数据的上传与管理。

（5）智能化发展

随着劳动力资源的减少和人力成本的升高，近年来经编生产的智能化研究与开发日益受到重视。基于机器视觉技术即利用照相机镜头采集织物表面的图像信息并进行图像处理以实现织物疵点自动检测的照相自停系统已逐步成熟，特别是对经编平纹织物生产为主的高速特里科经编机上配装照相自停装置，将会得到市场的普遍接受。苏州三立也拥有其自主开发的照相自停装置。

2. 纬编设备

（1）高速化发展

在针织圆纬机编织生产过程中，当生产速度较高时，对圆纬机的整体结构设计、成圈机件运动与配合设计技术、织针与三角以及针筒支承等部件的材料选择、加工技术等均有较高要求，以实现高速下的平稳运转和精密配合。随着国内圆纬机设计与制造技术水平的不断提高，通过对成圈机件如织针、沉降片及其三角的材料与运动配合的不断改进，并结合沉降片斜向运动技术和伺服控制输纱量技术，针织圆纬机的生产速度得到了较大提升，如泉州凹凸制造的32″单面开幅圆纬机的生产速度已提升到45r/min。

（2）细针距发展

近十年来，随着人民生活水平的提高和对服装舒适性的要求，针织面料逐步朝轻薄化方向发展，采用细支纱线的比例在增加，进而促进了圆纬机的机号提高即针距变细。一般细针距设备是指机号高于40的圆纬机，国内最高机号已经达到E62。随着机号的提高，对机器加工与配合精度、纱线的质量、挡车工与保全工的技术水平、车间的环境等要求也越高，否则极易产生隐条纹等织疵且产生较高的维护成本，这也是目前最高机号圆纬机遇到的问题之一。尽管如此，细针距圆纬机仍旧是未来发展方向。

细针距电脑提花圆纬机可以编织花型细致的薄型服用针织提花面料以及家纺产品，提升了产品档次，深受消费者的欢迎，特别是在国外需求量更大。但细针距电脑提花机由于电子选针及选针器速度响应等方面的缘故，对于机械制造配合精度、电脑控制技术、机电一体化水平要求更高。目前单面和双面电脑提花机的最高机号仍旧为E36，电脑提花机要在更高机号方面取得突破难度大于多针道机。

（3）多元化发展

为适应新产品的开发需要，近年来设备呈现多品种、多元化的发展态势。此外，针对面料小批量、多品种、变化快的发展趋势，许多机器都具有快速更换不同针距的针筒/针盘功能，以及更换少量部件实现在单面多针道机、卫衣机和毛圈机之间的互换。这种多元化的发展态势，使针织企业可以不增加设备投入，扩展产品的多样性和灵活性。

泉州精镁公司JHG/1.5F双面电脑提花移圈机，针盘/针筒机号为E28/E14，即针盘的针距为针筒的1/2，下针采用三功位电子选针，上针两针道，主要作为单面移圈圆机来使用，即下针向上针单向移圈，可连续三次单面移圈，编织孔眼较大的花纹分布的薄型面料。惠安金天梭公司TD-ET双面电脑提花移圈调线机，机号E16，上下针电子选针两面提花，40路编织+20路移圈，四色调线，可生产服装和家纺面料。绍兴祥铭公司推出了MX-D型双面多针道机，机号E28，下针六针道，上针四针道，棉毛罗纹对针可以互换，是迄今为止针道数最多的圆纬机，拓展了织物结构种类。漳州福纺、泉州佶鑫、绍兴鸿骏等厂商都生产适合编织间隔织物的双面多针道机，厚度一般在二至五毫米。

（4）无缝成形

为了适应国内外无缝针织产品的发展，国内在纬编无缝内衣机研发方面有了技术的改进与提高。泉州凹凸、宁波慈星和广州科赛恩公司，都研发了与意大利圣东尼公司经典机型 SM8-TOP2 功能相似的单面无缝内衣机。广州科赛恩公司的机器采用针筒和哈夫盘各自独立的交流伺服电机驱动，电子虚拟主轴同步，从而使织针和哈夫针的位置控制更加准确，扎口更加稳定美观；该机还配备了裸氨丝送纱装置可根据花型改变送纱量。宁波慈星公司的 GE82 机型，采用齿轮与带传动相结合，可降低噪声提高传动精度。

上海经纬舜衣公司生产双面无缝内衣机，机号分别是 E28 和 E22。下针每路一个压电陶瓷电子选针器，有独立步进电机控制线圈密度，下针向上针移圈；上针三针道，每一针道长短踵两种针。根据机号不同，可以编织带罗口下摆的密、薄、弹性好的双面无缝内衣类产品；以及罗口下摆的提花、孔眼、收腰、单双混织结构的双面无缝运动类服装。8inch 小筒径的机器则可以编织带罗口的无缝成形衣袖，且袖口至肩头从小到大直径可变，与大身相配组成无缝服装。单双面混织则主要生产带罗口裤腰的紧身裤、连裤袜、护膝等双面无缝产品。东台恒舜数控精密机械科技有限公司等单位完成的项目“HYQ 系列数控多功能圆纬无缝成型机”，获得 2015 年中国纺织工业联合会科学技术奖一等奖。

3. 横编设备

中国已成为世界电脑横机制造的集聚国，也是世界上较大的电脑横机消费市场，而且已经完成了从手摇横机，半自动横机到电脑横机的蜕变。我国电脑横机的制造水平与世界先进水平的差距在不断缩小，具有很强的竞争力。斯托尔和岛精采用的新技术如机头快速回转，动态密度，多针距等已成为国产电脑横机的标配。电脑横机制造出现专业化分工趋势，控制系统，工艺软件，机头，针床等部件都由高水平的生产厂专业生产，形成完整的供应链。

国内在技术和规模上比较领先的电脑横机制造企业有宁波慈星、江苏金龙，其设备系列齐全，可以满足不同机号、不同类型服饰的要求，并且机器速度已达到 1.6m/s。浙江师范大学与宁波慈星股份有限公司项目“支持工业互联网的全自动电脑针织横机装备关键技术及产业化”，攻克和掌握了自动起底编织、高品质复杂花型编织、高速编织成圈机构、针织物模拟和针织物组织自动识别、多传感器信息融合智能控制策略技术及工业互联网智能制造集成技术，获 2016 年国家科学技术进步奖二等奖。

（三）针织软件升级

随着针织提花技术、计算机技术和互联网技术的快速发展，针织 CAD 在工艺设计、花型设计、织物仿真等基本功能外，三维虚拟展示和产品数据库建立等方面也得到了进一步加强。江南大学在针织软件方面取得较多成果，2015 年“针织产品设计与仿真系统的开发与应用”获得中国纺织工业联合会科技进步二等奖，该项目 2016 年获得香港桑麻基金会科技奖进步一等奖。

1. 经编 CAD 系统

国内对于经编 CAD 系统的开发也进行了很多年，取得了不错的成果。江南大学研发的 WKCAD 系统具有垫纱设计、贾卡绘制、织物仿真、数据输出等功能，广泛应用于广东、福建、江苏、浙江、山东、台湾等省的六百多家经编企业，是目前同行业中使用最多的经编针织物 CAD 系统，也是一套适用于各类经编织物和经编机器的 CAD 系统，已推广至韩国、日本、土耳其等十六个国家。武汉纺织大学开发的 HZCAD 系统，包括经编多梳 CAD 系统，经编贾卡 CAD 系统，实现了花型打板、工艺处理、纹板设计等功能，其多梳排梳功能尤为方便，在企业中也有一定的使用。

2. 纬编 CAD 系统

目前国内针织企业采用纬编 CAD 系统设计主要有：购置国外机器设备，直接采用所配备的纬编专用花型设计系统设计产品；应用图形、图像应用软件，如 Photoshop、Photo Draw 等的图形编辑功能，将设计图存储为花型设计系统可识别格式，调入系统后经过相应设置，最终生成所需的上机文件；采用高校、科研机构自主研发的通用花型设计系统来设计产品。例如，浙江大学电气自动化研究所研制的 CAM/CAD 一体化提花圆机控制系统，江南大学的 CKCAD 系统。

总体而言，国内市面上纬编软件相对单一，设计、生产还未进入系统化、规范化。特别是提花类圆机普遍是沿用日本 WAC 系统，而类似无缝内衣这类比较新颖的设备，由于目前制造技术无法达到国际先进水平，很大程度上限制了对这类 CAD 系统的进一步开发。

3. 横编 CAD 系统

国内在横编花型准备系统的开发方面包括 HQ-PDS 系统、智能吓数系统等。江南大学从横编 CAD 的数据结构、图形表达、织物设计方法以及成形工艺等方面展开研究，建立了横编针织物数学模型，将横编针织物信息分为花型信息和参数信息两种，并采用编织工艺图，花型意匠图，线圈结构图三种视图的方式表达针织物，分析了编织工艺图中图形单元包含的数据信息，在电脑横机编织原理及成形方法研究的基础上进行系统开发，尽可能直观的表现针织物结构，简化操作流程，该系统有助于设计师直观高效的完成横编针织物的设计，也为将来实现横编产品的个性化定制服务打下基础。

睿能下属的琪利公司展出了琪利工艺软件，该软件是集针织服装的工艺制作，生产推码，成衣缝合为一体的工具软件，在以下工作领域具有领先优势：内置大量标准款式工艺模型，快速生成工艺；图形化软件架构，复杂的款式变化可以快速生产工艺轮廓，无公式推码，任意图形轻易放码。

4. 针织 MES 系统

针织 MES 系统是面向车间层的生产管理技术与实时信息系统，能为用户提供一个快速反应、有弹性、精细化的生产制造环境，帮助企业降低成本、按期交货、提高产品质量和服务质量。MES 系统是生产车间过程控制系统（PLC）和企业计划层（ERP）信息交换的桥梁，能帮助实现车间生产管理的优化。

江南大学自主研发了互联网针织 MES 系统，该系统于 2017 年 4 月通过中国纺织工业联合会组织的科技成果鉴定，达到国际先进水平，目前已成功应用于江苏丹毛、浙江万方、福建佳荣、常州申达等国内十余家企业。

常熟市悠扬信息技术有限公司开发了适用于经编厂使用的悠扬 MES 系统，可以采集生产信息、进行数据收集分析，并生成报表查询输出；厦门市软通科技有限公司开发的软通织机实时监测系统，适用于纺纱、机织、针织、印染等设备；福建中织源网络科技有限公司开发了适用于纬编企业的针织 MES 系统。

（四）针织产品创新

针织产品功能性和智能化开发是打造中国针织产业竞争新优势的重要途径。功能性针织产品的开发是纺织产品开发水平和企业技术研发实力的综合体现，代表了行业高新科技的应用方向。

1. 吸湿排汗针织面料

吸湿排汗针织面料主要适合于运动量较大、出汗较多以及天气较热的环境下使用，一般是通过贴身运动服将人体表面的汗水向外传导，使皮肤保持干燥的舒适感。纤维可以采用吸湿排汗纤维，如 CoolMax、CoolTech、Aerocool 等异形截面化学纤维；结构可以采用平针、珠地、添纱、两面派等结构，如两面派内层采用疏水性纤维，以蜂窝状或网眼状结构增加内层接触点，外层采用亲水性纤维，利用纤维毛细管芯吸效应将皮肤含水向外层传导，并向环境蒸发，实现单向导湿。整理可以使用亲疏水单面整理，形成差动毛细效应，实现单向导湿。上海嘉麟杰纺织品股份邮箱公司承担的“仿棉针织运动面料的研究与开发”获得 2015 年度中国纺织工业联合科技进步二等奖。

2. 凉感针织面料

凉感针织面料主要利用凉感纤维良好的导热性，降低运动时人体的表面温度，给人以凉爽感。该类面料的纤维选用凉感纤维，具有良好的导热性，可以降低运动时体表温度，给人凉爽感。凉感纤维一般通过在纺丝液中加入纳米矿物质（云母纤维、玉石纤维、饭麦石纤维等）使纤维吸热速率降低，散热速率增加，从而实现凉爽功能。该类面料还可以对纤维结构进行改性使其表面具有微孔结构或产生大量微细沟槽加快水分的转移。结构方面多采用单面双珠地、双面罗纹等。后整理通过添加凉感助剂（木糖醇冰胶囊、凉感硅油等）实现凉爽功能。

3. 保暖针织面料

保暖针织面料主要提供保暖与防寒功能。该类针织面料采用的原料主要包括：中空类化纤或者天然纤维纱线；加入远红外陶瓷粉末，使纤维具有远红外保暖功能；各种发热保暖纤维，例如，吸湿发热、吸光发热、伸缩发热等；利用相变蓄热技术生产的蓄热调温纤维，在纤维表面涂覆含有相变材料的微胶囊实现蓄热保暖等。保暖针织面料一般设计成能储藏较多静止空气的绗缝、三明治或空气层结构，以及较厚实的衬垫类和毛圈类织物，此外通过对织物进行起绒、磨绒、刷绒等处理也可以提高保暖效果。东华大学采用改性黏胶羊毛蛋白纤维开发的混纺针织面料，具有柔软的手感和良好的保暖性。

4. 弹力针织面料

与普通非弹性针织面料相比，弹性针织面料一般具有较大的延伸性和较好的回复性能。英威达公司结合 lastingFIT 技术，推出耐氯莱卡 T275B、T276B 及 T275Z 纤维，使泳衣在含氯环境下持久合体。英威达研制的运动型莱卡（Lycra Power）纤维可与涤纶等纤维交织生产针织运动健身服，能够充分控制身体的运动，提高身体动作的精确性和效能。

5. 户外运动针织面料

户外运动面料要求服装手感柔软、弹性好、散热和透气、防水、防风保暖、轻便易携带。美国 Malden Mills 公司的 Polartec 面料是一种针织抓绒（纬编摇粒绒）织物，有经典、保暖、超柔、防风、防水等多个系列。Schoeller 公司的“3X-dry”技术，即将防水剂与增稠剂调成高黏度的防水浆料，采用加强高目数镍网将防水浆以点阵排列的形态施加于织物表面，要求处于半浸润状态，实现单面防水、单面导湿、透气、单面吸湿排汗功能，还具有一定的防风功能。采用异形聚酯纤维和大豆纤维进行混纺开发的生理性户外运动服面料，具有光泽持久，吸湿排汗，防寒保暖，防紫外线和抑菌的优良性能。

6. 智能针织面料

通过智能纤维、特定结构设计，以及新型染色或后整理等手段，开发具有医疗、防护、运动等功能的智能产品。例如光致变色生物质纤维，在受到光源照射后，纤维颜色能够发生变色，从而得到“智能性”针织面料。

三、针织工程学科国内外研究进展比较

（一）装备技术对比

1. 针织提花技术

数字提花技术是纬编装备技术的发展趋势，起到改造传统行业、提高机电一体化水平、推动针织行业的技术进步的作用。目前迈耶西、福源、宏基和佰源等均推出针盘、针筒电子双向提花机型。电子调线技术，又称嵌花技术，基本组织为纬平针，根据花型可以在控制系统作用下任意调线，形成竖条或方格及任意图案嵌花效果，避免反面浮线容易勾丝的缺点，实现单面多色提花产品的编织。电子翻针技术可以实现针盘、针筒线圈互相转移，布面形成小网眼或单面、双面结构的转换及双反面的效应，为纬编结构和花型的多样化提供了技术支撑。电子移床技术指针盘相对针筒可移动一定针距，移床技术结合翻针

技术，可实现针筒间或针盘间线圈的左右移圈，如圣东尼的 Mec-mor Variatex CMP，后者筒径较小，编织织物的有效幅宽最大可达到 2100mm（33inch），设备转速更快，可达到 25r/min；此外，该设备还采用编织移圈系统一体式的设计，因此生产效率更高。电子绕经技术可以实现局部无浮线提花，且绕经纱以经向编织进纬编结构。而恒张力喂纱技术通过电子控制多速喂纱，可根据张力传感改变喂纱量，实现对多色提花结构的均匀编织。

2. 针织成形技术

（1）经编成形

经编无缝编织在双针床经编机上配置两把贾卡梳，贾卡梳实现前后针床织物的无缝连接，还可形成丰富的花型。双针床贾卡拉舍尔经编机是一种完全的现代化机器，包括 RDPJ 系列和 DJ 系列两类机型。双针床经编无缝编织技术在编织门幅的可变性、组织结构的多样化和防脱散性及生产高效等方面具有一定优势，不但可以形成不同尺寸的筒形，而且还可形成 Y 型的分支结构，目前用于生产紧身提花内衣、背心、连裤袜、手套、人造血管等。

（2）纬编成形

纬编技术的一个重要突破就是无缝成形技术。目前，纬编无缝成形技术的优势主要有两方面：多筒径，适合不同管状织物，减少裁剪缝合环节，省工省料，如介于无缝机和袜机之间的筒径，可以编织整筒坯布作为一条裤腿，用于制作保暖裤，也可以编织袖管、大身等成形衣片；多功能，将移圈、调线、提花、衬经等多个功能进行组合，融合棉毛机、罗纹机、提花机、移圈机为一体，可实现单双面变换，可起脚编织收边罗纹，取代缝合提花成形，实现纬编无缝服装的编织。

意大利圣东尼 SM8-TOP2 MP2 是在 TOP2 MP 的基础上研发的一款新机型，配有剪刀装置、新的哈夫盘及自动编织三角，适用于四路或八路编织，可用于生产内衣、外衣、运动服、泳衣及医用装。迄今为止，圣东尼公司的全系列无缝机械共包括十八种机型，从功能比较简单的 SM4 型单面乔赛针织机系列，发展到 SM8 型单面乔赛针织机系列、SM9 型双面乔赛针织机系列，其中包括现在被广泛应用的 SM8-C.F、SM8-V.E、SM8-TOP2 等机型，其筒径尺寸涵盖 11 ~ 17inch，针型也包括 9 ~ 32G 的很大范围。

意大利圣东尼 SM-DJ2T 型双面无缝内衣机可双向移圈；路数组合可根据编织结构需要变化组合；步进电机调控成圈三角，每路针筒或针盘进纱独立；每路均可在同一行中快速变化密度和变色；该机可编织带下摆和分离线的连续计件衣坯和各种类型罗纹口，除了生产内衣、外衣、泳装、运动服和医用服外，还对成圈机件进行了改进与优化，以适应编织鞋面织物的特殊要求。

（3）横编成形

我国电脑横机技术水平与国际领先企业的主要差距体现在导纱器、线圈长度控制、压脚、机头系统、多针床技术等多个方面。斯托尔，岛精，事坦格均采用自跑式导纱器，可编织添纱，反向添纱等花型。导纱器和机头分别驱动后，机头能采用前后针床分离模式。斯托尔和岛精都开发了线圈长度自动控制系统，能够保证相对恒定的纱线张力，国内尚属空白。斯托尔的压片能编织衬纬组织，在编织产业用纺织品时会有更广阔的用途。我国目前只有国光公司样机开发中使用了压脚。机头成圈系统间距我国达到6inch，但与国外先进机型的5inch相比，仍有压缩空间，机头横移速度岛精和事坦格都能达到1.6m/s。在单针选针时，频响时间在1ms左右。我国生产的电磁铁频响时间在5ms，因此只能采用六段或八段选针。

近两年横编成形最为流行的是耐克与斯托尔合作的飞织技术（FlyKnit）。飞织技术带动横编鞋面机的热销，改变了一个产业的生产方式、工艺路线。斯托尔CMS330HPW是专门为产业用纺织品和时尚应用领域开发以成型编织为特点的最新机型，其紧凑型的36inch工作宽度节省空间。三个全套的编织移圈系统，保证了生产效率，特别适用于生产平面、立体编织织物等，如鞋类、医疗、体育、汽车等产业。

斯托尔的ADF机型，通过系列开发，如今已形成ADF家族。主要机型为ADF530-16和ADF530-16BW。型号中带B的是指有高位皮带牵拉，适用于局部编织、门幅大幅度变化织物或具有高弹力特性的织物，标W的指有用于仿梭织纬向垫纱的压片装置。该装置将浮线在纬向织入织物中，织物呈现出梭织织物的外观和特性。

日本岛精公司的MACH2X采用四针床编织技术，智能型数控线圈系统、精准张力控制技术和分别调整前后两片拉力的牵拉技术，实现毛衫的一次成形。岛精公司最新的全成形电脑横机是MACH2X系列，MACH2表示两倍的音速，代表该系列机型的高速度、高产量特点。MACH2系列机型包括MACH2X、MACH2XS，X表示呈现X型配置的四个针床，S代表沉降片。MACH2X系列机型具有四个针床，针床上装有新型的滑动织针，针床单机头，三系统（一个编织系统加两个翻针系统），可三功位选针和翻针。

（4）袜机成形

罗纳地LBOP一体裤丝袜机“ONE PIECE”编织一体成型丝袜和袜裤，相当于无缝效果，无需后拼档工序，大大节省人工，同时两路往复效率更高，生产效率得到提升。罗纳地公司GOAL-GK系列单针筒棉袜机各机型都增加独立的对目缝头装置，配置了全新电子控制系统，高分辨率触摸屏，系统能够实现在线监控和远程传输，并可与移动终端互联。

史陶比尔作为全球多臂装置首屈一指的制造商，也跨界到袜机创业，推出了难度极大、极具挑战的自动对目缝头装置。

我国是世界上第一个开发出全成型袜机的国家，近几年我国袜机制造水平有了长足的进步，但与国际相比差距依然明显。

3. 针织高速技术

（1）经编高速化

德国卡尔·迈耶集团在高速特里科型、高速弹性拉舍尔型等的高速型经编机方面都取得了很大的成功，为经编行业的发展做出了很大的贡献。高速特里科经编机由于高速精密、机构复杂、运动配合的要求很高，多年来一直被卡尔迈耶集团所垄断，已成为其“专利”产品，卡尔迈耶生产的二梳高速特里科型经编机（132″/ E36）的编织速度已高达 4400r/min，弹性内衣面料的输出速度高达 100m/h（19kg/h）以上；而我国制造的同类二梳高速特里科型经编机的生产速度只能达到 3300r/min，加工生产的织物品质有待提高。

在经编机高速化技术研究中，与国际先进国家相比，在如下几方面存在差距：第一，我国对高速经编机用传动机构的技术研究仍然不足。现在高速经编机已用曲柄连杆机构代替传统的偏心连杆机构来驱动成圈机件，不仅大幅提高经编机生产速度，且降低了机件的磨损、震动、噪音和能耗，方便设备的维护和保养，具有很好的节能减排和降本增效效应。但国内对经编机成圈机件曲轴连杆传动设计水平较低，对经编机成圈运动曲线设计、曲轴传动机构设计与制造等关键技术研究尚不够深入。第二，我国对高速经编机用新型成圈机件加工材料与外形设计的研究不够。由于碳纤维复合材料具有质量轻，刚性好，强度高，热膨胀系数极低，对环境温度要求低以及环保等优点，国外在高速经编机上广泛使用碳纤维复合材料加工成圈机件，但碳纤维复合材料在切削加工过程中易出现纤维拔出、内部脱黏、分层等缺陷，无法用液体冷却，切削热难以导出，刀具磨损严重，因而国内仍普遍采用空心铝镁合金型材。第三，我国对高速经编机成圈编织过程中的恒张力技术研究不够，编织过程中经纱张力存在波动，产品品质不理想，不利于经编机的高效优质生产。

（2）纬编高速化

意大利圣东尼推出了 TOP2 FAST 单面无缝内衣机。每路配置的电子选针器从一个增加到二个，从而能在每路进行三功位选针，可编织更多的花型；每路的导纱嘴数量也从原来的七个增加到八个（包括二个色纱纱嘴）。该机的最高转速用速度因子表征，13 ~ 22inch 筒径机器的速度因子为 1700。

近年来国产圆纬机虽在高速化生产技术方面有了长足的进步，在四针道单面圆纬机、双面棉毛机等普通圆纬机的高速化生产方面已达到或接近于国外先进水平，但在高端圆纬机方面，如电脑提花圆纬机、无缝内衣机等高速化生产方面仍存在较大的差距。纬编装备高速化，可以提高纬编产品的生产效率，提升纬编在针织甚至纺织业中的优势地位。目前德国迈耶西的 D4–2.2 II HPIVERSION 型双面大圆机，路数可达 4.4F/25.4mm，机速可达到 34r/min；意大利圣东尼的 SM8–FAST 型无缝内衣机在编织纬平针时，机速可达 160r/min。

（3）横编高速化

在横编机方面，近年来国产横编机的高速化生产技术进步较快，通过对电脑横机成圈系统设计、选针器、机头快速往返和纱线张力控制等关键技术进行系统的研究，在生产速度方面已达到德国斯托尔和日本岛精的 1.6m/s 的国际高水平。

4. 针织高密技术

（1）经编高密化

在高速特里科型经编机细针距技术研究方面，卡尔迈耶开发的 HKS2–SE 型特里科经编机机号已高达 E50，而国内同类型的二梳特里科经编机虽采用了如分段柔性摆轴等技术，机号也只能达到 E36，且织物品质很不理想；在多梳拉舍尔型经编机细针距技术研究方面，卡尔迈耶开发的 TL71/1/36 型压纱多梳贾卡花边机机号已高达 E28，而国内同类型的压纱多梳贾卡花边机机号仅为 E24；在双针床拉舍尔经编机细针距技术研究方面，卡尔迈耶开发的 RDPJ4/2 型双贾卡双针床无缝内衣机机号已达 E32，而国内同类型的无缝内衣机机号 E30。

（2）纬编高密化

在圆纬机的高机号细针距技术研究方面，国外公司居于领先水平。精密的超细针距，适合生产高档轻薄面料，采用高机号设备生产的纬编产品可改善服装穿着舒适性。意大利圣东尼公司的 Atlas 型单面超细针距大圆机，机号最高可达九十针 /25.4mm，双面圆机机号可达五十针 /25.4mm，电脑大提花机机号可达三十六针 /25.4mm。而国内同类的单面大圆机，机号最高只能达到六十二针 /25.4mm，双面圆机机号可达三十八针 /25.4mm，电脑大提花机机号三十二针 /25.4mm，均与国外先进水平存在较大的差距。

5. 针织智能监测技术

卡尔迈耶的高速特里科经编机均已将织物疵点检测的照相自停装置作为标准配置，将作为经编机 KAMCOS®2.0 操作系统的子模块，可直接在线检测经编机成圈区域附近、位于牵拉辊前方的织物，照相镜头可持续提取织物并送到系统处理，发现织物疵点并发出停车指令，通过一定的数据处理，疵点在线检测装置还能测定并记录织疵位置。国内江南大学研发的经编集成控制系统具有疵点在线检测的照相自停装置；另外苏州三立也展示了其自主开发的照相自停装置。但国内在智能生产监测方面尚落后于国外。

6. 针织低能耗生产技术

随着地球环境与资源的日益严峻，低能耗生产技术的研究与应用将会越来越得到重视。卡尔迈耶率先提出经编机的低能耗生产技术 LEO®，并用于 HKS2–SE 型和 HKS3–M 型高速特里科经编机。通过降低润滑油剂的黏度和增加机器工作台的适应温度范围，减少经编机运转过程中的阻力，可节省 10% 的能耗。这两台经编机均采用轻质高强、热膨胀系数小的碳纤维增强复合材料（CFRP）作成圈机件床体。高速高机号经编机生产更加稳定，适应的环境温度变化范围更加广泛，由传统的镁铝合金床体的经编机适应的 24±2℃范围扩大到 24±7℃，大大降低了车间温度调节费用；配合分段摆轴技术，可减少在高速运转时产生的热量传递。同时两机采用了符合人体工程学的全新设计和能根据机器状况切换灯光的全新照明系统，强化了设备与人的“交流”，使得机器整体更加人性化。这些措施的实施，在实现经编机高速稳定运转的同时，也有效降低经编机生产过程中的能源消耗，节省生产成本、减少碳排放，有利于环境资源的保护。

（二）软件技术对比

1. 针织装备集成控制系统

（1）经编集成控制

国内外在经编机上均已成功地将信息技术、自动化技术与制造技术相结合，应用于经编机的电子送经、电子横移、电子铺纬、电子贾卡和电子牵拉卷取系统，并成为先进经编机的标准配置，但国内的经编机数字化技术在系统控制精度、运动响应性及性能稳定性等方面与德国卡尔迈耶集团制造的经编机所应用的水平仍存在很大的差距。目前国内的经编机数字化技术研究，应该对梳栉横移系统的快速响应性进行攻关，突破电子横移系统对高速经编机机速限制的技术瓶颈，如卡尔迈耶的 HKS4–EL 型电子横移高速经编机的生产速度已达到 2100r/min，而国内同类的四梳电子横移高速经编机的生产速度只能达到 1450r/min；国内应该加强运用神经网络智能控制技术，开发快速响应的自适应型经编机电子送经和牵拉控制系统，实现电子送经、织物牵拉的恒张力控制，如卡尔迈耶的经编机在开停机过程中经纱张力变化小，织物上的停车横条轻微，而国产的经编机因开停车过程中经纱送经张力和织物牵拉张力的较大波动导致较为明显的停车横条，严重影响了经编织物的产品质量。

经编机织物疵点在线检测系统已初步实现了智能化。德国卡尔迈耶的整经机和经编机均配有疵点检测的照相自停系统。在整经过程中当出现经纱断头疵点时，系统立即向整经机车头控制部分发信号，由车头控制部分立即发出停车信号；在织造过程中当布面出现疵点时，照相自停系统会向经编机控制系统发出信号而立即停机。

国内在这方面的研究也较多，已有多家成功开发了织物疵点在线检测系统。江南大学自主研发的经编装备 CAM 系统，先后与国内十家纺机公司配套，提高了我国经编装备数字化与智能化水平。中国船舶重工集团公司第七一五研究所研发的“MV006 型经编瑕疵检测仪”，已在海宁马桥经编园区的数家企业应用；海宁市科威工业电子科技有限公司与德国 KEW 公司联合开发的经编机织物疵点扫描检测设备，在多家企业已成功推广应用；苏州三立自动化有限公司开发的 YS6000 照相布面检测仪，可用于经编机布面疵点实时在线监测。

（2）纬编集成控制

圆纬机电子提花技术可以实现针盘、针筒双向提花，改变了以往的纬编技术提花结构的缺点，扩大了纬编产品的花色品种。目前德国的迈耶西、日本的福原，和我国的泉州佰源、晋江宏基等均推出相应机型。电子调线技术也称嵌花技术，该技术使纬编机可以根据花型任意调线，形成竖条、方格或任意图案嵌花产品，且颜色变换处反面无浮线，也可以形成凹凸单面色调线电脑提花衬经组织。电子翻针技术，即针盘、针筒线圈互相转移，形成网眼或单双面结构转换，电子翻针技术的出现提高了纬编组织的变化能力，对于网眼类纬编织物的形成具有重大意义。电子移床技术，即针盘相对针筒移动一定针距的技术，结合翻针技术，可以实现针筒线圈或针盘线圈左右移圈和罗纹边单、双面交换编织。恒张力喂纱技术，可实现电子控制多速喂纱，即根据张力传感器改变喂纱量，帮助改善产品布面效果、提高生产效率。

圆纬机的定长喂纱系统已初步实现了智能化。定长喂纱需要根据预设的喂纱量，当发现预定纱长变化时，能做出一定的处理动作。日本福原开发了一种用于单面针织圆纬机的定长喂纱检测系统，可有效检测出导纱器前端的纱线张力变化，并据此对该成圈系统三角压针深度进行微调，保证纱线张力的均匀，从而保证各个成圈系统的线圈长度均匀一致；而国内的纱长检测在检测到纱长变化时，会发出停机指令，如禾田 HLC2-1 型纱长监控器。

（3）横编集成控制

横编机数字化技术应用较为成熟，德国斯托尔电脑横机除了实现了双向提花、嵌花、针床横移等技术的数字化，还开发了导纱器独立控制技术，实现了每把导纱器由单个电机独立控制驱动，可上下移动编织，可实现任意停放在所需位置，如斯托尔的 ADF530-32 多针距电脑提花横机，为横编产品生产带来了更多的花式性和功能性。而国内的电脑横机在嵌花控制技术、纱线张力控制技术和单级选针技术等方面还需进一步完善。

国外对横编装备的智能送纱系统进行了深入研究，已实现了在机头往返运动时智能调整送纱量和张力控制，如日本岛精开发的 DSCS 数控纱环系统，可实现输入目标线圈长度后能自动对纱线消耗情况进行在线监控，通过调整纱线的输送量，使张力控制在 ±1% 公差范围内，以保证整体织物的质量一致性，该技术已成功应用于 MACH2X 系列全成形电脑横机上。国内在横编机的喂纱系统上，还普遍采用传统摩擦半积极式的方式，通过编织时纱线张力的变化来被动输入纱线，输纱张力波动较大。

斯托尔展出的机器都采用了新的 EKC 操作系统。EKC 系统操作更加方便，人机对话功能更强。同时可以实现分用户管理，扩展了更多的机器监控功能。升级版的生产规划系统 PPS 全面支持使用 EKC 操作系统的新一代机器。通过翻新套件，广泛支持原有的 OKC 系统。PPS 是一个基于网络的解决方案，可以操控多达一千台电脑横机，并可以整合对接现有 ERP 系统。PPS 适用于灵活创新的产业。在当今快速度变化的市场中，响应时间和准时交货都得到了改善，有可能实现快速交货。PPS 友好先进的用户界面可以通过任何浏览器进行操作，包括移动设备、平板电脑或智能手机，使得快速应对生产中的各类问题成为可能。PPS 系统中，斯托尔横机实时生产进程以图形化显示，可以快速、集中监视生产链所有流程，检测、识别和分析生产链中的干扰和薄弱环节，提供降低成本的改进分析和服务计划报告，还能对非斯托尔公司品牌的横机进行整合，确保生产计划的整体性。

2. 针织 CAD 系统

（1）经编 CAD 系统

在经编 CAD 系统方面，技术和市场均处于国际领先地位的是德国 EAT 公司开发的 procad 系统。EAT 公司近几年推出了一套适用于高速双针床不带贾卡的织物设计系统 ProCad warpknit，该系统花型设计简便，可计算送纱量等数据，并能根据原料材质的类型呈现不同的二维及三维仿真效果，为产品开发提供了参考。西班牙的 SAPO 系统适用于多梳贾卡花边的设计，可以根据织物的使用方向进行设计，仿真效果较好。日本的武田软件只支持链块花边机及 SU 花边机型的设计，后升级的最新版本 io-project 改善这一缺陷。

（2）纬编 CAD 系统

在纬编 CAD 系统方面，意大利圣东尼公司、德国的迈耶西公司、日本福原公司这些公司开发的 CAD 系统专供其生产的针织设备使用。目前在国外众多纬编 CAD 软件系统中应用较为广泛的当属日本 WAC 系统，其软件兼容性好，易于学习掌握。国内纬编 CAD 系统较国外系统起步晚，且不够成熟，多以仿国外系统功能为主。

（3）横编 CAD 系统

在横编 CAD 系统方面，德国的斯托尔（STOLL）公司以及日本的岛精（SHIMA SEIKI）公司都为其生产的横机配备了相应的花型准备系统，即 CAD 系统。斯托尔公司的 M1PLUS 系统专门为 STOLL 电脑横机研发的花型设计软件，操作便捷，功能强大。岛精的 SDS-ONE APEX3 设计软件系统，具备纱线扫描、织物仿真、knitpaint、design、PGM、梭织、刺绣、draw、三维展示等功能。相比较国内系统，国外系统较为成熟稳定，功能更为强大。但国内外横编 CAD 系统彼此间并不适用，兼容性差。

纵观国内外纬编 CAD 系统的发展现状，国外 CAD 技术较为成熟，功能较为完善，但软件的兼容性不好，基本上各公司的软件只配套该公司生产的机型。

3. 针织 MES 系统

国外对 MES 研究起步早，应用领域广泛。在针织领域，德国斯托尔 PPS 生产管理系统，各台机器的生产进度用不同颜色的图形表示，鼠标移动至某处，即可显示当前订单的信息；日本岛精生产管理系统（Shima Production Report）简称SPR，将岛精的横机连接于电脑服务器，自动输出生产状况报告；美名格 - 艾罗 NETWORKER—织网者圆机车间管理系统实现圆机车间实时生产数据采集与远程显示；卡尔迈耶研发的基于移动互联网技术的生产管理和在线服务系统——卡尔迈耶连线 app，可以实现机器用户和技术支持人员之间快速高效的信息交流；比利时 barco 公司研发的中央控制及生产计划系统（Knit Master）为针织机提供了 DU8P 终端，生产人员可以在终端采集到速度、产量、运行状态等数据，并输入停车原因，也可以连接秤盘和条形码扫描器，管理人员可以在监控器上获得反应生产现状的数据信息；意大利 LONATI 公司为了使圆纬机上的数据互联互通，研发了 NAUTILUS 终端，将针织机数据和采集到的生产数据传输到数据库中，达到数据共享的目的。

相比国内 MES 系统，国外 MES 系统大多由设备制造商开发，因此能与设备控制系统集成，不需要加装额外传感器，数据实时性、可靠性更高，同时能提供设备故障信息。

（三）产品工艺对比

目前，我国已成为全球针织面料生产的第一大国，企业、科研院所在功能性针织面料方面做了很多的自主研发工作，包括发热、吸湿排汗、速干效果以及触感舒服性等功能技术已经基本完备，可以提供更舒适的功能产品。但总体而言还存在着功能单一、持久度差，综合性能低下等问题。国外在新型材料，如差别化纤维、生物基纤维等研究方面领先于国内。耐克、阿迪达斯等国际著名运动品牌推出的针织面料不仅根据应用细分化功能，达到综合的功能性以满足不同的运动性要求，而且科技含量高，并且时尚美观。国内在功能性面料研发方面尚需加强。国外服装品牌众多，品牌引领市场，市场带动开发，国内外的品牌差异导致在针织产品开发方面存在落差。需要探索新原料、新纤维的应用，结合现代人类的生活方式，拓宽产品应用领域，实现多种功能性表现形式的服装服饰产品，加大自主品牌建设。

四、针织工程学科发展趋势与展望

（一）针织全成形技术

第一，重点进行全成形针织工艺的研究。全成形是针织技术发展的重要方向，四针床电脑横机是全球最先进的用于全成形毛衫生产的装备。四针床电脑横机机构配置和成形原理复杂，对服装的款式设计和工艺设计要求很高，目前国内缺少对四针床全成形技术的系统研究，也无开发设计的专业人才。

第二，重点推动全成形针织装备的研发与应用。研究全成形四针床电脑横机主要机构的工作原理和工作方式，要攻关全成形电脑横机用织针、沉降片等全成形成圈机件，实现全成形四针床电脑横机的国产化。

第三，重点开展全成形针织产品设计系统的研发与应用。对全成形针织产品设计系统展开研究，在四针床电脑横机上进行工艺和产品设计开发，实现全成形时装、全成形服饰、3D 异形结构的设计。

（二）针织装备智能化

第一，重点推动基于机器视觉的疵点在线检测技术的研发应用。目前所有的织物疵点检测自停系统，仅能检测和处理简单的平纹织物。随着高速摄影和图像处理技术水平的提高，可通过计算机自学习技术，在织物品质改变时，在最初的数分钟时间内由系统将所编织的复杂织物结构图像“学习”并记忆，后续的生产过程中，当出现疵点时，即当前的织物结构图像与系统内部的不一致，系统可自动判定，实现复杂织物的疵点在线检测。

第二，重点推动针织装备的智能送纱技术的研发应用。针织物的组织结构改变时，对编织的用纱量需求一般也会变化。当将需要编织的产品工艺输入到针织装备控制系统时，系统将根据织物组织结构的需要自动测算出喂纱量并进行控制，实现送纱的智能化控制。

第三，加快推动针织工序集成技术的研发应用。针织装备集成化将从原料到包装等多个生产工序集成，缩短工序，减少用工及生产占地面积，具备自动化水平高、劳动强度小、生产率高等优势。将针织向前延伸与纺纱集成，向后延伸集成整理加工及包装等。例如纺纱针织一体机将纺纱与纬编集成，一步成形袜机是将织袜与套口集成，四针床电脑横机将衣片成形与套口集成等。

（三）针织设计网络化

第一，重点推动基于互联网的针织物设计系统的研发应用。互联网时代的兴起，促进了计算机技术与网络技术的发展，同时也为 CAD 技术带来了新的发展模式和理念。开发面向针织产品从设计到生产全过程的互联网针织 CAD 系统，可实现针织 CAD 软件由“计算机辅助”到“网络辅助”、“购买软件”到“购买服务”的转变，同时多元化的网络数据库可加强企业产品数据的管理，进一步提高企业的信息化进程。

第二，重点加快基于云计算的针织物仿真系统的研发应用。研究基于 NURBS 和弹簧-质点的线圈结构模型，应用云计算技术可实现针织物在线真实感仿真。

第三，重点加快针织物虚拟展示与针织产品定制系统的研发应用。通过使用 RBF 算法实现人体模型的参数化变形，利用几何建模法、物理建模法（基于粒子系统）以及混合建模法（结合几何与物理建模法）实现三维织物建模，通过在三维场景模型建立的基础上，设定灯光、场景风格等，实现真实场景效果的虚拟试衣，自动完成工艺设计和组织生产。

（四）针织智能车间

随着无库存生产 JIT（Just In Time）、面向订单生产（BTO）等新型生产模式的不断普及，以及客户、市场对产品质量、产品追溯提出更高要求，针织智能车间受到广泛关注和重视。

第一，重点推动针织生产大数据挖掘技术的研究。对计划调度的约束因素进行科学分析，得到对应订单的资源约束因素、工艺约束因素、产质量约束因素和计划时间约束因素，利用大数据挖掘技术、结合车间机台种类、产能、订单数量、交期等因素，自动进行排产，并根据实时数据自动调整生产计划，科学分析影响质量的多种关键因素，建立针织产品质量数据挖掘模型，为企业的产品质量管理提供预先控制机制，提高产品质量。

第二，重点推动针织车间智能物流的研发应用。采用物联网自动采集设备、机器视觉、射频监控、机器人、AGV 小车、RFID、智能终端、移动 PDA、及微信应用集合，实现数据自动化采集、质量追溯管控、自动生成排程、智能仓储管理、车间智能物流管理，车间实时生产数据与 ERP 无缝连接，实现企业资源、生产的优化配置和管理，大幅提升订单达成率，缩短生产周期、提高产能。

第三，重点加快针织智能车间的推广应用，并在针织产业集群地浙江海宁、福建长乐等重点地区开展应用试点示范。

（五）针织智能穿戴

近年来，智能穿戴设备发展迅速，成为一个热点行业，主要应用穿戴式技术对日常穿戴进行智能化设计并开发。智能穿戴的研发着重从以下方面进行：

第一，重点推动针织柔性传感器的研发应用。研究针织结构柔性传感器的材料、组织结构对织物电－力学性能的影响。常规针织结构如纬平针、罗纹等具有小应力大变形的特点，适合拉伸感应传感；针织三维间隔结构可以作为电子元器件的载体，也可以用作压电电容传感器的开发。

第二，重点推动针织柔性电路的研发应用。通过针织提花技术和针织成型技术的研究，开发出针织电路，使其具有良好的电稳定性和较小的相对电阻变化，耐水洗、耐拉伸，使用寿命长。

在科技发展的今天，人们对穿衣的要求不仅仅是美观御寒，还需要通过穿着的服装实现更多的功能来满足需求，随着科技的进步、互联网的发展，针织智能服装与生命健康、移动互联网技术进一步融合，智能服装必然会成为下一时代的穿衣潮流。

针织产业要抓住新一轮产业革命的机遇，迅速融入“互联网 +”行动计划，加快针织装备智能化技术研究与推广应用，促进针织生产管理模式的转型升级，建立绿色低碳的可持续生产模式，提高针织产业的国际竞争力，实现针织大国向针织强国的转变。

参考文献

[1] 中国国际纺织机械展览会暨 ITMA 亚洲展览会展品评估报告［M］. 北京：中国纺织出版社，2017.

[2] Zhang A, Li X, et al. 3D simulation model of warp-knitted patterned velvet fabric［J］. International Journal of Clothing Science and Technology, 2016, 28（6）: 794–804.

[3] Li X, Zhang A, Ma P, et al. Structural deformation behavior of Jacquardtronic lace based on the mass-spring model［J］. Textile Research Journal, 2017, 87（10）: 1242–1250.

[4] Lu Z, Jiang G. Rapid Simulation of Flat Knitting Loops based on the Yarn Texture and Loop Geometrical Model［J］. Autex Research Journal, 2016.

[5] Jiang G, Lu Z, Cong H, et al. Flat Knitting Loop Deformation Simulation Based on Interlacing Point Model [J]. Autex Research Journal, 2016.

[6] 宋广礼. 电脑横机成形产品发展现状及趋势 [J]. 纺织导报，2017（7）：62–65.

[7] 王敏，丛洪莲. 四针床电脑横机全成形技术研究进展 [J]. 纺织导报，2016（9）：96+98–100.

[8] 龙海如. 功能性针织运动面料产品开发 [J]. 纺织导报，2017（3）：31–32+34.

[9] 丛洪莲，范思齐，董智佳. 功能性经编运动面料产品的开发现状与发展趋势 [J]. 纺织导报，2017（5）：83–86.

[10] 宋广礼. 2016 中国国际纺织机械展览会暨 ITMA 亚洲展览会无缝内衣圆机述评 [J]. 针织工业，2016（12）：10–11.

[11] 董智佳，夏风林，丛洪莲. 双针床贾卡经编机全成形技术研究进展 [J]. 纺织导报，2017（7）：58–61.

[12] 沙莎，蒋高明，马丕波，等. 基于改进弹簧 – 质点模型的纬编织物三维模拟 [J]. 纺织学报，2015，36（2）：111–115.

[13] 张爱军，钟君，丛洪莲. 经编 CAD 技术的研究进展与应用现状 [J]. 纺织导报，2016（7）：57–60.

[14] 徐巧，丛洪莲，张爱军，蒋高明. 纬编针织物 CAD 设计模型的建立与实现 [J]. 纺织学报，2014，35（3）：136–140，144.

[15] 张永超，丛洪莲，张爱军. 纬编 CAD 技术进展与发展趋势 [J]. 纺织导报，2015（7）：40–43.

[16] 卢致文. 横编针织物 CAD 系统研究与实现 [D]. 无锡：江南大学，2016.

[17] 龙海如. 电脑横机成形技术与产品现状及发展趋势 [J]. 纺织导报，2017（7）：48–52.

[18] 龙海如，吕唐军. 纬编针织智能化技术与系统开发 [J]. 针织工业，2016（9）：17–21.

[19] 李力. 针织纬编新技术及其产品开发 [J]. 纺织导报，2016（5）：67–69.

[20] 缪旭红，蒋高明，李筱一. 纬编针织技术发展及产品创新 [J]. 针织工业，2016（4）：4–7.

[21] 龙海如. 针织圆纬机技术与产品发展动态 [J]. 针织工业，2016（2）：1–4.

[22] 国际纺织机械设备的最新进展（一）：ITMA2015 技术回顾 [J]. 纺织导报，2016（1）：36.

[23] 万爱兰，缪旭红，丛洪莲，蒋高明，田江. 纬编技术发展现状及提花产品进展 [J]. 纺织导报，2015（7）：35–39.

[24] 蒋高明，彭佳佳. 针织成形技术研究进展 [J]. 针织工业，2015（5）：1–5.

[25] 蒋高明，彭佳佳. 面向先进制造的针织装备技术及发展趋势 [J]. 纺织导报，2015（2）：43–44，46–47.

[26] 龙海如. 电脑横机成形技术与产品现状及发展趋势 [J]. 纺织导报，2017（7）：48–52.

撰稿人：蒋高明　丛洪莲　夏风林　缪旭红　吴志明　文美莲

非织造材料与工程学科的现状与发展

一、引言

非织造技术是纺织学科领域的一门新工艺技术，近年来，受益于庞大的市场需求和行业的科技进步，非织造行业成为全球纺织业中成长最为迅速、创新最为活跃的领域之一，非织造材料是现代经济发展必不可少的重要新型材料。虽然我国非织造工业的起步较晚，但发展十分迅速。在二十世纪八十年代初期，非织造布产量还不到一万吨。二十世纪九十年代中后期，中国掀起了发展非织造产品的高潮，发展速度大大超过纺织工业的平均发展速度，每年以10%以上的速度高速增长，是纺织工业中发展最快的一个行业。目前，我国已形成完整的非织造布产业链，非织造布产量居于全球首位。

我国非织造布的产量由2011年的312万吨增长到2015年的485万吨，年均增长率为11.7%；行业内规模以上企业的数量从614家增长到876家，年均增长率达到9.2%。从非织造布的工艺来看，纺粘法非织造布的产量占总产量的近一半，针刺法非织造布占比为23%，水刺非织造布占比为10%。从区域来看，山东已经超过浙江成为我国最大的非织造布产地，其产品主要集中在土工、建筑及医疗卫生领域，总产量占全国的比重已超过20%，并且继续保持高速增长。此外，从中国非织造布三十强企业来看，我国大型非织造企业主要集中在山东、浙江、江苏、广东、福建等省份，呈现区域化分布的特点，企业配备了目前世界非织造领域诸多先进生产线，为我国非织造行业的快速发展奠定了基础。

2016年是我国“十三五”的开局之年，非织造布行业规模以上企业的产量达到535.4万吨，同比增长约10.4%，非织造布产量在我国产业用纺织品行业中占比已达到50%以上。“十三五”期间，随着生态环保意识逐步提升、健康养老产业迅速发展、新兴产业不断壮大和“一带一路”战略稳步推进，产业用纺织品行业尤其是非织造布行业仍将处于高速增长期。预计到2020年，我国非织造布产量将超过700万吨。但我国非织造行业目前仍存在一些制约行业健康发展的问题，比如企业分散、技术创新能力不足，产业配套能力不强，高技术产品比重低、产需衔接不足，在高端产品技术、市场开拓等方面与发达国家相比仍有较大差距等，为此，我国非织造行业未来发展中应注意加强创新驱动，完善创新机制；加强产需衔接，构建新型产业供应链；加强质量标准建设，培育行业知名品牌；推进结构调整，提高企业竞争力；推进绿色制造，发展循环经济。此外，还应注重科技进步和多学科交叉融合发展，并充分把握内需市场增长和消费升级两大发展机遇，加速推进我国非织造行业向中高端迈进与发展。

本专题报告旨在总结近年来非织造材料与工程学科的新理论、新技术、新装备、新产品等方面的发展状况，并结合国外的最新研究成果和发展趋势，进行国内外发展状况比较，提出本学科今后的发展方向。

二、非织造材料与工程学科发展现状

（一）新型非织造材料与工艺技术研究进展迅速

1. 非织造专用新原料

非织造专用新原料的发展是随着生产发展的实际需要应运而生的。随着非织造产品使用领域以及生产设备的发展，非织造专用新原料也不断涌现，为非织造产品的发展提供了更大的可能和广阔的空间。从国际发展趋势及各国所具有的知识产权成果来看，新型化纤研发及天然纤维的升级利用是非织造专用新原料的研发重点。高性能、多功能、生态化、纳米化的复合型材料将成为主要研发方向。目前诸多国内企业和科研院所在这些领域开展研发，各种新原料不断涌现，如新型纳米无机抗菌纤维母粒被广泛应用于各种纤维，具有良好的广谱抗菌性；新型医用黏胶纤维（添加低可溶物，溶出少）经水刺加固后可用于制备性能优异的水刺医用敷料等；Lyocell 纤维经水刺加固后可用于制备面膜、医用材料等。性能稳定的海藻酸纤维、壳聚糖纤维（从原料开始保障性能稳定，符合三类医疗器械标准）经针刺或水刺加固后可用于生产医用纱布、医用绷带以及伤口敷料等；低熔点聚酯纤维（110℃）经热风粘合或针刺加固后可用于生产建筑、隔音、保暖材料等；超短中空涤纶（5 ~ 8mm）纤维与熔喷工艺技术相结合可用于制备汽车隔音、保暖、支撑材料等；新型高强碳纤维经针刺加固或多层复合后可用于制备隔热、保温材料等；聚四氟乙烯膜裂纤维经针刺加固后可用于生产高温烟气过滤材料等。这些功能性、生物质、绿色环保的新型纤维材料的开发与应用，极大促进了新型非织造产品的出现与发展。

2. 非织造新技术

传统的非织造产品多以单一工艺技术生产为主，所加工的产品性能也比较单一。非织造新技术主要是指在非织造加工过程中加入新材料、在非织造生产线上添加辅助设备、采用专用后整理设备、使用专用复合设备等。非织造新技术主要以复合加工技术为主，可以生产具有优良复合功能的新产品。近年来，SMMMS、SMMSS、SSMMS、SSMMMS、SSMMMSS等多模头纺熔复合技术的出现，极大地促进了中高档医用防护非织造材料的发展，且该技术配备相应的后整理工艺，可以使医用非织造产品的阻隔性能进一步提高。短纤维与熔喷工艺复合技术可以利用短纤维在材料中起支撑、回弹作用，并使材料保持稳定的空隙，适用于生产非织造吸音、保暖材料。土工材料复合技术将针刺非织造布、膨润土以及编织物复合制备土工布，或者将非织造布与聚合物膜材料复合制备土工布，在水利、化工、建筑、交通、垃圾处理等领域中具有重要应用。此外，新型梳理技术如射流式梳理技术、转移输出辊梳理技术的出现促进了非织造梳理机朝着模块化、系统化、高速化的方向发展。湿法成网及水刺加固技术、木浆复合水刺技术为可冲散非织造材料的制备提供了技术保障。两步法长丝成网及固结技术使双组分纺粘长丝非织造布的制备成为可能。高克重纤网针刺技术促进了厚型保温、隔热非织造材料的发展。高性能纤维专用加工技术如成网、梳理、针刺等技术的发展使得以聚四氟乙烯、聚苯硫醚等高性能纤维为原料制备的耐高温、耐腐蚀滤料普遍应用，滤料具有高效（效率可达99%）、可靠、使用寿命长、能耗低等优点。新型非织造技术的出现与应用，为非织造新产品的开发提供了有力的技术保障与支撑。

3. 非织造新产品

非织造新产品的发展趋势有两个特点：一是多功能一体化，非织造工艺流程都比较短，设备拆分与组合方便灵活，因此，比较容易将多种材料以多种形式复合加工在一起，以形成新型多功能产品；二是各专业领域的学科跨界组合，这主要是由非织造设备类型多样化及其适应性强所决定的，使用非织造设备能够很容易地将固体、液体以及柔性体、刚性体等各类产品复合在一起，以满足不同领域的需求。大量非织造新产品的出现，满足了各行各业对非织造材料的广泛需求，为经济发展和社会进步提供了有力保障。例如，新型非织造蜂巢复合板、阻燃聚酯吸音装饰板等建筑用材料拥有卓越的阻燃、耐火、保温、无毒、吸音等性能，且在生产流程、生产效率、节约资源方面远超传统同类建筑材料。此外，可避免下水管道堵塞的可冲散型湿巾、可生物降解的新型非织造面膜、纯棉水刺医卫非织造材料、生物质医用非织造敷料、耐高静水压的多层复合医用纺熔非织造防护材料等各种新产品的出现使非织造材料的应用更加丰富化、多样化以及功能化。

（二）绿色循环资源应用技术获得重视

纺织工业"十三五"发展规划明确提出了绿色发展的目标，并形成纺织行业绿色制造体系，实现清洁生产技术普遍应用。突破废旧纺织品回收利用关键技术，将使循环利用纺织纤维量占全部纤维加工量比重继续增加。而大力发展绿色纤维（原料来源于生物质和可循环再生原料，生产过程低碳环保，成品废弃后对环境无污染或可再生循环利用的纤维）是实现纺织工业绿色发展目标的重要手段。

1. 可降解聚合物的成网与应用

大部分人工合成的高分子材料在自然界中难以降解，对环境造成了严重的“白色污染”。随着非织造用即弃产品的普及，其中的化学纤维废弃物难以降解，可能会成为新的污染源。目前主要采用再生法、燃烧法和降解法来解决这个问题，其中降解法对于环境的污染最小。可生物降解聚合物种类繁多，并作为重要非织造原料得到广泛应用。可降解天然纤维如蚕丝等蛋白质纤维经梳理成网及水刺加固后可用于制备美容面膜、医用敷料等，棉、麻等纤维素纤维经梳理成网或气流成网并通过针刺、水刺等加固方式加固后可用于制备医疗卫生材料、汽车内饰材料以及室内建筑材料等。可降解化学纤维如聚乳酸纤维多用于纺熔材料，经聚合物纺丝成网制备，也可经气流成网、梳理成网后通过针刺、水刺加固形成聚乳酸非织造布，主要用于制备医疗卫生材料、美容保健材料、汽车内饰材料等；黏胶纤维经梳理成网并通过针刺或水刺加固后可用于制备电池隔板材料、美容保健材料、医卫材料、过滤材料等。海洋生物质纤维如海藻酸纤维、甲壳素纤维等经专用梳理成网技术梳理并通过针刺加固后可用于制备人造皮肤、医用敷料、过滤材料等。

2. 废旧制品的回收再利用

我国目前废旧纺织品存量达每年 2600 万吨，其中化学纤维每年 1800 万吨，天然纤维每年 800 万吨。在加强生态文明建设，发展绿色循环经济的战略背景下，未来废旧纺织品回收再利用发展潜力巨大。当前我国废旧纺织品再利用量约为 300 万吨每年，综合利用率 15%。我国废旧纤维制品高值化利用方向主要为空调用隔音棉，汽车用吸音、隔音、隔热、保温、减震、填充、内饰产品，建筑保温材料和农用大棚，物流领域等，产品多采用热熔、模压、针刺加工等工艺制备而成。从工艺技术角度来看，相较传统纺织技术，使用非织造技术对废旧纺织品进行再加工利用具有最高的可行性，其成本最低，市场潜力巨大。此外，随着回收再生产行业的不断规范和技术进步（如纺熔非织造技术的迅速发展），清洗后的废旧聚酯瓶片在聚酯工业丝和非织造布（主要为纺粘、熔喷非织造布）的生产原料中占比逐渐增大。近年来很多企业开始研发生产高品质的再生纺熔聚酯非织造布，这主要是因为回收聚酯瓶片价格低，用其生产纺熔非织造布具有很大的价格优势，而回收聚酯瓶片同原生材料相比，性能差异并不大，有很大的社会意义和经济价值。

（三）非织造专用纤维的开发与应用

1. 黏胶纤维

随着科学技术水平的不断发展和市场需求的进一步增长，原有的黏胶纤维生产工艺远远满足不了现有生产的需要，因此制浆制胶于一体的新型生产工艺逐渐被化工企业所采用。基于黏胶纤维的特点，以黏胶纤维为基体的适用于非织造工艺生产的各种新型功能性黏胶纤维不断涌现。黏胶纤维的阻燃改性是当下黏胶纤维的研究热点之一。主流阻燃改性黏胶纤维能够达到较高的阻燃改性效果，但是在高阻燃性和纤维力学强度之间形成较大矛盾，且现在应用于生产的黏胶纤维阻燃剂大多为进口试剂，国产阻燃剂尚无大规模应用，进口阻燃产品价格昂贵，对于我国如此庞大的市场来讲，自主开发新型高效的阻燃产品变得极为重要。未来应用于黏胶纤维的阻燃剂应朝着反应型、高效率、健康环保、低成本的方向发展。其他功能性黏胶纤维如高白度黏胶纤维、医疗卫生用黏胶纤维、可食用黏胶纤维高湿强黏胶纤维、抗菌黏胶纤维、远红外黏胶纤维、高吸附黏胶纤维等也是黏胶纤维研发的重点，各种功能性黏胶纤维凭借其自身独有的特殊功能被应用于各种功能性非织造产品的开发与制备。

2. 聚酯纤维

非织造用聚酯纤维的种类有很多，如普通型、高收缩型、双组分型、低熔点粘结型、阻燃型、远红外型等，主要被应用于加工针刺造纸毛毯、土工合成材料、贴墙毡、过滤材料、合成革基材料、电绝缘材料、薄型热轧布、卫生用品和各种衬料等。随着非织造行业对于改性聚酯需求越来越大，近年来市场上出现一些新型功能性聚酯纤维，如水刺专用涤纶纤维，具有高伸长率、柔软性、多亲水性的特点，尤其适用于水刺非织造布的生产，此外纤维生产过程中添加抗过敏油剂，可以有效避免产品使用过程中引发的皮肤过敏问题；低熔点聚酯纤维如 4080 纤维的熔点明显低于常规聚酯，有效降低了聚酯纤维在热熔粘合过程中的使用温度，极大减少能源消耗；粗旦（60D 以上）聚酯纤维具有优异的力学性能与良好的回弹性，可被广泛应用于汽车地毯、吸音、隔热等非织造材料；抗熔滴聚酯纤维可以有效避免熔滴引起的二次燃烧以及皮肤烫伤等问题，已被广泛应用于防护服、家居用品、汽车内饰、建筑材料等产品中。

3. 双组分纤维

双组分纤维的出现极大丰富和优化了非织造布领域的产品种类和质量，推动非织造布档次迈上了一个新的台阶。ES 纤维是双组分纤维中最重要的品种，主要有 PP/PE、PET/PE 两种类型，是具有功能性和高附加值的纤维。ES 纤维具有广泛的加工适应性，现存的非织造布加工法都可以应用于 ES 纤维，例如热轧法、热风法、针刺法、水刺法等，主要以热轧粘合和热风粘合为主，其产品广泛应用于地毯、汽车内饰、医卫材料、吸附材料、过滤材料等。橘瓣型双组分纤维常用针刺机械力或水刺喷射力使橘瓣剥离，纤维比表面积增加，手感更好，以此制造具有异型截面的超细纤维，可应用于制备人造麂皮、擦拭材料、过滤材料、床上用品等。

双组分皮 – 芯型长丝是以 PET 作为芯层，以 PA6 或 PP 作为皮层制备而成，经两步法长丝成网及固结技术制备而成的双组分纺粘长丝非织造布可应用于地毯、汽车内饰、防尘垫、过滤材料等。

4. 聚四氟乙烯纤维

聚四氟乙烯（PTFE）纤维主要包括短纤维与长丝（扁丝与圆丝）两大类，其化学稳定性好，耐高温、耐酸碱、抗老化以及阻燃性能优良，被广泛应用于航天航空、国防军工、石油化工、医疗卫生以及环境保护等领域。PTEE 纤维生产方法主要有膜裂法、载体纺丝法、糊状挤压法以及熔体纺丝法等。膜裂法工艺简单、无污染，且制得的纤维强度高，是非织造用 PTFE 纤维的主要生产方法。PTFE 树脂粉料是生产 PTFE 纤维的重要原料，目前我国 PTFE 树脂粉料的年销售量约为一万三千吨左右，其中四川中昊晨光化工研究院有限公司和山东东岳高分子材料有限公司的年销售量均在五千吨左右，江西理文化工有限公司年销售量在三千吨左右。上海金由氟材料股份有限公司、上海凌桥环保设备厂有限公司、上海灵氟隆新材料有限公司、浙江格尔泰斯环保特材科技有限公司等单位已具备生产 PTFE 纤维用膜、膜裂长丝和短纤以及缝纫线的技术和能力，产品被广泛应用于高精度梯度滤料的制备。近年来我国 PTFE 纤维的生产规模已达到两万吨左右，且纤维的部分性能已经超过国际同类产品，在满足国内生产需要的同时，还出口至亚洲、欧洲、美洲以及中东等地区。

5. 聚丙烯腈纤维

聚丙烯腈纤维种类繁多，应用于非织造领域的聚丙烯腈纤维主要为亚克力纤维以及聚丙烯腈系超吸水纤维。亚克力纤维外观呈圆状或八字形，表面光滑、不容易吸水、可抗酸碱及日照，同时也不易发黄、容易染色，具有良好的服帖性。亚克力纤维与一般的烯腈类纤维相比，具有更高的抗热性能，同时抗化学腐蚀性能比聚酯或其他丙烯腈纤维高得多。目前亚克力纤维凭借其独特的性能被广泛应用于制备针刺过滤毡实现常温气体、中温气体（小于 150℃）以及酸碱腐蚀性气体的工况过滤。聚丙烯腈系超吸水纤维比表面积大，吸收速度快，手感柔软，且纤维间可以形成缠结结构而不易迁移变形或脱落，吸水溶胀后仍具有较高强度，干燥后可恢复原来形态仍具有吸水性，可循环利用，大大拓宽了高吸水材料的应用范围。目前不仅可以用 100% 聚丙烯腈系超吸水纤维制备非织造材料，也可以用该纤维与其它天然或合成纤维混合，制备非织造复合材料，其采用的非织造加固方式主要有针刺法、热轧法以及喷胶法等，制备的非织造产品广泛应用于医疗卫生、保湿包装、农林保水、电缆阻水等领域。

6. 壳聚糖纤维

壳聚糖是甲壳素脱乙酰基后生成的产物，通常乙酰基脱去 50% 以上就可以称之为壳聚糖。壳聚糖资源丰富，可再生，通过溶解、提纯，经纺丝及后道加工处理后可获得能性优异的非织造用纤维。壳聚糖纤维具有良好的吸湿性、抗菌性、可降解性和生物相容性，一般采用针刺或水刺工艺制备非织造材料，用于医用敷料、组织工程、过滤材料等领域。采用湿法成网和水刺工艺制备的壳聚糖过滤介质具有良好的过滤效果，可用于替代常规废水废油过滤材料。通过静电纺制得的壳聚糖纤维由于具有良好的吸附性能，可进一步制成非织造过滤材料，具有优良的过滤性能，如纳米壳聚糖与 PP 纺粘材料相复合，制得的材料可用于液体过滤。

在壳聚糖制备方面，海斯摩尔生物科技有限公司已经可以将纺丝原料做到高纯度，并达到高品质医疗用品的性能要求，如今该公司产量已达到千吨级生产能力。青岛大学以海藻酸钙纤维为主体，壳聚糖为整理剂，采用交联整理的方法制备一种新型的海藻酸钙/壳聚糖复合纤维，该复合纤维同时具有优良的吸湿性、光泽和抗菌性能，并且制备成本较低廉，具有一定的经济效益。此外，已有团队研究、制备出一种琥珀酰壳聚糖，该壳聚糖性能优异，且具有良好的水溶性，可用于制备泡沫敷料等。

7. 海藻酸纤维

海藻酸纤维含有对人体有益的氨基酸、维生素和矿物质等，具有良好的生物相容性，对皮肤具有自然的护肤美容功能，同时，还具有促进伤口愈合、永久性的抗菌止痒等保健作用以及良好的生物降解性。用海藻酸纤维制成的非织造材料被广泛应用于伤口敷料、医用纱布、绷带以及组织工程复合支架等领域。如将壳聚糖作为混凝剂制备的海藻酸纤维进一步制备成医用敷料，不仅提高了敷料的强力，也提高了敷料的吸收性能；将海藻纤维和甲壳素纤维混合铺网，经针刺非织造工艺制备的产品具有抑菌、吸湿透湿、舒适健康等保健作用。

8. 聚乳酸（PLA）纤维

聚乳酸纤维具有良好的生物相容性和生物降解性。熔融纺丝技术制备聚乳酸纤维具有工艺成熟，环境污染小，生产成本低，便于自动化、柔性化生产的优点，是目前工业化生产聚乳酸纤维的主要方法。用聚乳酸生产的非织造材料可广泛应用于医疗、包装、过滤、农用等领域。如将聚乳酸和亚麻纤维混合，采用气流成网、热轧工艺制备非织造材料，产品不仅具有良好的生物降解性，而且具备一定的物理机械性能，可用于包装材料等。将纺熔聚乳酸非织造材料进行功能性整理后用作过滤材料，材料的过滤性能可显著提高，但过滤阻力不会发生太大变化。近年来，国内在聚乳酸功能性改性方面进行了相关研究，有学者开发出增强增韧聚乳酸纤维，采用聚酰胺（PA）与聚乳酸（PLA）制备了 PLA/PA 共混纤维，并对其热学性能、结晶、热稳定性、PA 的分散性以及 PLA/PA 共混纤维的力学性能进行了研究。

9. 其他专用纤维

非织造专用纤维除了上述纤维外，还有碳纤维、芳纶、聚对苯撑苯并二噁唑纤维（PBO）、聚苯并咪唑纤维（PBI）、超高分子量聚乙烯纤维（UHMWPE）、聚苯硫醚纤维（PPS）、聚酰亚胺纤维（PI）、芳砜纶（PSA）、玄武岩纤维及玻璃纤维等高性能纤维。高性能纤维是诸多领域不可缺少的新材料，同时也是拓展非织造布产业应用的重要原料，它们具有高强、高模、耐高温、耐强腐蚀和阻燃性等性能，主要被应用于生产高温过滤材料、高性能复合材料、耐高温防护服、消音材料等。大力发展高性能纤维有助于推动非织造布生产企业的产品结构调整、效益结构优化升级，提升我国高性能非织造产品在国内外市场中的竞争力。我国近几年加大了对高性能纤维的研究、开发和生产，在某些高性能纤维的制备与研发方面与国际先进水平差距正在逐步缩小。例如，中蓝晨光化工研究院有限公司、烟台泰和新材料股份有限公司等实现芳纶纤维的产业化生产；江苏瑞泰科技有限公司、四川得阳科技公司、浙江东华纤维有限公司等实现PPS纤维的产业化生产，且产品质量可以同进口PPS纤维媲美；长春高琦聚酰亚胺材料有限公司成功实现了PI纤维的产业化开发与生产；上海特安纶纤维有限公司芳砜纶纤维的生产能力已达到千吨级。

（四）非织造专用黏合剂的开发与应用

在非织造布生产过程中，黏合剂的作用在于非织造布的加固或产品成型后的涂层整理。近年来，随着国家对环境保护的重视以及企业环保意识的增强，环保型非织造专用黏合剂迅速发展。环保型淀粉（玉米、木薯、马铃薯淀粉等）黏合剂具有来源广、价格低廉、粘结强度高、无甲醛、绿色环保、可降解、防潮性好等优点，可广泛应用于非织造材料的制备与生产，如将玉米淀粉黏合剂涂覆于纺粘针刺非织造材料并经沥青浸渍后制备建筑用油毡基布材料。改性聚乙烯醇黏合剂、环保型聚氨酯黏合剂、水基型丙烯酸酯胶粘剂等水基型黏合剂在非织造布生产中应用更加广泛，该类黏合剂因具备不燃性、无毒性、环境友好性、成本低、容易清除、贮存时无火灾危险等优点，具有良好的发展前景。

随着非织造医卫材料的快速发展，市场对热熔胶技术提出了更高的要求。但是因为常规热熔胶特殊的化学结构与特性，不能为环境所降解或水解，且在环境中长期滞留，已成为现在社会的一大隐患和威胁。近年来，可生物降解热熔胶应运而生，该类热熔胶主要以聚乳酸、聚己内酯、聚酯酰胺等聚酯类聚合物和天然高分子化合物等作为基料，辅以适当增黏剂、增塑剂、抗氧剂和填料等制备而成，因其基料具有可生物降解性而备受胶黏剂及相关行业关注。

（五）现有非织造技术的升级与发展

近年来，国内非织造设备与工艺技术在高速高产、高性能、高质量以及连续化、自动化、网络化、系统化等方面的发展取得明显成效，常规非织造产品成套生产线基本实现国产化，部分设备的工艺达到国际领先水平。一系列新设备、新工艺的推出，为整个非织造布行业增效增产以及新产品开发提供了强有力的技术支撑，也为非织造企业开辟了新的市场。未来我国非织造布生产线将逐渐向多功能、组合式、差别化方向发展，中高端设备需求量将会逐步增加，行业整体水平稳步提升，国产非织造布设备与工艺技术与国外差距将逐步缩小。

1. 干法成网技术

随着非织造工业的快速发展，非织造干法成网设备已经实现了专业设计与制造，国内代表性公司主要有郑州纺织机械股份有限公司、青岛纺织机械股份有限公司、常熟飞龙无纺机械有限公司、常熟伟成非织造成套设备有限公司、江苏迎阳无纺机械有限公司等。近年来我国干法成网技术发展迅速，双锡林、双道夫高速梳理机的梳理速度已经超过 120m/min，交叉铺网机入网速度已经超 90m/min，且设备采用先进的伺服控制系统，管理方便，生产高效。郑州纺织机械股份有限公司推出的棉纤维水刺专用梳理成网设备，极大促进了国内全棉水刺非织造布行业的快速发展；创新设计的适用于纯棉、脱脂棉、甲壳素纤维等不同原料的盖板式梳理机，将梳棉机与梳理机的结构进行组合，满足了差异化纤维梳理的需求。青岛纺织机械股份有限公司的非织造梳理机设备幅宽最大可达 3.8m，还可根据客户的特殊要求而进行专门设计，纤维分梳效果好，开停车纤网质量稳定。常熟伟成非织造成套设备有限公司生产的单锡林双道夫、双锡林双道夫梳理机，工作幅宽大于 3m，适用于细度 1.5 ~ 20D，长度 38 ~ 65mm 的人造纤维的梳理。常熟飞龙无纺机械有限公司、江苏迎阳无纺机械有限公司等公司的新型气流成网机在纤维输送、气压均匀装置设置等技术环节进行优化，优化后的气流成网机可保证流体均匀输送纤维以及超薄型成网的均匀性，适用于特种纤维（碳纤维、玻璃纤维、石英纤维、陶瓷纤维等）的成网。

2. 针刺加固技术

近年来，我国针刺非织造装备技术日趋成熟和完善，针刺非织造成套设备基本实现国产化，部分设备的工艺可与进口设备相媲美。针刺设备生产方面国内代表性公司主要有汕头三辉无纺机械厂有限公司、常熟飞龙无纺机械有限公司、常熟伟成非织造成套设备有限公司、青岛纺织机械股份有限公司等。汕头三辉无纺机械厂有限公司的双针板高频针刺机工作幅宽可达 6.6m，针刺频率可达 1450 次 /min，整机高速运转时发热小、振动小、噪音低、不晃动。立体提花针刺机成品幅宽超过 4m，可用于生产平面提花地毯、立体图形提花地毯、条纹地毯以及高克重起绒地毯等，产品表面均匀，条纹或图案清晰，无明显针渍针孔。常熟飞龙无纺机械有限公司的四针板同位对刺高速针刺机工作幅宽超过 6m，植针密度可达每米八千枚（杂乱布针），针刺形式为四针板同位对刺，不仅提高了针刺效率，减少工艺配台数量，相对节约设备投入，而且可获得更好的针刺效果。常熟伟成非织造成套设备有限公司的碳纤维特种针刺机工作幅宽可达 3m 以上，产品厚度可达 1.2m 以上，设备具有纤维毛网均匀性好，碳纤维缠绕抱合率好，加工过程无断针等优点，适用于生产针刺碳纤维材料。青岛纺织机械股份有限公司生产的针刺机幅宽超过 6m，针刺动程超过 65mm，设备操作简单，调整方便。起绒针刺机针频超过每分钟二千次，主要用于对针刺基布进行针刺起绒加工，加工成具有毛绒面和圈绒面的产品，经后整理后，可制成汽车内饰材料、地毯以及玩具绒等。

3. 水刺加固技术

医卫及美容保健等水刺非织造材料需求量的持续增长，推动了我国水刺技术的快速发展。郑州纺织机械股份有限公司目前有纯棉水刺、水刺与木浆复合、水刺针刺复合、纺粘水刺复合等多种生产技术，其中纯棉水刺技术在国内处于领先地位。青岛纺织机械股份有限公司的水刺工艺技术，其生产线运行速度可以达到 100m/min、产量达到 600kg/h，水刺头的水针板和过滤管拆装方便，使得生产企业可根据实际工艺需要方便的增减水刺头数量。湿法成网水刺技术是生产可冲散非织造材料的重要技术，近年来东华大学等不断加大对湿法成网技术的研究，采用可生物降解的木浆纤维、黏胶纤维为原料，并通过湿法成网水刺工艺，制备可降解、可冲散的非织造材料，研究不同种类黏胶纤维截面形状对非织造材料可冲散性能的影响。木浆复合水刺技术是将木浆纤维和其它纤维采用不同工艺成网后在线复合的水刺工艺技术，常用纤维为木浆及涤纶等化纤产品，一般用于可冲散非织造材料的制备。常熟飞龙无纺机械有限公司的木浆复合水刺技术，生产线自动化程度高，产品具有环保、洁净、柔软等特点，能满足医用、卫生、工业、装饰等材料的特殊要求，同时还可以生产压纹、提花等新型立体水刺非织造布产品。东华大学在承担的“医卫防护材料关键加工技术及产业化”项目中，通过木浆和聚酯纤维优势互补，使水刺木浆复合非织造材料在强度、柔软性和吸水性等方面得到很大改善，且价格较低廉，受到了市场的欢迎。除木浆复合水刺技术外，其他水刺工艺复合技术也被广泛使用，如水刺针刺复合技术被应用于高温过滤材料的生产，双组分纺粘水刺技术被应用于制备超细纤维非织造布。生物质纤维水刺技术对于生产可降解非织造材料具有重要意义，常熟伟成非织造成套设备有限公司的生物质纤维（如蚕丝等）水刺工艺技术先进，被广泛应用于医卫材料、美容材料等的生产。水刺节能降耗等技术对水刺生产线的低成本化运营至关重要，东华大学和中非织造股份有限公司合作在高效节能水刺头优化设计、喷水板喷水孔的孔型优化设计等水刺关键技术方面进行了研究，优化后的高克重生产线水刺头电压和用电功率明显降低，单位能耗小于 1.6kW · h/kg，与国内同类生产线相比，能耗下降率 ≥ 30%，取得显著节能效果；晋江市兴泰无纺制品有限公司设计了一种新型结构的水刺喷水板，可以有效地避免因喷水板抽出、装入水刺头或清洗时微孔口表面被划伤，大大延长喷水板的使用寿命，减少喷水板的更换频率，从而有效降低了水刺生产的成本。

4. 纺熔技术

近年来我国纺熔行业在自主研发方面加大投入，力图掌握产品核心技术，以提高我国产品在国际纺熔市场上的竞争能力。

（1）双组分纺熔技术

随着复合纺丝技术的发展，用复合纺丝技术与纺熔非织造布的成网、加固技术相结合生产的双组分纺熔非织造布，以其优异的性能获得越来越多的关注。温州昌隆纺织科技有限公司在双组分纺粘设备和生产以及纺熔复合方面成果显著，其先后申请的“用于生产双组分纺粘非织造布的设备及制造方法”、“双组分粗旦纺粘长丝无纺布”、“双组分纺粘法纺丝箱体”以及“用于生产双组分纺粘非织造布的设备”等专利，不仅完善了生产双组分纺粘的设备和工艺，也为连续式生产双组分纺熔复合提供了可能。大连华阳化纤科技有限公司研发的双组分涤纶（PET/CoPET）多箱体纺粘非织造布生产线，填补了国内相关技术领域的空白。大连华纶无纺设备工程有限公司研发的双组分纺粘热轧 / 水刺无纺布生产线，具有完全自主知识产权，工艺技术达到国际先进水平。东华大学李亚兵基于国内外纺熔复合成型的相关研究，提出了采用皮芯型双组分聚酯/聚烯烃纺粘熔喷复合的方案，并结合产品性能和生产能耗的分析，对皮芯型聚酯/聚烯烃纺粘熔喷复合生产线的设备系统特点、核心部件结构及机理进行详尽的介绍，对于皮芯双组分纺粘技术以及自主研发双组分纺熔生产线具有一定的借鉴意义。

（2）多层复合纺熔技术

近年来我国多层复合纺熔技术发展迅速，国内公司在相关技术与设备的研发方面成果显著。温州朝隆纺织机械有限公司、宏大研究院有限公司可生产各类幅宽大于3.5m的纺粘、纺熔复合非织造布设备，如SSS、SMS、SMMS、SSMMS等复合非织造布成套设备，复合非织造布生产线的工艺速度可以达到600m/min以上，年产能超过16000t，主要用于薄型医疗卫生用非织造布、建筑保温覆盖用非织造布以及过滤、包装等用途的非织造布的生产，产品具备薄型、柔软、高强力、低拉伸、纵横向强力比均衡、纤维细度和均匀度优良等优点。

（3）聚酯纺粘技术

近年来国内聚酯纺粘技术发展迅速，大连华阳化纤科技有限公司研发的高强聚酯纺粘针刺胎基布生产线，采用管式气流牵伸技术，可以在较低空气压力下，使丝束的牵伸速度达到4500m/min以上，生产线具有工艺流程短、生产速度高、产品稳定、高效节能等优点。此外，大连华阳化纤科技有限公司还开发出了涤、丙两用纺粘针刺/水刺非织造布生产线，绍兴利达非织造布有限公司开发出了采用机械牵伸以及气流分丝技术的涤纶纺粘长丝非织造布生产线，为我国聚酯纺粘非织造布的发展提供了技术支持与设备保障。

5. 静电纺丝技术

二十一世纪是新材料特别是纳米材料迅速发展并广泛应用的时代。静电纺丝技术因简单高效，适用广泛，并能够实现低成本、大规模制备纳米材料而备受关注。目前静电纺丝技术主要处于实验室研究阶段，但也开始在过滤、组织工程、药物释放、能源储存、纺织服装等领域有所应用。

目前可工业化制备静电纺纳米纤维的技术分为两个大类：多针式静电纺丝技术与无针式静电纺丝技术。多针式静电纺丝技术是工业化制备纳米纤维的主要方法之一，国内从事多针式静电纺丝技术工业化研究的院校主要有清华大学、东华大学、江西师范大学等，国内相关企业主要有深圳通力微纳科技有限公司、北京新锐佰纳科技有限公司、北京富友马科技有限公司等。随着静电纺丝技术的不断发展，除了多针式静电纺丝技术之外，无针式静电纺丝技术也在蓬勃发展。国内从事无针式静电纺丝工业化技术研究的院校主要有清华大学、吉林大学、东华大学、苏州大学、江南大学、江西师范大学等，国内相关企业主要有北京永乐康业科技有限公司和南通百博丝纳米科技有限公司等。除了以上两类技术外，有研究者基于无针静电纺丝和传统气泡静电纺丝技术原理，提出了新型气泡静电纺丝技术，经过一系列的实验研究，研制了可连续生产、连续收丝的自动化实验室用和中试生产设备，初步实现了新型气泡静电纺丝技术的工业化生产，并为更大规模的工业化生产流水线设计提供了实验和理论基础。

6. 非织造布后整理技术

非织造布后整理是对非织造布产品进行再加工的过程，通过物理机械整理、化学整理或物理化学相结合的整理方式对非织造材料进行特殊处理，从而改善产品外观和内在质量，提高产品使用性能，赋予材料特殊功能，增加产品的附加值。

在非织造布后整理设备方面，国内代表性公司主要有江苏海大印染机械有限公司、无锡鹏程植绒机械有限公司、连云港鹰游纺机有限公司、深圳全印图文有限公司等。目前国内非织造布轧光技术已经成熟，高性能轧光机具备热粘合、凹凸刻花、叠层和校准等多种功能，同时国内公司针对采用功能性化学试剂的湿法后整理工艺，专门研发了带配套配料站的轧车和轻触辊系统，操作方便且后整理效果优异。在非织造布后整理工艺方面，在线拒水、拒油整理应用较多，有机硅整理作为最佳拒水整理方式成为非织造材料拒水整理的首选，含氟聚合物整理剂拒污、拒油整理效果最佳。此外，为了实现材料的多用途化，多功能后整理或组合后整理技术被广泛采用，如医用纺熔材料的“三拒一抗”后整理等。近年来，等离子体、激光辐射、超声波、生物酶等对生态环境无害的非织造绿色整理工艺技术的出现，极大提高了非织造后整理技术的环保水平，促进了非织造产品的绿色化、多功能化发展。

7. 非织造布在线质量检测技术

随着非织造布生产速度的不断提高以及用户对产品质量要求越来越高，非织造布在线质量检测技术迅速发展，各企业为提高市场竞争力，不断研发或引进各种新型非织造布在线质量检测技术与设备。目前国内公司开发的非织造布在线质量检测设备，可以应用于非织造布各种工艺，如纺粘，熔喷，气流成网，湿法成网，水刺，针刺，热粘合等，同时可以实现对非织造布表面常见缺陷的有效检测，并能实时监控非织造布的变化如材料的均匀性、面密度等。嘉兴和意自动化控制有限公司可为用户提供非织造布在线质量检测的整体解决方案，主要产品分为在线测厚和缺陷检测两大系列。浙江双元科技开发有限公司研发的非织造布表面缺陷在线检测系统和非织造布克重 / 水分在线检测系统，为非织造布产品的高质量化提供了有效保障。恒天嘉华非织造有限公司的纯棉水刺生产线配备了数字化智能控制与在线检测技术，可实现全自动上料、自动化包装，故障自动检测、提示与排除、远程运维等功能，同时还可以实现质量的在线检测和闭环控制，有效提高非织造布的产能，为非织造布的高速智能制造打下坚实的基础。

（六）非织造材料领域项目立项及获奖情况

1.“十二五”完成情况

“十二五”期间，中国非织造材料领域技术进步较快，多功能非织造技术提高了医疗卫生用纺织品的综合性能，相关产品实现对美欧日等发达国家大量出口。结构增强复合材料助力航空航天，国防军工及交通运输等行业的轻量化。高温滤料和袋式除尘技术为我国大气治理提供更为优化的基础材料和解决方案。新型消防服、抢险救援服和新一代高性能军警战训服为个体多重防护提供安全保障。聚酯长丝纺粘防水胎基布，矿山支护材料和智能土工材料等保障了基础设施质量并提供土壤加固，结构安全监控和预警等一体化解决方案。非织造机械设备技术的不断突破，为行业发展提供了有力支撑。宽幅水刺生产线在水压自密封式水刺头、水刺头密封条快换装置、三辊筒提花水刺设备、水刺与纺粘复合设备等关键技术领域处于世界前沿，填补了我国新型高档水刺法非织造布生产线的空白。新型熔喷非织造材料的关键制备技术及其产业化项目则在新型熔喷非织造材料的关键制备技术上取得重大突破，建成了国内首条双组分熔喷生产线。最新开发的3.2m幅宽五模头的SSMMS生产线，最高机械速度可达600m/min，工艺速度可达500m/min，每年单线产量达到了12000t，是我国国内速度和产量最高的生产线。

由东华大学、浙江理工大学、天津工业大学、绍兴县庄洁无纺材料有限公司、江苏东方滤袋有限公司、上海申达科宝新材料有限公司共同承担的“十二五”国家科技支撑计划“高性能功能化产业用纺织品关键技术及产业化”项目的顺利开展使相关产业用纺织品的发展进入了新的阶段，推动了我国纺织工业的产业振兴、结构调整和转型升级。其中，东华大学作为“高性能功能化产业用纺织品关键技术及产业化”项目的参与单位，主要承担了“医卫防护材料关键加工技术及产业化”、“高性能功能性过滤材料关键技术及产业化”等课题的研究工作并顺利完成验收。该项目执行过程中发明的系列医卫防护材料关键加工技术，获授权中国发明专利十项，形成了复合结构非织造医卫防护材料成型、固结与功能性整理技术体系，实现了纺熔、热风穿透黏合、水刺等基础非织造材料，以及防护口罩、手术服、妇婴用品等制品产业化，产品已扩大应用并出口，显著提升了我国医卫防护材料行业的技术水平和核心竞争力。另外，东华大学与上海纺织控股集团、北京英特莱科技有限公司联合开发的消防服将芳纶纤维和芳砜纶纤维共混成网后水刺加固，用作隔热层可在提升隔热性能的同时显著降低成本。

2.“十三五”立项情况

东华大学、上海精发实业有限公司、临海建新化工有限公司、武汉纺织大学、昆山汇维新材料有限公司共同承担了国家科技支撑计划“高效低阻空气过滤纤维材料产业化及应用技术”项目，其中的“纳米纤维/驻极纤维防雾霾口罩滤布产业化技术”课题，采用自主研发的纳米纤维/驻极非织造材料复合技术，通过集成创新突破高效双组分纺粘静电驻极材料制备技术、气流辅助静电纺纳米纤维规模化制备关键技术以及纳米纤维基复合口罩滤布设计及产业化技术，同时探索高均匀度纳米纤维规模化熔融制备关键技术，开发具有高过滤效率、低空气阻力及优异热湿舒适性的纳米纤维 / 驻极纤维防雾霾复合口罩滤布。

3. 获奖情况

随着非织造新技术、新材料研究的蓬勃开展，2014—2016 年相关院校及企业在非织造材料研究领域多个项目获得省部级以上科技奖励，其中东华大学等单位完成的“医卫防护非织造材料关键加工技术及产业化”项目，突破了功能性医卫防护非织造材料关键制备技术，该材料制成的手术防护服能够拒血液、拒酒精、拒油以及抗静电，可以有效阻断各种污染物的侵扰，性能均达到或超过了海外同类高端产品水平，可应用于医疗、突发公共卫生事件防护等重要领域，项目获得 2016 年上海市科技进步一等奖；东华大学等单位完成的“医卫防护材料关键加工技术及产业化”项目，针对医卫用纺织防护材料的高屏蔽性、舒适性和低成本等核心关键技术进行攻关，开发出了功能性医卫纺织材料，项目整体技术达到国际领先水平，显著提升了我国医卫用纺织防护材料的技术水平和核心竞争力，项目获得 2016 年中国纺织工业联合会科学技术一等奖；浙江理工大学等单位完成的“具有二恶英脱除功效的垃圾焚烧烟气除尘袋制备关键技术”项目（获得 2016 年浙江省科学技术一等奖）以及“垃圾焚烧烟气处理过滤袋和高模量含氟纤维制备关键技术”项目（获得 2016 年中国纺织工业联合会科学技术一等奖）针对垃圾焚烧烟气中二噁英排放问题，发明了以聚四氟乙烯（PTFE）为二噁英催化剂载体的膜裂纤维加工方法，并通过针刺加工与其他耐高温纤维的技术集成，实现高效除尘和催化分解二噁英的垃圾焚烧专用滤袋批量生产，二噁英排放浓度达到欧盟相关标准要求，经济和社会效益显著；东华大学等单位完成的“高品质纯壳聚糖纤维与非织造制品产业化关键技术”项目，解决了无卷曲、高脆性壳聚糖纤维非织造加工成形难题，首次实现壳聚糖纤维纯纺与混纺非织造布产业化，项目获得 2015 年中国纺织工业联合会科学技术一等奖；江苏迎阳无纺机械有限公司等单位完成的“宽幅高强非织造土工合成材料关键制备技术及装备产业化”项目，开发了高强高效针刺非织造土工布生产线和宽幅高效非织造布复合土工膜生产线系列成套生产装备，满足了国内基础设施建设需求，提高了我国土工合成材料生产技术装备和产品在国际市场的竞争力，项目获得 2016 年中国纺织工业联合会科学技术一等奖；福州大学等单位完成的“高效功能化针刺、水刺复合微孔滤料关键技术及产业化”项目成功制备了针刺、水刺复合的微孔滤料，使我国微孔滤料的发展达到了国际水平，项目获得 2015 年福建省科学技术进步一等奖；天津工业大学等单位完成的“新型熔喷非织造材料的关键制备技术及其产业化”项目，实现了熔喷非织造材料的高效低阻、高弹耐压、抗拉耐磨、产品多样化以及宽幅熔喷装备的国产化，显著提升了我国熔喷非织造技术和装备水平，拓展了熔喷非织造材料应用领域，提高了产品的国际竞争力，项目获得 2014 年国家科技进步二等奖；大连华阳化纤科技有限公司等单位完成的“高强聚酯长丝胎基布产品及其装备开发”项目，克服了聚酯纺粘长丝高强力与高延伸率、高延伸率与低热收缩的矛盾，成功开发了具有完全自主知识产权的高强聚酯胎基布全流程生产工艺技术，打破了国外防水材料技术垄断，项目获得 2014 年中国纺织工业联合会科学技术进步一等奖；天津工业大学等单位完成的“非织造布复合膜催化酯化制备生物柴油及甾醇提取集成技术”项目，以无纺布为支撑材料制备复合催化膜，并将其用于生物柴油的制备及甾醇提取，获得 2014 年中国纺织工业联合会科学技术进步一等奖。

（七）非织造行业人才培养与研发平台现状

非织造材料与工程专业是教育部于 2005 年正式设立的新专业。目前我国开设非织造材料与工程专业的高等院校主要有东华大学、天津工业大学、苏州大学、浙江理工大学、西安工程大学、南通大学、武汉纺织大学、陕西科技大学、安徽工程大学、中原工学院、河南工程学院、嘉兴学院、德州学院等。其中东华大学、天津工业大学、苏州大学等高校取得了教育部非织造材料与工程二级学科的硕士点和博士点，是我国较早从事非织造人才培养的专业建设点，拥有完整的本科、硕士、博士教育体系，满足了非织造行业对不同知识体系人才的需求。同时，各高校重视利用社会资源办学以及拓宽办学渠道，积极与国内知名非织造企业合作，为非织造学科的实践教学提供了良好的条件与多渠道创新实践平台。

教育部高度重视非织造材料与工程学科的建设与发展，特此成立高等学校纺织工程类专业教学指导委员会非织造分委会，旨在充分发挥教指委“研究、咨询、指导、评估、服务”的功能，指导高校非织造主干课程与培养方案的设置，加强高校间及高校与企业、行业间非织造技术的交流合作，全力推进我国非织造材料与工程专业建设发展与高技术人才培养。同时，由教育部高等学校纺织工程类专业教学指导委员会非织造材料与工程分委员会、中国纺织服装教育学会主办，面向全国高等院校非织造材料与工程的大学生创新设计活动的“金三发”杯全国大学生非织造产品设计及应用大赛是迄今为止全国规模最大的非织造类设计大赛，也是全国非织造专业师生展示教学、科研成果和提高实践水平的一个广阔的舞台。该大赛目的在于激发学生的专业学习兴趣及潜能，提高其创新设计及实验动手能力，展示非织造领域高等教育本科和研究生教学成果，从已进行的四届比赛来看，参赛作品的水平逐年提高，大赛影响力也愈加提升。

三、非织造材料与工程学科国内外研究进展比较

（一）基础研究

1. SCI 论文统计与分析

近五年来，世界范围内在 SCI 检索上以非织造材料（nonwovens）为主题的国际性论文每年超过二千篇，并呈逐年增长态势，说明非织造新材料、新技术、新装备的研究在全

球范围内受到了广泛的关注和重视。以 2016 年为例，SCI 数据库中搜索到 2850 篇相关论文，其中中国大陆地区发表的论文总计最多为 237 篇（8.3%），其次为美国 85 篇（3%），中国台湾 32 篇（1.1%）。

近五年，世界范围内在非织造材料学科相关领域发表论文数目占比前十名所属研究方向分别是工程学、材料学、化学、聚合物科学、物理学、其他科学技术、仪器仪表、结晶学、生态环境科学。

2. 其他论文统计及分析

自二十世纪九十年代以来，静电纺的研究蓬勃发展，论文发表量持续的增长。到 2016 年单在 SCI 检索上以 electrospinning 为主题的国际性论文达到 3657 篇。在中国知网上搜索到关于静电纺研究领域的论文发表量处于前十位的高校分别有东华大学、北京化工大学、苏州大学、江南大学、吉林大学、天津工业大学、长春理工大学、浙江理工大学、北京服装学院、东北师范大学。

3. 专利统计及产业化情况

到目前为止，世界范围内关于非织造材料的专利发表量排名前十的国家为中国、日本、美国、加拿大、澳大利亚、韩国、德国、英国、俄罗斯、法国。

在产业化方面，经过几十年的高速发展，我国已经建立了完整的非织造布工业体系，涵盖纤维与原料、装备与控制、工艺与技术等方面。我国非织造布产量与应用量超过美国和日本，成为世界最大的制造国。然而在专利产业化率方面，仍存在一定差距。发达国家的产业化率在 60% ~ 80%，我国仅为 5%。应加快我国的相关专利的产业化。

（二）技术装备研究

1. 干法成网技术

当前，在干法成网技术中，新型梳理技术不断涌现，干法非织造梳理机正向着高速高产、模块化、网络化、系统化、易清理、纤网高均匀性的方向快速发展；干法非织造铺网技术不断改进，以满足非织造生产线高速高产的要求。

（1）射流式梳理技术

Autefa 公司推出的 Injection 射流梳理技术利用气动原理使工作辊上的纤维转移到主锡林上，不再需要剥取辊。该技术生产速度高，可达 250 ~ 300m/min，可梳理细纤维，成网均匀度良好。同时，其机身结构采用模块化设计，易于清理，被广泛应用于高速水刺生产线和 ADL 非织造材料的生产。

（2）转移输出辊（TT）高速梳理技术

法国 Thibeau 公司推出的 IsoWeb 型 TT 梳理机，降低了纤网的意外牵伸，可在生产速度高达 300m/min 工况条件下，生产出纤网纵横向强力比（MD/CD）达 3∶1 的产品，产能可以达到 500kg/h 以上，高速梳理生产线的飞花纤维既不粘附、又不会散到机外，大大改善了生产管理环境。在水刺生产线中，Isoweb 型 TT 梳理机与 JetlaceEssentiel 水刺机结合可以实现薄型、低横 / 纵强力比非织造布的高速、低能耗生产。目前，福建南纺有限责任公司、杭州鹏图化纤有限公司等国内企业配置了 TT 梳理机的完整水刺生产线。

（3）杂乱梳理技术

德国 Spinnbau 公司推出的 HSP RR CC 型杂乱高速梳理机，采用网孔托网帘，配有气流导向翼，用于加工高产量和高质量产品，最大工作宽度为 6m，速度高达 350m/min。Trutzschler 公司采用碳纤维复合材料辊（国内仍无法解决），消除在高速生产中产生的震动，保证罗拉间隔距在幅宽范围内一致，通常用于水刺和热加固的细纤维直接梳理，最大工作宽度为 4m，速度高达 300m/min。

（4）高速铺网技术

Dilo 公司近年来推出两款新型交叉铺网机，其中一款铺网机纤网喂入速度根据纤维规格不同，最高可达 200m/min。另一种铺网机采用摇臂式铺网，铺网精度高，铺网速度快，且纤网从入网到铺网始终被网帘夹持住，不产生横向收缩和变形。Andritz 公司最新开发出空气控制系统用于提高非织造生产线的产量，通过控制气流以进一步提高铺网速度，可提高交叉铺网 20% ~ 30% 的喂入速度，入网速度可超过 150m/min，大大提高产量。Autefa 公司推出的新型交叉铺网机喂入速度可达 150m/min，重量分布精确，且纤网铺网可以得到不间断监测，有利于减少次品率和节约原料。

2. 针刺加固技术

在针刺技术方面，各企业遵循“针对工艺选配置、根据配置定设备”的运作程序，通过工艺组合与技术创新不断提升产品附加值。Autefa 公司近年来推出了 Stylus 针刺机，有配置和未配置 Variliptic 传动的两款机型。此外公司还推出了自动换针器，可在无人工干预的情况下实现全自动换针。Dilo 公司为 Hyperpunch 和 Cyclopunch 系列的强力针刺而专门研发设计了“X22 刺针组件技术”，使用该技术后其植针密度可达每米每针板二万针，植针速度和精度也比单根针植针大幅提高。此外，Dilo 公司还研发了一款结构紧凑的针刺生产线，由卧式交叉铺网机、紧凑型针刺机以及其他组件构成。其中，紧凑型针刺机包括两块下行式针板，刺针密度可达八千针每米，针刺频率可达 一千二百次每分钟，主要用于生产医疗行业所需的高档针刺毡以及用碳纤维等高科技纤维生产特殊用毡。近几年，我国针刺设备与技术发展迅速，但是与国际先进水平相比，我国在针刺工艺技术水平、产品种类及质量、技术开发创新能力等方面还存在差距，例如国内针刺刺针耐久性较差、加工精度不够高，针刺频率仍无法达到大于三千次每分钟的要求，宽幅预针刺机不能完全国产化等，此外，碳—碳纤维复合针刺技术、超厚材料针刺技术、高性能纤维管状针刺技术等先进针刺技术与发达国家相比差距明显。为此，国内相关企业应加大科研投入与科研力度，加强与高等院校的科研合作，努力缩小与发达国家在工艺技术方面的差距，从而为我国针刺非织造行业的蓬勃发展奠定基础。

3. 水刺及烘干技术

为生产出质量更加优质的水刺非织造制品，水刺成套设备流程配置及工艺技术更加趋于合理化、标准化、模块化、简洁化、成熟化，各单元机之间的连接更加紧凑，能耗更低、产能更高，整套设备节能增效明显。

（1）超短纤维水刺技术

超短纤维水刺技术由 Trutzschler、Andritz 等公司研发，其采用的纤维原料主要有木浆纤维、扁平黏胶纤维以及其它的再生纤维素纤维等。超短纤维水刺技术针对超短纤维长度短、不容易缠结等特点对喷水板孔径、水针压力、网帘结构及网孔密度等方面进行专门设计与优化，有效防止木浆等超短纤维在水刺过程中的流失。Andritz 的 WetlaceTM 超短纤维水刺技术加工的纸巾可冲散性已经满足北美非织造布工业协会 / 欧洲非织造布协会（EDANA/INDA）可冲散性标准。国内已有多家企业如杭州诺邦无纺股份有限公司、浙江和中非织造股份有限公司、大连瑞光非织造布集团有限公司等完成了超短纤维水刺技术生产线的安装工作，并已投入到实际生产中。

（2）烘干技术

高吸湿量纤维素类纤维生产的水刺非织造材料在当今市场越发受欢迎，推动了高速烘干技术的革新与发展。Trutzschler 公司开发出一款面向水刺行业的高速、高效烘干设备，其烘干机加热器采用燃气作为燃料，并配备先进的椭圆管结构，圆网网板采用不锈钢冲孔，内设匀风网箱，外套不锈钢丝网结构，开孔率大，热风穿透力强，圆网热风均匀，其独特的均匀回风系统有利于热量的回收利用，此外，其轴承机架采用分区设计，工作时轴承处于低温状态，烘箱转辊处于高温状态，有利于延长轴承使用寿命。该烘干机速度高达四百米每分钟，而且湿、干温度区可单独调整，在干燥非织造材料的同时保持材料的柔软度。在此干燥设备的基础上，Andritz 公司还开发出一款面向水刺行业的新型热风穿透式大转鼓高能烘干设备，该设备可以帮助非织造材料生产商的 WetlaceTM 和 AirlaceTM 生产线有效降低能耗，并且生产出蓬松度高和不变形的高质量非织造材料。Trutzschler 公司也开发出一款 Ω 型烘燥机的新机型，其独特的螺旋式结构可实现最高的加工能力，同时该设备还具有气流的低压降低、可随温度变化而变化的新鲜空气供应系统以及优化的加热系统等特点，而且将空气热交换器与风管结合后可实现更高的能源效率。水刺技术的蓬勃发展也推动了国内高速烘干设备的更新与发展。国内中国恒天重工集团公司研发了一款新型烘干机，整机采用交流变频调速，可以实现各个圆网之间的线速均衡，以三个圆网代替原料的四个圆网，具有加热均匀，热风穿透性好，风阻小，压降低，效率高等优点。

4. 双组分纺熔及喷丝板技术

近年来，双组分纺熔非织造布市场越来越好，间接推动了双组分纺熔设备和相关组件的开发以及新型双组分纺熔工艺的研究。纺熔喷丝板是纺熔设备的重要组件，其质量的高低直接决定了纺熔非织造产品的性能和产量。目前国外纺熔喷丝板的最大宽度已经超过 6m，如德国 Enka Technica 公司的纺粘喷丝板最大宽度可达 7m，孔密度达七八千孔每米，国内纺粘、熔喷成套设备中许多都采用了该公司的纺丝组件与模头。日本 Nippon Nozzle 公司的熔喷喷丝板长径比可以做到 1∶100，孔间距最小仅为 0.25mm，一米宽的熔喷板单排可以布近四千孔，单丝最小直径可达 0.8μm。此外，日本 Kasen 公司的纺熔喷丝板凭借其幅宽大、孔密度高、质量好、加工精度高等优点在国内纺熔企业中被广泛应用。近年来国内公司为摆脱对进口喷丝板的依赖，不断加大研发力度，努力缩小相关设备与国外的差距。常州纺兴精密机械有限公司已实现纺熔喷丝板的规模化生产，每年可提供近百套产品，且部分产品已出口至国外。公司纺粘喷丝板设计最大宽度可达 3.7m，孔径 0.3 ~ 0.6mm，布孔密度约为五六千孔每米。熔喷喷丝板最宽可达 2.4m，孔径为 0.25mm、0.3mm，长径比 1∶10，单排布孔，布孔密度约为二千五百孔每米。

在双组分纺熔技术方面，美国 Hills 公司通过在纺丝头组件中使用薄的分配板，将每一种聚合物分配到多组分束流中，然后输送到每一个纺丝孔中去，该技术可以在同一纺丝组件中纺制各种类型的可进行熔体纺丝的双组分纤维。Oerlikon Neumag 公司的纺粘生产线可以选择性装配双组分系统，其皮层含量可低至 5%，芯层聚合物可以回收，且聚合物组合、配比率、粘度范围广泛。Freudenberg 公司开发了双组分超细纤维纺粘水刺非织造布，开创了纺粘加水刺固结成水刺长丝非织造布的新工艺。该技术生产的非织造布具有纤维损伤小，成网均匀，产品强力高等优点。Low Bonar 公司开发的两步法长丝成网及固结技术是一项先进的双组分纺粘技术，该技术先制备双组分皮 – 芯型长丝（以 PET 为芯，以尼龙 6 或丙纶为皮），再采用连续不断的单丝铺网方式进行铺网，最后通过针刺或热粘合固结技术制备非织造材料。国内方面，温州朝隆纺织机械有限公司成功研发双组分复合纺粘非织造布生产线，该成套设备采用整板窄缝牵伸技术，为国内首创。公司新研制的双组分纺粘与热风工艺结合的设备和产品包括 PP/PET 和 PET/COPET，生产速度可达 150m/min，并解决了纺粘网进热风时纤网不均匀的问题。中国恒天重工股份有限公司成功研发了双组分橘瓣型复合纤维的纺粘水刺成套设备，用于超细纤维纺粘非织造布的生产。大连华阳化纤科技有限公司开发出了双组分（裂片型、海岛型）复合纺粘水刺非织造布生产线以及涤、丙两用纺粘针刺 / 水刺非织造布生产线。

5. 高握持力针布开发

国外优秀针布生产商主要有瑞士 Graf、英国 ECC、瑞典 ABK、日本 KANAI 以及美国 Hollingsworth 等公司。国内金轮科创股份有限公司在消化吸收国外先进制造设备和工艺的基础上，自主研究制造大型针布齿条制造设备和工艺。近年来非织造针布新产品不断涌现，质量显著提高，产量成倍增长，除满足我国非织造工业的发展需求外，还可部分出口，缩小了与世界先进技术水平的差距，针布产品的某些指标已经达到世界先进技术水平，针布齿条质量优异，仅在耐磨性方面与国外公司有一定差距。河南光山白鲨针布有限公司近年来推出了多款梳理机针布产品，并研发出了具有核心竞争力的“大白鲨”保护纤维锥齿技术、“境泉”表面特殊强化处理技术等，极大促进了我国非织造针布技术的发展，对非织造纤维分梳质量的提高具有重要意义。

（三）应用领域

1. 医用领域

随着社会需求量的增加，目前全球医用非织造布市场规模庞大。在全球一次性医用非织造布市场渗透率方面，发达国家要远超发展中国家：北美市场占 90% 左右，其中，美国一次性手术洞巾的市场渗透率已达 90% ~ 95%，一次性手术衣达 80%；欧洲市场占 70% 以上；南美市场占 15% 左右；亚太地区占 16% 左右，其中中国占 5% 左右、印度占 19%、日本占 45%。此外，发达国家在多层结构经编人造血管、经编纺织心脏瓣膜、中空纤维人工肾、高端医用敷料等产品的研制开发上投入巨大，已形成完善的技术和生产体系，有众多专门的研究机构和企业。

现阶段我国医疗机构使用的一次性防护用纺织品比例还不足 5%，造成每年大量的术后感染、交叉感染和重复感染。国内医用非织造产品主要集中在外科非植入性产品方面，如“三拒一抗”手术服、海藻酸盐敷料、壳聚糖止血纱布等，而手术缝合线、人造血管、人工透析导管、人造皮肤等植入性和人工脏器产品则由于技术落后和行业壁垒等原因，一直处于基础研究阶段，在高附加值的生物医用非织造材料上与发达国家差距明显。目前国家和相关科研院所正在加大研发力度，大力推动我国医用非织造产品朝着多功能、高性能、高附加值的方向发展，努力缩小我国与发达国家在医用非织造产品中的差距。

2. 土工合成材料领域

土工布凭借其优异的性能被广泛应用于公路、铁路及水利建设中，其发展对于行业进步以及社会经济建设具有重要作用。非织造土工布的成网和加固方式主要有纺粘、针刺、热熔粘合等，所用原料主要有聚丙烯、聚酯等聚合物母粒以及聚丙烯、聚酯、聚酰胺、聚乙烯醇、黄麻、聚乙烯、聚乳酸等纤维。目前非织造土工布应用最普遍的是聚酯和聚丙烯类土工布，红麻、棕麻等土工布近年来凭借其独特的性能被广泛使用，如瑞士的 TRICON SA 公司、印度红麻工业公司等已成功将麻类土工布应用于河岸加固、环境治理、植被保护等领域，而我国在麻类土工布的开发与应用方面与国外仍有较大差距。

美国是世界上土工布消费量最大的国家，近几年用量超过七亿平方米。欧洲和日本的土工布也得到较快发展，欧洲土工布近几年的年用量也在四亿平方米左右，其中纺粘法非织造布占非织造土工布的 60% 左右；日本在 90 年代中期以后对土工布的应用有显著的增长。日本非织造土工布中以纺粘法用量最大，约占非织造土工布总量的 60%，而且主要是 PET 纺粘布。目前我国土工布的用量已超过三亿平方米，非织造土工布占总量比重达到 40% 左右。专家测算，我国土工布在今后十五年仍将以双位数增长，其中增长速度较快的是 PET 纺粘长丝土工布。

3. 过滤材料领域

非织造过滤材料作为一种新型的纺织过滤材料，具有优良的过滤效能、高产量、低成本、易与其他滤料复合且容易在生产线上进行打裥、折叠、模压成型等的优点，对纸基过滤材料、机织过滤材料等具有很好的替代作用。另外，非织造过滤材料还具有耐撕裂和穿刺、耐化学性、高持水度、高透气性以及优良的耐磨性、阻燃性、吸收油脂、高流速、良好的拉伸强度等诸多应用优势，近年来已经在各行各业得到广泛的应用，如高温烟气过滤袋、纳米纤维 / 驻极纤维防雾霾口罩等，在环保产业快速增长的背景下，我国非织造环保过滤材料发展前景良好。据美国知名调查机构 Grand View Research（GVR）发布的研究报告显示，2015 年全球非织造布过滤介质市场规模为 42.9 亿美元，预计 2016—2024 年将以 7.7% 的年均复合增长率（CAGR）增长，2024 年市场预期达到 83.2 亿美元。其中，增长的主要动力来自于中国、印度等亚太地区新兴经济体，中东、非洲等国家和地区环保产业的快速发展，以及随着其经济快速增长而来的居民对更清洁的空气和用水的需求。

四、非织造材料与工程学科发展趋势及展望

（一）本学科重点研究领域预测

1. 高速、高产量、低成本生产技术

在经济高速发展的二十一世纪，高速高产、优质高效仍然是非织造行业共同追求的目标，同时，本着低投入、低成本的原则，非织造资源再利用空间巨大，高速梳理和针刺技术的研发、水刺工艺的低能耗研究以及热粘合加固技术的高速化、低能耗研究是未来的研发重点。

2. 核心装备技术

未来，非织造设备将向模块化设计、智能化制造、节能减排、高产宽幅、多工艺组合、特种纤维加工、多材料复合以及仿真模拟等方向发展。未来我国非织造设备行业应研发、推广一批多功能、组合式、差别化的先进非织造设备，重点研发领域如下：对梳理技术进行系统试验与研究，优化梳理机的结构，提升梳理机的速度和产能，满足不同纤维品种的加工需要，出网速度达到 200m/min 以上；加大双组分纺丝箱体的开发和复合纺丝喷丝板的研制，同时研发数字化的集散控制系统以及满足生产工艺要求和安全性要求的闭环控制系统，研制生产出幅宽 3200mm 的 PE/PP 双组分纺熔复合非织造布设备；研究基于空气动力学的气流成网技术和纤网均匀度控制技术，努力在 2020 年建立产能达 1000kg/h，成品重量为 150 ~ 2000g/m^2 的高效高产环保节能气流成网生产线，依靠全新空气动力学方法将废纺纤维气流成毡；建成幅宽 4.5m 以上的 PP 纺粘针刺土工布生产线，提高 PP 纺粘生产过程中纤维的冷却、气流牵伸、铺网及针刺固结等工艺水平；研制面

向非织造设备（针刺设备）的专用数控系统，应用于耐高温纤维粉尘过滤材料生产线中，并对气压喂棉机、高速杂乱型非织造布梳理机、交叉折叠式铺网机、宽幅高频针刺机进行相应研发和优化，解决针刺频率高速化、机构运动高精度化、控制系统智能化等难题，自主开发非织造数控粉尘过滤材料生产线，技术水平达到国际先进，并形成相关的技术标准。

3. 土工材料智能化技术

随着大数据及智能化制造的推进与发展，智能土工系统的开发与应用是未来土工材料领域的一大重要发展方向。将光纤传感器以及相关检测系统应用于土工用纺织品中，赋予其特殊的功能，比如监测机械变形、应变、温湿度、孔隙压力，探测化学侵蚀、结构完整性与土工结构健康状况以及重大工程如垃圾填埋等有害环境中的自动监测、数据反馈、实时报告等，从而能够在土工材料的结构变形及其所处环境变化的早期给予警告，提供实时监控与安全预警的功能。

4. 车用非织造技术

近年来汽车轻量化成为降低汽车尾气排放、提高燃烧效率的有效措施，也是汽车材料发展的主要方向。非织造材料可进行工程化设计，可深度模压成型进而进行个性化设计，模压成型后外观均匀，同时耐磨、耐热、耐光以及具有良好的摩擦色牢度，纵横向拉伸性能均衡，性价比高，因而是实现汽车材料轻量化的主要途径之一。未来车用非织造材料应加大轻质高强纤维的应用，同时朝着安全舒适、美观大方、隔音降噪、绿色环保、高抗冲击性、高阻燃性、高稳定性、高性价比等方向发展。

5. 生物质纤维非织造材料

棉纤维作为传统的生物质天然原生纤维，由于绿色环保、产品易生物降解以及棉纤维专用非织造设备的日益增多，近年来在非织造产业中发展迅速。全棉水刺非织造产品需求量逐年递增，尤其是在医疗卫生领域，消费市场巨大。麻纤维有很多优异的性能，强度高、模量大、质硬、耐摩擦、耐腐蚀、耐水泡、可再生、可生物降解、对人体无危害，且具有很好的热稳定性和声学特性，在我国分布广泛。这些特性使得麻纤维增强的非织造复合材料能在汽车领域、包装领域和建筑领域获得广泛应用。其它生物质纤维在非织造材料中的应用将日益广泛，如 Lyocell 纤维、海藻酸纤维、壳聚糖纤维、蚕丝纤维以及聚乳酸纤维等经非织造技术加工后在医疗卫生、美容保健、过滤、汽车内饰等领域的应用。

6. 医疗卫生用非织造材料

医疗卫生用非织造材料必须具有无毒、无致敏致癌性、化学稳定性、易灭菌处理以及在储藏、运输、灭菌消毒过程中不发生任何物理或化学性能的变化等特性。未来，应加大生物质材料（如海藻酸、壳聚糖、聚乳酸等）在医疗用非织造产品中的应用，促进医用材料的智能化、功能化、绿色化发展，提高医疗用非织造产品的医用性和防护性能。开发具有高抗菌性、高液体吸收性、高舒适性、高稳定性以及生物相容性优异等性能的伤口敷料、纱布、绷带等与皮肤伤口直接接触的医用非织造产品，加强非织造材料在人造皮肤、人造器官等高端医用纺织品领域的研究与应用，提高医疗防护用产品如手术帽、手术衣、防护服、遮蔽帷帘的抗菌性、抗静电、防病毒、防渗透、柔软舒适性能。此外，应加大卫生用非织造材料的研发，研究具有卫生保健功能以及智能化、生物质、可冲散、可降解的女性卫生用品，开发功能性（如抗菌消炎、保健、隐形、超吸水等）、智能化（如尿湿提醒、尿显提醒等）、绿色环保可降解、时尚美观的婴儿及成人用纸尿裤，提高湿巾使用的便利性、卫生性、功能性、抗菌性、可冲散性。

（二）本学科人才培养需求

近年来纺织工业转型升级速度加快，非织造行业得到了快速发展，但是相关专业人才特别是中高层次人才短缺，严重阻碍了行业的进步和发展。在未来的人才培养中，应以行业和市场需求为导向，明确培养方向，同时加强非织造行业人才梯度建设，做到企业技术人员再教育、本科生教育及研究生教育相互衔接、相互合作，形成完善的循环教育链，并充分发挥非织造材料与工程学科博士、学术型硕士的基础理论研究能力以及工程硕士、本科生在学科应用研究中的独特优势，注重综合型高级工程技术人才的培养，为非织造行业在各阶段、各领域的持续快速发展提供源源不断的人才保障。

参考文献

[1] 廖道权，谢太和，赵良知．一种纳米无机抗菌纤维母粒及其制备方法：中国，CN105694438A［P］．2016.
[2] 吴锐，陈继智，张奇龙．新型非织造建筑材料的应用探索［J］．产业用纺织品，2017，35（1）：7-10.
[3] 吕青．建筑用防水透湿水刺非织造材料的制备及性能研究［D］．上海：东华大学，2017.
[4] 常敬颖，李素英，张旭，等．黏胶纤维的截面形状对非织造材料可冲散性能的影响［J］．产业用纺织品，2016，34（10）：26-31.
[5] 杨棹航，关晓宇，钱晓明．合成纤维的湿法非织造技术及其应用［J］．纺织学报，2016，37（6）：163-170.
[6] 吴端．再生聚酯纤维产业的发展现状与存在问题探讨［J］．化工管理，2016（10）：110.
[7] 林世东，甘胜华，李红彬，等．我国废旧纺织品回收模式及高值化利用方向［J］．纺织导报，2017，(02)：25-26+28.
[8] 杨东昌，齐鲁．粘胶纤维阻燃改性方法［J］．毛纺科技，2016，44（6）：54-57.
[9] 王伟，黄晨，王荣武，等．定向导水水刺非织造材料的制备及性能［J］．东华大学学报（自然科学版），2016，42（5）：681-688.
[10] 乔春梅，康卫民，鞠敬鸽，等．聚四氟乙烯纤维的制备技术及应用进展［J］．产业用纺织品，2015，33（1）：1-4.
[11] Xu Y, Huang C, Jin X. A comparative study of characteristics of polytetrafluoroethylene fibers manufactured by various processes［J］. Journal of Applied Polymer Science, 2016, 133（26）：43553.

[12] 邓惠文. 羧甲基改性壳聚糖医用非织造材料的制备与性能研究[D]. 上海：东华大学，2017.
[13] Li J, Liu D, Hu C, et al. Flexible fibers wet-spun from formic acid modified chitosan[J]. Carbohydrate Polymers, 2016，136：1137-1143.
[14] 黄亚飞，朱平，隋淑英，等. 海藻酸钙/壳聚糖复合纤维的制备及性能研究[J]. 合成纤维工业，2017, 40（1）：6-10.
[15] 王丹，王玉晓，靳向煜. 生物基纤维在非织造材料中的开发与应用[J]. 纺织导报，2016（8）：71-74.
[16] 姚姗姗，蒋迪，郑翔，等. 植物纤维改性聚乳酸的研究进展[J]. 塑料科技，2017（4）：118-122.
[17] Arrieta M P, Fortunati E，Dominici F, et al. Bionanocomposite films based on plasticized PLA-PHB/cellulose nanocrystal blends[J]. Carbohydrate Polymers, 2015，121：265-275.
[18] 赵永霞. 国际非织造设备的最新技术进展[J]. 纺织导报，2016（S1）：81-86.
[19] 彭国印，石怀海. 梳理机控制系统的研究[J]. 纺织机械，2017（3）：64-65.
[20] 周骞，靳向煜. 高速杂乱式非织造梳理机的基本结构与特性[J]. 上海纺织科技，2017（1）：58-61.
[21] 李亚兵. 皮芯型聚酯/聚烯烃纺粘熔喷复合成型及产品性能的研究[D]. 上海：东华大学，2015.
[22] Liu W, Zhu L, Huang C, et al. Direct Electrospinning of Ultrafine Fibers with Interconnected Macropores Enabled by in Situ Mixing Microfluidics[J]. Acs Applied Materials & Interfaces, 2016，8（50）：34870-34878.
[23] 海滇，李树锋，丁晓，等. 高分子质量聚丙烯腈基碳纳米纤维的制备[J]. 纺织学报，2016，37（3）：1-5.
[24] 刘元培，张青，任杰，等. 聚羟基丁酸酯/碳纳米管复合纳米纤维膜的制备及其对重金属离子吸附分离性能的研究[J]. 高分子学报，2017（5）：820-829.
[25] 张权，代雅轩，马梦琴，等. 光敏抗菌型静电纺丙烯酸甲酯/丙烯酸纳米纤维的制备及其性能表征[J]. 纺织学报，2017，38（3）：18-22.
[26] 柯勤飞，靳向煜. 非织造学[M]. 上海：东华大学出版社，2016.
[27] Ma X, Li R, Zhao X, et al. Biopolymer composite fibres composed of calcium alginate reinforced with nanocrystalline cellulose[J]. Composites Part A Applied Science & Manufacturing, 2017, 96：155-163.
[28] Mokhena T C, Luyt A S. Electrospun alginate nanofibres impregnated with silver nanoparticles：Preparation, morphology and antibacterial properties[J]. Carbohydrate Polymers, 2017, 165：304-312.
[29] 陈曙光，孙新增，徐广标. 后整理对丙纶针刺非织造材料表观与孔隙结构的影响[J]. 东华大学学报（自然科学版），2017，43（3）：359-363，369.
[30] 曲方圆，殷保璞. SMS手术衣材料单面“三防”泡沫整理工艺[J]. 东华大学学报（自然科学版），2016，42（5）：713-717.

撰稿人：靳向煜　黄　晨　王玉晓　吴海波　王　洪　王荣武　赵　奕
周　铃　王　丹　蒋佩林　杨艳彪　张　磊　梁美美　田光亮

纺织化学与染整工程学科的现状与发展

一、引言

近年来，随着新《中华人民共和国环境保护法》《纺织染整工业水污染物排放标准》等环保法规的相继出台，以及欧盟的 REACH 法规、STANDARD 100 by OEKO-TEX 等生态纺织品法规中对有害物质限制的不断升级，加上生产资料和劳动力成本上升等因素，使得印染行业面临巨大的压力和挑战。

为了推动纺织印染行业的可持续发展，相关部门制定了《纺织工业发展规划》《纺织工业“十三五”科技进步纲要》《水污染防治重点行业清洁生产技术推行方案》等相关政策和指导性文件，推动纺织印染行业提升创新能力、优化结构、推进绿色制造和智能制造技术的产业化，实现产业的转型升级。旨在提高染料利用效率的“基团功能强化的新型反应性染料创制与应用”项目获得 2016 年度国家技术发明二等奖、提高数码印花速度和品质的“高速数码喷印设备关键技术研发及应用”获得 2017 年度国家技术发明奖二等奖。“纯棉免烫数码喷墨印花面料生产关键技术开发及产业化”“基于通用色浆的九分色宽色域清洁印花关键技术及其产业化”“新型冷漂催化精练剂关键技术研发及应用”“雕印九分色仿数码印染工艺技术研发及其产业化”“常压等离子体处理在纺织品生态染整加工中的应用及基础研究”“泡沫整理技术的工业化应用研究”“印染企业低废排放和资源综合利用技术研究与应用”等体现印染清洁生产技术水平的成果获纺织工业联合会科学技术奖。“高密化纤织物冷轧堆前处理关键技术及其产业化”“棉纤维高温低碱免中和快速练漂技术”“棉织物新型低碱短流程染色技术”“纯棉免烫数码印花面料生产关键技术”“印染废水液态膜脱色技术”“全自动智能清理定型机废气处理装置”“多功能全松式针织物连续化练漂新技术与专用装备”“印染企业智能生产管理控制系统”等五十二项技术被列入第九、十批《中国印染行业节能减排先进技术推荐目录》进行推广。

与此同时，纺织类高校、研究机构及企业在染整新技术的研究开发方面做了大量工作，特别是在低温氧漂活化剂的开发和应用、活性染料低温、低盐、低碱染色技术、天然染料染色和印花技术、非水介质染色技术、生物技术开发和在纺织品加工中的应用、生态功能性印染助剂的开发等方面取得了显著的科技进步，必将引领今后纺织印染行业的技术升级。

本专题报告旨在总结近年来纺织化学与染整工程学科在纺织化学品、纺织品前处理、染色、印花、功能整理等技术和理论的最新研究成果，先进适用技术的推广情况等方面的现状，并结合国外在该领域的研究方向和趋势，进行国内外发展状况比较，提出本学科今后的发展趋势及展望。

二、纺织化学与染整工程学科的现状与发展

（一）纺织化学品

1. 染料

染料加工领域近年来的技术发展主要环绕染料行业和印染行业节能减排和清洁生产的染整工艺来进行的，体现在两个方面，一是染料加工技术的改造升级，进行染料清洁生产工艺、“三废”治理技术的开发；二是新型染料的开发和应用。

在染料加工清洁生产加工技术方面，主要是6–氯–3–氨基甲苯–4–磺酸、1–氨基–8–萘酚–3，6–二磺酸、2–氨基–4–乙酰氨基苯甲醚等中间体的清洁生产加工技术，染颜料清洁生产自动化、连续化控制技术，高含盐、高色度、高毒性、高COD染料废水治理及综合利用技术。

新型染料的开发主要包括高上染率和高固着率染料、低温染色染料、高色牢度染料、小浴比吸尽染色染料、新型纤维专用染料、功能性染料、数码印花专用染料和墨水等。大连理工大学等单位合作完成的项目“基团功能强化的新型反应性染料创制与应用”，通过基团功能强化、提高了发色体在棉纤维上吸附能力，创制出同结构类型综合性能最好的单发色体、反应基团或发色基团连接的双发色体反应型染料，形成了可配套使用的红、橙、黄、蓝、绿、紫、黑全色系高档染料；创制了红、黄、蓝、黑四色近100%固色纤维数码喷墨印花染料，解决了长期困扰染料行业的难题，项目成果获2016年度国家技术发明二等奖。湖南工程学院以2–氨基–5–硝基苯酚–4–（2′–磺酸基）磺酰苯胺、1–（4′–甲氧基）苯基–3–甲基–5–吡唑啉酮等为原料，进行重氮化和偶合反应，合成了偶氮染料，与稀土离子进行络合反应，制得稀土络合物染料，用于锦纶织物的染色，为含铬离子络合染料替代提供思路。大连工业大学以6–羟基萘并吩嗪为偶合组分，对氨基苯磺酸为重氮组分合成了酸性染料2–羟基–6–苯基偶氮苯并［a］吩嗪，用于羊毛、蚕丝、锦纶的染色，对羊毛的平衡上染率达到90.3%，对真丝的匀染性最好，对锦纶的各项染色牢度均较

好，为开发新型结构酸性染料提供依据。浙江理工大学以1-苯基-3-甲基-5-吡唑啉酮、对氨基苯甲酸、异丙醇为原料通过重氮-偶合反应和酯化反应合成出可碱洗羧酸异丙酯分散染料，该染料还能够免除染色涤纶织物还原清洗过程中保险粉的使用，以碱洗工艺替代还原清洗工艺，能够获得与还原清洗相当的色牢度，有利于实现绿色生产。

在新型功能性染料研究方面，一些具有特殊功能性的染料可实现染色和功能性整理同步完成，缩短纺织品生产工艺流程，实现节能减排，也为新型染料的开发提供了思路和依据。东华大学设计制备了黄色活性阳离子染料，既具有能和腈纶纤维形成离子键结合的阳离子基团，又具有能和蛋白质纤维或纤维素纤维形成共价键结合的活性基团，活性阳离子染料可以对多种纤维进行染色，用于羊毛/腈纶、尼龙/腈纶、棉/腈纶等混纺织物的一浴法染色，在优化的染色工艺条件下，羊毛、尼龙和腈纶织物的同色性能优良，各项牢度达到服用要求。并利用阳离子基团的抗菌性能，还具有将染色和功能整理相结合的性能。东华大学以1,8-萘酰亚胺为荧光母体、三聚氯氰为反应基团，设计并合成活性荧光染料，研究了染料结构与性能之间的关系。武汉科技大学以杯［4］芳烃、苯佐卡因、三卡因和盐酸普鲁卡因为原料，通过芳胺的重氮化-偶合反应合成了新型的偶氮基杯［4］芳烃衍生物，兼具杯芳烃和偶氮化合物的性质，是一类具有特殊选择性的染料，可作为新型的、具有优良染色性能的分散染料。江南大学还发明了一种用于同步实现纺织品着色与抗皱整理的UV固化偶氮苯-聚氨酯基高分子染料的制备方法，该高分子染料解决了低分子偶氮苯染料耐热迁移性、耐溶剂性及安全性较差等问题，同时赋予其涂层或印花织物鲜艳饱满的色泽及良好的抗皱功能，为缩短纺织品加工流程、降低能耗和污染提供一条新途径。

在染料精细化、功能化后处理技术方面，东华大学以微晶纤维素粉、六亚甲基二异氰酸酯和乙二胺为原料，用盐酸水解法成功制备了纤维素纳米晶，并将其作为颗粒稳定剂形成稳定的Pickering乳液。通过Pickering乳液体系和界面聚合成功制备了分散染料微胶囊，并将其用于涤纶织物的高温高压染色，染色后的废水污染程度远远低于商品分散染料，实现了分散染料绿色环保的无污染清洁染色。天津工业大学和青岛大学采用无皂乳液聚合法合成了阳离子聚合物微球聚（苯乙烯-丙烯酸丁酯-对乙烯基苄基三甲基氯化铵），利用活性染料分子与阳离子聚合物微球之间的静电引力和分子间作用力，制备了彩色共聚物微球。此种彩色聚合物粒子具有比表面积大、色彩鲜艳、耐光稳定性强等优点，可用于纤维染色、纺织基质喷墨印花墨水的制备。苏州世名科技股份有限公司和江南大学以苯乙烯-马来酸酐共聚物部分酯化物为壁材，通过喷雾干燥技术制备了涂料印花纳米自分散炭黑，研究了聚合物结构和制备工艺对纳米自分散炭黑在水中分散性能的影响。最佳工艺条件下制备的纳米自分散炭黑在水相中分布均匀，平均粒径166nm，用于织物印花，比普通商品化炭黑分散体具有更高的K/S值和更好的匀染性。

在喷墨印花用染料及墨水的开发方面，台湾永光化学工业股份有限公司开发了一种高固着数码印花墨水组合，有含有两个一氯均三嗪反应性基团的染料，有机pH缓冲剂［N,

N- 二乙基氨基苯磺酸、N，N- 二（2- 羟乙基乙基）-2- 氨基乙磺酸]，保湿剂、炔二醇基表面活性剂或烷氧基化物表面活性剂等组成。上海英威喷墨科技有限公司采用聚氨酯乳液、有机氟改性聚丙烯酸酯纳米乳液、聚丙烯酸乳液组成纳米复合黏合剂，添加颜料色浆和去离子水，制备纺织品数码喷墨印花水性颜料墨水，该墨水用于纺织品喷墨印花可以大大提高印花织物牢度。苏州大学公开了一种水性黑色天然染料喷墨印花墨水的制备方法：将单宁酸、苏木素与硫酸亚铁络合得到黑色天然染料，将黑色天然染料原料与表面活性剂、吸湿助溶剂、流变性调节剂、防腐剂、pH 值调节剂和去离子水加入到球磨罐中进行研磨分散，得水性黑色天然染料喷墨印花墨水。

2. 印染助剂

近年来纺织印染助剂的研发主要包括以下几方面：适应印染加工节能减排加工工艺的助剂；符合生态纺织品法规的生态型助剂；适合于新纤维、新工艺、新技术的助剂，提高纺织品附加价值的新型功能性助剂。

（1）前处理助剂

在印染前处理助剂方面，双氧水低温漂白活化剂的研究依然十分活跃。双氧水漂白活化剂能在原位与双氧水反应生成过氧乙酸，而过氧乙酸具有更高的氧化电位，可以在低温下有效地对棉纤维进行漂白，同时达到降低纤维损伤和节约能源的目的。江南大学制备了具有不同烷基链阳离子基团的 N-[4-（烷基二甲基胺甲撑）苯酰基]己内酰胺氯化物作为漂白活化剂，研究了漂白过程中棉织物对不同烷基链阳离子漂白活化剂的吸附作用，探讨阳离子漂白活化剂烷基链长短对漂白效果的影响。进一步研究了 N-[4-（辛基二甲基胺甲撑）苯酰基]己内酰胺氯化物、N-[4-（三乙基胺甲撑）苯酰基]己内酰胺氯化物等作为双氧水漂白活化剂的应用性能，给出了高效低温漂白体系的工艺条件。河南工程学院研究了 4-（2- 癸酰基氧乙氧基羰基氧）苯磺酸钠作为过氧化氢漂白活化剂在棉织物低温漂白工艺和大豆蛋白复合纤维织物的漂白工艺中的应用。苏州大学以水杨醛与乙二胺为原料合成了水溶性较好的希夫碱金属锰配合物，在 60℃条件下对棉织物进行漂白，达到了传统漂白处理的效果。河北科技大学以过渡金属盐混合物、羧甲基纤维素钠、焦磷酸钠为原料制备了一种新型氧漂活化剂，并用于棉织物的冷轧堆工艺，漂白效果优于一般冷轧堆，还能在一定程度上减少碱和双氧水的质量浓度，缩短堆置时间，达到节能降耗的目的。

在精练助剂的开发方面，主要是新型、生态表面活性剂的开发和利用。苏州大学以乙二胺、1，3- 丙磺酸内酯和不同烷基链长的酰氯为主要原料，通过 N- 烷基化反应、中和反应和酰化反应合成出一系列磺酸盐型 Gemini 表面活性剂，与环保型表面活性剂复配开发了环保型精练剂，优化了应用工艺条件。苏州纺友新材料有限公司用 N，N’- 双月桂酰基乙二胺二丙酸钠、异构十三醇聚氧乙烯醚、APG、丙三醇聚氧乙烯醚油酸酯、渗透剂和水制得了一种耐碱高效纤维精练剂，具有优异的乳化、除油、净洗及分散效果，适用于棉、麻及混纺织物的前处理加工。

（2）染色助剂

染色助剂的开发主要围绕降低染色温度、节约能源、提高染色均匀性、提高助剂的生态安全性能等方面展开。杭州美高华颐化工有限公司将脂肪醇聚氧乙烯醚与苯甲酰氯反应制备一种新型表面活性剂的基础上，与十二烷基苯磺酸钠、农乳600、对苯二甲酸二苯酯等进行复配，开发了一种用于涤纶织物的分散染料低温染色促进剂，能提升分散染料低温染色时的分散性能、上色性能，提高染料利用率。江南大学以腰果酚聚氧乙烯醚与腰果酚聚氧乙烯醚硫酸酯为原料复配制成新型腰果酚基高温匀染剂，具有优异的移染性、缓染性、高温分散性和较好的高温匀染效果。苏州大学以壳聚糖、1，2–环氧丙烷和癸酰氯为原料制备了N–癸酰化–O–羟丙基壳聚糖表面活性剂，并用于酸性染料染色。该助剂采用生物质壳聚糖为原料，具有良好的生物降解性。

（3）印花助剂

印花助剂的开发重点是印花糊料、增稠剂和黏合剂。江南大学以异佛尔酮二异氰酸酯和聚乙二醇为主要原料合成了聚氨酯，用季戊四醇三丙烯酸酯作为封端剂，合成了紫外光固化水性聚氨酯丙烯酸酯黏合剂。将黏合剂、单体和光引发剂混合，应用到涂料印花中，通过紫外光照射对织物进行固色，印花织物水洗牢度可达5级，干摩擦牢度可达4–5级，印花图案清晰度优良。西安工程大学以稳定性优良、伸展性好、凝沉性弱的糯玉米淀粉原料，乙醇和异丙醇为溶剂，采用氯乙酸对淀粉进行羧甲基化，优化了羧甲基化工艺条件制备羧甲基糯玉米淀粉。以合成的羧甲基糯玉米淀粉为印花糊料，与海藻酸钠（SA）糊料进行复配后用于分散染料印花。浙江理工大学探讨了特种矿物土（原矿土和钠化矿土）作为涤纶分散染料印花糊料的可行性，结果表明，特种矿物土具有作为印花糊料的潜质，且价格低廉、储量丰富、生态环保。辽宁恒星精细化工有限公司采用反应性阴离子乳化剂和特殊交联单体，以种子乳液聚合法合成了低温无甲醛涂料印花黏合剂，既可常温交联，又可低温烘干使用，降低能量消耗，达到节能减排的目的。

（4）后整理助剂

由于纺织品功能性整理剂的种类比较多，后整理助剂的开发是纺织印染助剂中最为活跃的方面，重点在生态、环保和多功能性方面。

在阻燃剂方面，主要是新型生态型阻燃剂的开发。东华大学选择9，10–二氢–9–氧杂–10–磷杂菲–10–氧化物及其羟甲基化衍生物作为涤纶织物后整理阻燃剂，可用高温高压染色法对涤纶织物进行整理，赋予涤纶织物较好的阻燃性和阻燃效果耐久性；采用改进Hummers法制备氧化石墨烯，与乙醇胺反应以增加表面的羟基含量，再与六氯环三磷腈进行接枝反应，制备六氯环三磷腈改性氧化石墨烯分散液，用于棉织物的阻燃整理剂。南通大学用种子乳液聚合法制备聚偏二氯乙烯乳液与可膨胀石墨复配形成阻燃整理剂，当可膨胀石墨与聚偏二氯乙烯的质量比为1∶99时，整理剂协同阻燃效果最佳。

防紫外整理剂方面，西安工程大学发明了一种复合型植物防紫外整理剂，由黄柏提取液、蒲公英提取液、石榴皮提取液组成，可对经金属媒染剂预处理后的织物进行防紫外整理，得到防紫外功能织物。上海工程技术大学选用非离子型表面活性剂 Span–80 和 Tween–40 为乳化剂，环已烷为油相，采用反相乳化法，制备具有抗紫外效果的高分散纳米乳液，制备得到的抗紫外纳米乳液具有很好的紫外吸收效果，织物经整理后能获得很好的紫外防护性能。

织物抗菌剂方面，有机硅季铵盐的开发较为活跃。苏州大学采用两种叔胺中间体与 γ–氯丙基甲基硅油通过反应，制得有机硅季铵盐 N，N–二甲基 –N–辛基氨丙基聚硅氧烷氯化铵和 N，N–二甲基 –N–十三氟辛基氨丙基聚硅氧烷氯化铵，应用于棉织物抗菌整理，整理后的棉织物对大肠杆菌和金黄色葡萄球菌的抑菌率均大于 99%。陕西科技大学将环氧基聚醚基三甲氧基硅烷与十二烷基二甲基叔胺反应合成季铵化聚醚基三甲氧基硅烷，再将其与甲基三乙氧基硅烷水解缩聚，制得季铵化聚醚基硅树脂作为织物抗菌整理剂。整理后织物对大肠埃希菌及金黄葡萄球菌的抑菌率达到 99%，并具有持久的抑菌效果。

拒水、拒油易去污整理剂方面，主要是 PFOS 的替代产品的开发。苏州大学以甲基三甲氧基硅烷为原料，采用溶胶 – 凝胶法制备硅溶胶，再用由丙烯酸十二烷基酯、丙烯腈和 3–甲基丙烯酰氧基丙基三甲氧基硅烷合成的聚合物对其进行改性，制备了一种聚丙烯酸酯改性硅溶胶，将其用于涤纶织物超疏水整理。整理后织物疏水等级为 100 分，抗静水压等级为五级，并具有较好的耐洗性能。还以聚丙烯酸丁酯 – 甲基丙烯酸甲酯为核，丙烯酸丁酯、甲基丙烯酸甲酯、双（丙烯酰氧丙基）四甲基二硅氧烷和丙烯酸十三氟辛酯共聚物为壳，采用饥饿态半连续种子乳液聚合法，制备出具有核壳结构的含氟丙烯酸酯乳液，作为棉织物拒水整理剂。西安工程大学以甲基丙烯酸十二氟庚酯、γ – 甲基丙烯酰氧基丙基三甲氧基硅烷、乙烯基三甲氧基硅烷为功能性单体，甲基丙烯酸甲酯、丙烯酸丁酯为基础单体，合成了一种氟硅拒水拒油整理剂。

抗皱整理剂方面，仍然以无甲醛整理剂的开发和应用技术为主。江南大学以疏水性单体和含有相邻羧酸基的单体为共聚单体，在引发剂及链转移支化单体作用下聚合成支化型大分子，在催化剂存在下滴加含反应性基团且能够和羧基反应的物质，得超支化型抗皱整理剂。该抗皱整理剂性能优良，生产和使用过程中无甲醛释放，无需或只需添加极少量含磷催化剂，绿色环保。东华大学采用 2，4–二氨基苯磺酸与丙烯酰氯反应合成了一种新型无甲醛交联剂 2，4–二丙烯酰胺基苯磺酸，并在碱性潮态条件下对棉织物进行抗皱整理。经整理的棉织物，抗皱性能与传统焙烘工艺类似，且强力保留率更高。

织物风格和舒适性整理剂方面，陕西科技大学以含氢硅油、1–十八碳烯和甲基封端的烯丙基聚氧乙烯醚为原料，通过硅氢化加成反应用长链烷基和聚醚基对硅油改性，合成水溶性硅蜡，用于棉织物的整理，棉织物的柔软性、吸湿性、滑感均有增强。东华大学以环氧大豆油与丙烯酸为原料，通过酯化反应合成环氧大豆油丙烯酸酯，与聚甲基氢硅氧烷经过硅氢加成反应合成大豆油基柔软剂，具有一定的柔软效果，拒水性和抗皱性能良好。长沙环境保护职业技术学院和苏州大学纺以双端羧基丙二醇无规聚醚、己二酸、己二胺和3- 氨丙基三乙氧基硅烷为原料，合成一种交联型吸湿排汗整理剂，并将其用于锦纶织物的吸湿排汗整理，获得耐久的吸湿快干性和较好的耐摩擦色牢度。

（二）染整加工技术

近年来染整加工技术的开发，主要围绕少水及无水印染加工、短流程工艺、生态化学品应用等清洁生产技术的开发与推广应用，如针织物平幅染整加工技术、纱线连续涂料染色技术、等离子体前处理技术、活性染料湿短蒸染色技术、泡沫染色及整理技术、数码喷墨印花技术、天然染料染色新技术、非水介质染色技术等。

1. 前处理技术

印染前处理加工对于获得稳定纺织印染产品质量具有十分重要的作用，在整个印染加工过程中属于耗水、耗能以及废水量较大的工序。开发高效低耗、节能的短流程前处理清洁生产工艺，始终是前处理工序的技术开发的主要趋势，近年来技术开发主要集中在包括低温前处理技术、生物前处理技术、新能源、新设备的应用。

近两年，前处理烧毛设备和工艺有了一些新的开发，南通纺织丝绸产业技术研究院在激光和等离子体在纺织品烧毛工艺中的应用进行了研发。利用激光定向和可产生高温的特性开发一种激光烧毛机，该设备使发射出的激光源与通过辊轴的织物呈平行状态，凸出纤维瞬间被烧蚀，不会对织物造成损伤，也不需进入水池降温。利用等离子体的高温定向特异性发明了一种等离子体烧毛机，当织物以平幅状态通过辊轴时，以 2 ~ 7KW 的可调等离子发生器从辊轴调整好的平行位置喷射热源使经过辊轴织物凸出来的纤维瞬间被烧毁，而不会对织物造成损伤。与传统烧毛机相比来说，两种烧毛设备具有安全、经济、环保、操控简单等优点。博优铺地材料有限公司针对地毯发明了一种烧毛机，设备利用红外线燃烧器对地毯表面进行红外线辐射，不但热效率高，节约能源，烧毛效果好，而且无明火，可杜绝消防安全隐患。

生物技术在前处理加工中的应用技术研究十分活跃，也取得较大的进展。清华大学等单位集成生物酶前处理技术、常压低温等离子体处理技术，研发冷轧堆短流程平幅连续式集成化设备，开发了棉针织物生物酶冷轧堆印染清洁生产技术，研究成果获 2016 年中国纺织工业联合会科学技术奖。江南大学在生物酶的开发及应用方面做了大量的工作，制备了 CGMCC No.10489 发酵粗酶液、混和菌群发酵粗酶液与淀粉酶复配，用于涤棉混纺织物的前处理，实现了涤棉混纺织物经纱上淀粉、PVA 浆料及其他天然杂质的一浴一步法去除；将栓菌 Trametes sp.LEF01 产的含有漆酶、纤维素酶、半纤维酶和果胶酶等的粗酶提取液与淀粉酶复配，对含淀粉上浆纯棉织物进行酶法一浴退浆、精练前处理，降低了织物强力损失、能耗、水耗和废水 COD 值。浙江理工大学研究了超声波作用下，酸性果胶酶、木聚糖酶、漆酶在介体 N– 羟基 –N– 苯基丙酰胺存在下对亚麻粗纱纤维进行预处理，得到了最佳工艺条件。

苏州大学研究了超临界 CO_2 流体中棉织物的前处理技术，超临界 CO_2 流体中棉坯布采用 α – 淀粉酶、纤维素酶、果胶酶和脂肪酶等组合酶的退浆工艺，优化了组合酶的比例，经超临界 CO_2 流体酶退浆处理后，棉织物的失重率与传统水浴法相当，润湿性好，表面浆膜等杂质得到有效降解去除。超临界 CO_2 流体中棉的双氧水退浆前处理方法，将双氧水、表面活性剂、醇类和水配成退浆工作液，然后利用超临界 CO_2 介质形成微乳液，微乳液随流体穿透织物的同时，释放出双氧水，对棉织物进行漂白。

2. 染色技术

（1）活性染料染色技术

活性染料在纺织品染色中的应用越来越广泛，有关活性染料低温、低盐、低碱、高固着等节能减排染色工艺的研究仍然是染色新技术研究方向，阳离子改性纤维素纤维从而实现无盐染色的相关技术相对成熟。东华大学研究了雅格素低碱活性染料三原色染色时的最佳工艺条件，并通过三原色染料的配伍性因子得出三原色染料拼色的最佳工艺条件，低碱染色工艺的用碱量只有常规工艺的 1/5，摩擦和皂洗牢度达到常规染料的指标，同时由于降低了染料的上染速率和固色速率，提高了染色的均匀性。河南工程学院采用上海安诺其纺织化工股份有限公司的含双乙烯砜活性基 L 型活性染料，进行了低温染色工艺研究。得到最佳工艺为：混合碱 4 g/L，氯化钠 50 g/L，固色温度 40℃，固色时间 90min，染色织物的耐皂洗和耐摩擦色牢度均在 3 ~ 4 级以上。青岛大学等单位使用活性染料安诺素蓝 SNE 和碱剂色丽牢 SF–01 对未前处理的棉针织物进行低温无盐染色，获得最佳工艺条件，大大节约了染料的使用量，且降低污水处理难度，节约生产成本。

（2）天然染料染色技术

随着人们对生态纺织品要求逐渐提高，无毒、无害、与环境有较好相容性的天然染料越来越受到人们关注，天然染料染色技术被列入“十三五”纺织工业科技攻关及产业化推广项目，近年来有关天然染料的提取以及在纺织品染色中的应用研究十分活跃。研究内容主要包括不同植物资源中天然色素的提取以及在不同纤维纺织品上的染色性能。齐齐哈尔大学研究了芦木染料对壳聚糖处理羊毛织物的染色性能；新疆大学研究了核桃青皮的亚临界水提取液对纯棉织物的染色性能；南通大学研究了肉桂皮提取液对羊毛织物的直接染色；河南工程学院研究了山竹壳提取液对锦纶织物的染色和抗紫外作用；德州学院研究了桃树叶和密蒙花天然染料提取工艺及提取液对真丝绸的染色工艺；常州大学选用啤酒酵母菌为发酵菌种，提取青柿中的天然染料并对真丝织物进行染色；武汉纺织大学利用超声波对黄连植物染料进行萃取并对苎麻织物进行染色；苏州大学研究了采用中药制药残渣为原料提取天然色素对纺织品进行染色。此外，还有从韭莲蒴果、荷叶、人参果、商陆浆果、荆芥、茜草、鼠李皮、鼠李子、落葵浆果、黄梨皮、麻栎、可可壳、女贞蒴果等提取色素进行纺织品染色的研究。

另一方面的研究是有关天然染料染色工艺的优化，以提高染色过程的清洁化和产品的质量。南通大学研究了漆酶酶促茶叶色素的催化氧化作用及其对棉织物染色，利用漆酶的催化氧化作用处理茶叶色素而产生深色效应，实现对纺织品无盐、无化学媒染剂的清洁染色，可减少对环境的污染。江苏工程职业技术学院采用常压等离子体对锦纶 6 纤维进行改性，然后用天然黄连素染料对其进行媒染染色，等离子体刻蚀可增加纤维表面活性基团，提高对黄连素染料的吸附性能。齐齐哈尔大学系统研究了苏木染液质量分数、染色时间、pH 值、媒染剂种类及质量浓度、媒染工艺等对丝织物色光变化的影响。给出了色卡和颜色特征值，相关研究对于扩大天然染料色谱、控制染色重现性等具有指导意义。

微生物色素染色成为天然染料染色的另一个热点，相关研究包括菌种的性质、培养过程、发酵条件、染色方法及最佳工艺和染色后织物的性能。微生物染料生物相容性好，发酵工艺成熟且产量高，能够较好地上染织物，部分主要牢度达到服用性能要求，且少数染料还能赋予织物抗菌等性能。苏州大学研究了能够产生紫色杆菌素的蓝黑紫色杆菌制备的色素对纺织品的染色，采用蛋白胨酵母膏作为发酵培养基的主要成分，将高色价的发酵液作为染液对蚕丝织物进行染色。同时研究了马铃薯为原料制得黑曲霉孢子粉在混合稀土作为媒染剂的条件下对真丝织物的染色性能。天津工业大学使用粘质沙雷氏菌发酵制备了灵菌红素，添加吐温 80 制备色素纳米胶束分散液用于棉针织物、羊毛针织物、涤纶针织物的染色，获得最佳工艺条件，染色后的织物色泽鲜艳，具有良好的耐摩擦、耐皂洗、耐汗渍色牢度，对金黄色葡萄球菌有较好的抑菌效果。嘉兴学院通过微生物发酵生产制备微生物灵菌红素，将其应用于 PLA/ 竹炭纤维水刺无纺布染色。

（3）非水介质染色技术

采用非水介质染色可以减少印染加工中水资源的消耗和废水的产生，从源头制止污染，符合绿色纺织的目的。目前开发的非水介质染色技术包括非水介质非均相染色、有机溶剂染色和超临界二氧化碳染色等。在超临界 CO_2 染色技术方面，苏州大学联合一些国内大型企业进行相关技术的产业化推广应用，获得江苏省成果转化资金的支持，已开发制备了适用于产业化大生产超临界 CO_2 染色，并发明了超临界 CO_2 染色打样机，为超临界 CO_2 染色进入产业化应用提供了技术和设备方面支撑。同时开展了一系列天然纤维采用超临界 CO_2 染色方法的研究。青岛即发集团股份有限公司公开了一种超临界 CO_2 染色的染料釜和染色方法。采用染料分隔通道将同一染料筒内的不同染料隔离开来，使超临界 CO_2 染色设备一次能染多种颜色，并减少无水染色过程中出现的染色不均匀现象，实现不同染料相互不污染以及染料用量的可控。

浙江理工大学研究了以十甲基环五硅氧烷（D5）作为染色介质的染色技术：采用活性染料 /D5 悬浮体系的染色工艺，实现了活性染料非水介质无盐染色，且上染率与固色率均远高于传统水浴染色；以 D5 作为介质采用分散染料在常压高温条件下对涤纶进行染色，在150℃左右的常压高温条件下，获得超过常规水浴的染色效果，加入膨化剂对涤纶纤维进行膨化将有助于提高染色效果，提高染料利用率；以D5代替水作为棉纤维靛蓝染料染色介质的染色方法，包括高浓度靛蓝染料的还原工艺及棉纤维在靛蓝染料/D5体系中的染色新工艺。采用D5作为染色介质的方法基本不用水、能大幅度减少染色污染物的排放，同时染色后的D5介质可以回收利用，利于控制成本。

东华大学以二甲基亚砜和碳酸二甲酯作为染色溶剂研究了棉和羊毛在非水溶剂中的活性染料循环染色技术，解决了非水条件下的棉纤维难以溶胀的问题，实现了混合溶剂体系下棉纤维活性染料染色工艺，并取得良好的染色效果。该染色方法用于羊毛活性染料染色过程，实现了高色深、高色牢度的无水羊毛染色，展示了天然蛋白质纤维的绿色上染技术。溶剂染色技术上染率高于水相染色，有效提高染料利用率，杜绝了染料的无效水解和染色中无机盐的使用，减少了染色中碱剂的使用，基本实现染色零排放。在循环染色实验中，无论是一氯均三嗪类染料还是乙烯砜类染料都能实现多次循环染色。

（4）其他染色技术

东华大学对活性染料泡沫染色技术进行了开发，以十二烷基硫酸钠、瓜尔胶与十二醇复配作为泡沫染色体系发泡剂和稳定剂，分析碱用量、稳定剂用量、发泡比和饱和汽蒸时间对泡沫染色效果的影响。在相同染料用量下，泡沫染色的固色率和表观色深均大于常规轧染，色牢度与常规轧染相当。同时，采用配伍性良好的活性染料三原色对棉织物进行泡沫染色，建立泡沫染色配色基础数据库，研究泡沫染色配色算法，为泡沫染色技术的推广提供了依据。泡沫染色节水、节能，可实现染色脚水零排放。

无染料染色技术也是近年来兴起的研究方向之一，江南大学研究了漆酶催化没食子酸对羊毛织物原位染色，该技术利用漆酶能引发酚类物质发生聚合反应生成有色聚合物的性质，将漆酶用于催化没食子酸聚合，对羊毛织物实现“原位”染色。染色后的羊毛织物具有较好的耐水洗色牢度、耐摩擦色牢度和耐日晒色牢度，并具有一定的抗氧化性和抗菌性。大连工业大学基于羊毛纤维中的色氨酸与苯甲醛衍生物的显色机理，在强酸及耐酸性增稠剂条件下，使用对羟基苯甲醛反应单体为糊料，采用汽蒸法对羊毛纤维进行显色反应而着色。该方法减少了染色时间，有效降低羊毛的损伤，在一定程度上解决了染液的排放问题，实现了少水、节能减排的目的。

3. 印花加工技术

（1）常规印花技术

纺织品印花技术在近年来有了很大的技术进步，主要是在提高印花产品精度和清洁生产的程度方面。浙江红绿蓝纺织印染有限公司等单位“基于通用色浆的九分色宽色域清洁印花关键技术及其产业化”项目解决了传统筛网印花清晰度低等问题，实现了低成本下高色牢度、自然色彩过渡和宽色域等精美印花效果，同时节能减排效果显著，并解决了剩余色浆的环境污染问题，获得2015年中国纺织工业联合会科学技术奖。

浙江富润印染有限公司运用纸张印刷的四分色原理结合雕印工艺技术设计开发了九分色仿数码雕印印花分色软件，按照仿数码雕印印花工艺的要求分色纸板，开发了适合仿数码雕印印花工艺的复合糊料，优化印花工艺参数，实现了传统印花机用雕印工艺生产具有数码印花效果的产品。技术成果获得2016年中国纺织工业联合会科学技术奖。

尿素替代的生态印花工艺方面，河南工程学院公开了一种不含尿素的活性染料印花色浆及其印花工艺，采用PEG200和甘油作为吸湿剂替代尿素，采用适用于活性染料印花的高浓度合成增稠剂替代海藻酸钠。上海市纺织科学研究院开发了一种液体助溶剂代替尿素用于棉织物的活性染料印花。苏州大学开发了天然染料羊毛织物生态印花技术，采用吡咯烷酮羧酸钠和甘油作为吸湿剂、柠檬酸和醋酸作为酸剂，单宁酸为牢度提高剂，获得了天然染料生态印花工艺，该工艺替代尿素等高氨氮值助剂，获得较好的印花效果。

（2）数码印花技术

数码印花作为我国重点扶持发展印染清洁生产加工技术，对促进纺织印染行业结构调整和技术升级具有重要意义，是推动印花产业升级、提升印花产品国际竞争力和附加值、提高企业盈利能力的重要手段。近年来 数码印花技术的发展主要体现在数码印花设备进步，包括印花速度、印花精度的提高，此外还有墨水制备技术、织物前处理技术和印花工艺的优化。

浙江大学等单位开展了超高速数码喷印设备关键技术的攻关。突破性地完成了超大流量数码喷印数据实时并行处理引擎，实现设备喷印速度达到1000 m^2/h 以上；提出了基于视频的喷印过程实时监测与控制方法。通过喷印介质纹理和喷头的实时监测与分析，既对喷印介质拉伸形变实现了喷印数据的自动调整，又能实时监测喷头堵塞并实现自动清洗；提出了基于图像质量评价模型的高分辨率喷印图像质量缺陷自动检测方法，对喷印图像质量进行实时检测。项目成果获浙江省科学技术一等奖，2017年度国家技术发明奖。鲁丰织染有限公司等单位进行纯棉免烫数码喷墨印花面料生产关键技术开发，通过改进液氨整理技术提高喷墨印花织物的平整度，运用浆料复配技术进行预处理，解决活性染料喷墨印花得色量低、色彩不饱满的问题；运用喷头对称排列等技术，实现高精度喷墨印花产业化。技术成果获得中国纺织工业联合会科学技术奖，获纺织工业联合会科学技术奖二等奖，入选第十批《中国印染行业节能减排先进技术推荐目录》。

此外，适合于不同面料的喷墨印花工艺和织物预处理技术研究也十分活跃。天津工业大学针对羊毛织物喷墨印花汽蒸固色需要时间较长的情况，在预处理工作液中添加自制的复配表面活性剂，在保证得色、牢度相等的情况下，可以缩短汽蒸时间。江苏工程职业技术学院研究了双面法兰绒数码热转移印花工艺，进行了数码喷墨打印机设备、转印纸、墨水以及转印温度、速度对转印效果的影响。常州旭荣针织印染有限公司从染料选择与水性浆制备、印刷、转印、蒸化、还原清洗、成品定形等方面分析了工艺控制重点，设计了涤纶针织物冷转移印花工艺流程，获得花型清晰，色牢度高的印花织物。山东黄河三角洲纺织科技研究院有限公司采用含有遮光剂、防渗剂、增稠剂等组成的预处理工作液处理棉织物，然后采用活性染料墨水进行双面喷墨打印，开发了一种活性染料双面印花技术。

在转移印花方面，苏州大学在喷墨拔染印花和转印纸的开发方面进行了研究，采用含低粘度羧甲基纤维素钠（L-CMC）与纳米 SiO_2 的改性剂对转移印花原纸进行涂层制备升华转移印花用转印纸，开发获得高得色量、高色牢度和低强力损失的分散染料涤纶织物转移印花技术；开发了一种喷墨拔染印花织物的制备方法，采用预处理浆对已染色织物进行改性处理，然后采用喷墨打印机在织物上打印自制的墨水，最后进行汽蒸处理，获得拔染效果；开发了一种转移拔染印花技术，该技术包括由耐拔染料、无甲醛拔白剂、增溶剂、保湿剂等组成的拔染墨水，干热转移印花纸改性涂层剂和改性技术，转印技术等方面。相关技术将拔染印花与数码印花相结合，扩大了数码印花技术的应用范围，发挥了拔染印花细致、层次丰富等优点。

4. 后整理加工技术

后整理加工可以大大提升纺织品的附加价值，一直是染整行业十分重视的技术领域，相关技术的开发主要围绕生态功能性助剂的开发替代限用有害整理剂、新型功能性整理剂以及生态加工整理技术等方面展开。

武汉纺织大学、鲁泰纺织股份有限公司开发了纯棉高品质面料的低甲醛免烫整理技术，该技术研发了新型无甲醛整理剂、无甲醛整理剂与易去污整理剂同浴整理技术、与液氨整理的协同作用、棉纤维制品进行非均相局部免烫处理加工方法，最终是在赋予织物免烫效果的同时，不破坏面料的综合性能和品质。辽东学院对阻燃剂、阻燃胶及阻燃面料开展集成创新研发，开发了阻燃性能优异，并防水透湿、防寒、防紫外线等多种功能性面料。广东溢达纺织有限公司将泡沫整理技术应用商务衬衫、运动衫等的拒水、吸湿双面整理，以及窗帘的阻燃、遮光或抗静电、遮光等双面整理。以上三项技术成果获得 2016 年中国纺织工业联合会科学技术二等奖。

在耐久性整理技术方面，东华大学开发了一系列基于紫外固化反应的后整理方法。基于紫外光固化反应的棉织物耐久性阻燃整理方法，将棉织物采用含有巯基基团的硅烷偶联剂进行巯基改性，以 1，3，5- 三丙烯酰基六氢 -1，3，5- 三嗪、亚磷酸二甲酯、1，8- 二氮杂二环十一碳 -7- 烯为原料制备阻燃剂，将巯基改性棉织物浸渍于阻燃剂溶液中进行紫外光固化反应得阻燃棉织物；基于紫外光固化反应的织物无氟拒水整理方法，将织物进行巯基改性，以乙烯基笼型倍半硅氧烷和巯基硅烷或乙烯基笼型倍半硅氧烷和烷基硫醇作为整理剂，加入光引发剂得到整理液，将巯基改性得到的织物浸渍于整理液中紫外固化；基于紫外光固化反应的蛋白质纤维织物耐久抗菌整理方法，经前处理的蛋白质纤维织物浸入到含有二甲基二烯丙基氯化铵和 2，2- 二羟甲基丙酸的醇水混合溶液中，紫外汞灯照射固化，洗净烘干后得到耐久抗菌的蛋白质纤维织物。相关加工技术操作简单，效率高、绿色清洁，成本较低廉，具有较高工业生产可行性。

石墨烯在纺织品整理中的应用也开始活跃。东华大学发明了一种亲水、抗静电聚酯纤维的制备方法，采用碳酸溶液作为壳聚糖凝胶的溶剂，将壳聚糖涂覆于聚酯纤维表面，再通过氧化石墨烯与壳聚糖之间较强的键合作用，在聚酯纤维表面形成稳定的氧化石墨烯/壳聚糖涂层，获得亲水、抗静电聚酯纤维。青岛大学采用氧化石墨烯（GO）和硅烷偶联剂（KH560）作为功能整理剂，通过传统的轧－烘－焙工艺对涤纶织物进行整理，研究了涤纶织物的结构变化和防熔滴性能。结果表明，经氧化石墨烯整理后的涤纶织物具有良好的防熔滴性能，氧化石墨烯的加入主要是起到了促进成碳的物理作用。

在整理剂的施加技术方面，中国科技大学发明了一种阴离子聚电解质及尼龙织物的后整理阻燃方法，先将尼龙织物进行改性，将改性后的尼龙织物交替在含有磷、氮、硫等多种阻燃元素的阴离子聚电解质溶液与阳离子聚电解质溶液中进行浸泡，得到含有阻燃涂层的尼龙织物，再进行交联处理可提高尼龙织物阻燃涂层的耐久性。该方法可发挥多种阻燃元素之间的协效作用，提高尼龙织物的阻燃性能。武汉纺织大学等单位发明了一种单面羊毛织物的亲水、抗静电整理装置及整理方法，采用大气压下类辉光放电区域加亲水整理剂喷雾器和烘干的结构用于羊毛织物单面亲水的改性。产生均匀的“雾状”放电，使得电压均匀处理羊毛织物单面，不会产生电压击穿，同时亲水整理剂喷雾器垂直于羊毛织物布面进行单面喷雾处理。

5. 新型纤维织物染整加工技术

几年来，国内外新型纤维的开发和应用技术发展迅猛，印染工作者也加强了新型纤维染整加工技术的研发。山东理工大学研发了用以聚乙烯胺为母体结构的多胺型染料染色海藻酸钙纤维，得到了最佳工艺，在有效地保护了纤维的微观形貌结构和强力性能的基础上染料的上染率达到75%，染色牢度优良。解决了海藻酸钙纤维难于染色的难题。四川大学采用自制的超高温高压染色装置对芳砜纶纤维进行分散染料染色，在145℃染色70min。芳砜纶纤维的上染率可达到90%左右。同时研究了分散染料对聚苯硫醚纤维进行染色，140℃下染90min，分散染料分子能够进入纤维内部，上染百分率可达到85%左右，且透染性良好，无环染、白芯出现。河北科技大学用阳离子染料对芳砜纶/芳纶1313混纺纤维进行染色，选择苯乙酮为载体，在140℃染色温度，得到较好染色效果。上海工程技术大学选用多种不同结构的分散染料和阳离子染料对芳砜纶织物进行染色，系统分析了芳砜纶自身结构、染料结构、染料质量分数和混拼染色对芳砜纶织物耐晒性能的影响。苏州大学研究了分散染料和阳离子染料对聚羟基脂肪酸酯（PHA）纤维的染色性能，得出了染色动力学模型和吸附方程，以及最佳染色工艺条件。还以苯乙酮和环丁砜混合物为促染剂，研究了分散染料对改性聚芳噁二唑（POD）纤维进行低温染色工艺，分散染料可以在70℃条件下较好地上染改性聚芳二唑纤维。常州纺织服装职业技术学院研究了醇：水体系中，分散染料对聚乙烯纤维的染色，90℃浸染20min后，100℃烘燥20min，织物的染色深度和各项色牢度基本满足要求，该工艺可避免聚乙烯纤维高温损伤。陕西省纺织科学研究所研究了蜜胺纤维的染色方法，酸性染料对蜜胺纤维有较好的染色效果，最佳染色工艺为：染液 pH 值 2 ~ 3，染色温度 130℃，染色时间 60min。东华大学采用对苯二甲酸和乙二醇经酯化反应得到对苯二甲酸乙二醇酯与脂肪族聚酰胺进行缩聚反应得到聚酰胺酯（PET–A）纤维，并对其结构及理化性质、纤维制品的脱色处理和基本染色性能及染色机制等方面进行了系统研究，得出分散染料上染 PET–A 纤维的吸附等温线为能斯特吸附模型，在 100℃的常压染色条件下，分散染料在 PET–A 纤维上的上染百分率即可达到 85% 以上，表明该纤维可用常压沸染工艺染色。

6. 印染自动技术的开发与应用

近年来，随着工业 4.0 概念的推广，印染自动化生产是成为印染企业升级改造的大势所趋，许多印染企业和设备企业在相关改造中投入大量研发。自动配色、染化助剂自动称料输送系统、定型机数字化自动送料系统、废气热能回收及净化处理系统等自动化节能减排系统被大范围的推广应用。由鲁泰纺织股份有限公司、中国机械科学研究总院、山东康平纳集团有限公司等单位开发了筒子纱数字化自动染色工艺、生产流程自动化成套装备、生产全过程自动控制技术，建成立式染色机筒子纱全流程数字化自动染色生产线，实现生产流程自动化运行、工艺参数精准化执行、生产进程智能化调度，提高染色一次合格率，降低水、电、汽的消耗，达到筒子纱染色高质高效、节能减排降耗生产。佛山市南海天富科技有限公司推出纺织印染行业自动控制、信息管理一体化解决方案，系统采用三层体系构架，由企业资源计划层 ERP、车间作业层 MES、过程控制层 PCS 三层体系构架组成，将纺织印染企业工业化和信息化深度融合，实现管控一体化。常州宏大电气有限公司研发了基于智能化控制的蒸汽高效利用技术，整个蒸汽的消耗得到定量的、精准的消耗，使蒸汽的利用率能够提高 15% 以上，从源头上实现了节能减排，入选 2016 国家重点节能低碳技术推广目录。

（三）生态环保及资源回收技术

由于国家环保法规的要求不断提高，印染废水的处理技术以及中水回用技术也成为人们非常关切的课题。如何提高废水处理效果和中水质量、降低处理成本是研究的主要方面。河海大学等单位开发了一套印染企业低废排放和资源综合利用技术。包括丝光淡碱回收和染色高盐残夜臭氧脱色脱盐短流程回用技术；研发了印染废水高效厌氧水解铵化及碳源补给技术，提高脱氮效率；确定了基于电导率在线自动精确控制的印染废水分质处理与回用控制指标，提高中水回用效率和管理水平，项目成果获得中国纺织工业联合会科学技术奖。

废水的生物处理法主要是利用漆酶等微生物转化酶，通过吸附或降解去除废水中的染料，由于具有安全性和高效性的优点，越来越受到人们的关注。安徽工程大学优化了菌株 Trametes sp.LS–10C 产漆酶培养基，提高菌株 Trametes sp.LS–10C 的漆酶产量，并研究了该酶对偶氮染料的脱色性能。漆酶 – 介体［2，2′– 联氮基 – 双 –（3– 乙基苯并噻唑啉 –6– 磺酸）二铵盐］系统对酸性红 GR、酸性蓝 40 和酸性铬蓝 K 等 3 种偶氮染料脱色 10h 后脱色率分别高达 96.86%、91.28% 和 86.31%。说明该漆酶在处理偶氮染料废水脱色领域中具有进一步研发和应用价值。东北林业大学利用含铜离子的富集培养基，筛选出具有较高漆酶活性的新菌株，在介体乙酰丁香酮的参与下，该菌株的芽孢漆酶对蒽醌、偶氮、靛蓝以及三芳甲烷结构的染料均有明显的效果，在工业染料废水的处理上具有较好的应用潜能。

在废水中染料吸附剂的研究方面，一些新型吸附材料被开发。华中农业大学以粉末壳聚糖为原料制备不同粒径的聚合型壳聚糖珠材料，再经戊二醛交联制备不同粒径的交联壳聚糖珠，交联壳聚糖珠对实验所用酸性、活性、直接染料均具有较高的吸附脱色效果。交联壳聚糖珠可以克服微粒形态的壳聚糖材料用作反应器填料时产生严重阻滞反应器内流体流动性的不足。浙江丝科院轻纺材料有限公司将支撑液膜技术应用于活性染色废水的脱色，以聚四氟乙烯微孔膜为支撑体，分子材料 XM–11（载体与有机溶剂的混合物）为膜液相，NaOH 为解析剂，分析了影响捕捉效率的相关因素以及处理后的废水回用于染色的情况，得出了适用于活性染色废水处理的工艺条件。该技术为印染废水深度处理提供了一种新的、操作简单、易于工程连续化的方法。泉州师范学院以碳纳米管（CNTs）、铁氧化物为原料制备 CNTs / 铁氧化物磁性复合材料，复合材料表面引入了 –OH、–COOH、–C=O 等官能团，提高吸附性能，并分析了复合材料对模拟染料废水中甲基橙的吸附性能。

在染料降解技术方面，南开大学采用溶胶 – 凝胶法和辊压法制备 Ti /SnO_2–Sb 阳极和空气阴极，构建了 Ti /SnO_2–Sb 阳极 / 空气阴极双极体系（TSSA–ADC）。研究表明，TSSA–ADC 双极体系具有更好的抗有机负荷冲击、抗盐分冲击、抗酸碱波动能力，能够维护酸碱平衡防止硬度离子结垢，研究结果对于解决电化学法处理高盐染料废水存在的能耗大、成本高等问题提供了思路。南京理工大学通过 Hemin 催化聚合苯胺工艺在纳米 Fe_3O_4 上负载导电聚合物聚苯胺（PANI），制备得到了具有高效催化活性的异相类 Fenton 反应用的催化剂 PANI@Fe_3O_4，研究了 PANI@Fe_3O_4/H_2O_2 体系中罗丹明降解的影响因素。PANI@Fe_3O_4/H_2O_2 体系具有较强氧化能力和极宽的 pH 值适用范围，既可使罗丹明迅速脱色，又可有效去除体系 COD，该体系具有应用于染料、印染行业等高浓度有机废水的氧化降解处理的可行性。

三、纺织化学与染整工程学科国内外研究进展比较

综合近年来国外印染加工技术的发展方向也主要围绕生态纺织化学品以及印染清洁生产加工技术的开发，以降低印染加工整个环节对环境的影响，相比而言，国外的研究开发更加注重成套技术和整体解决方案，推广和使用价值更高。

（一）纺织化学品开发技术

在染料开发方面，亨斯迈（Huntsman）纺织染化推出两只霓虹色彩染料 ERIONYL FF 和 Rhodamine FF，作为对已奠定市场地位的 ERIONYL 系列染料的补充，主要用于聚酰胺纤维染色，由于其着色力强，而成为许多泳装、沙滩装的首选，并能扩展到运动服，甚至内衣品牌。该两只染料的优点是染色重现性好，染色成功率高。可与亨斯迈纺织染化的助剂如 Albatex AB-45pH 缓冲剂，Erional FRN 色牢度提高剂，以及 invalonFL 设备清洁剂共同使用，可以提高染料的再现性，实现无障碍应用和降低已知问题的风险。昂高（Archroma）化工公司与美国棉花公司（Cotton Incorporated）合作开发有史以来首个源自废弃棉的染料，所采用的环保 EarthColors 技术，能自农业废弃物研发出天然染料，用于在纤维素纤维（如棉花）上染色。采用天然材料上染天然纤维的染色过程，吸引许多具环保意识品牌的关注。

染色助剂方面，瑞士 Schoeller Textil AG 公司与纺织化学品公司合作，为聚酯纤维纱和面料开发全新的环保染色助剂。使用该助剂时几乎可以完全避免斑点和染料聚积，而由聚酯低聚物所引起的对纺织品的沉淀也不再明显。同时提供良好的色调稳定性，避免了批次生产所产生的问题，可降低了重新染色的机率，而提高了染色机的生产率和长期使用效率。缩短了染色工序，有助于降低成本，并在低温染浴中清洗货物，将能源消耗降低 20%，水需求量降低 25%。

后整理助剂方面，美国北卡罗来纳州立大学（North Carolina State University）选用丙烯酸 1，1，2，2- 四氢氟丙基酯和丙烯酸 1，1，2，2- 四氟全氟癸基丙烯酸酯气相沉积碳氟化合物混合物，采用高密度非热辉光放电大气压等离子体法接枝聚合棉织物，得到高度耐用的纳米层防水防油涂层。在交联剂季戊四醇三丙烯酸酯（单体：交联剂摩尔比为 10∶1）的情况下，棉织物上形成的多氟碳纳米层对于一次加速洗涤是疏水且耐用的。德国杜伊斯堡 - 埃森（Duisburg-Essen）大学合成一种不可燃聚磷腈衍生物，可以利用光诱导发生接枝反应，固定在棉和棉 / 聚酯混纺织物上，从而改善阻燃性能。整理后的纺织品通过了标准化的可燃性试验，获得了较大的极限氧指数，同时具有良好的阻燃整理持久性。瑞士 Sanitized AG 公司开发出一种专门用于柔性聚合物的高效、持久抗菌剂 Sanitized® PL 14-32。该抗菌剂具有热稳定性和较好的相容性，以及耐水性和高效的抗紫外线性能，且紫外线照射后不泛黄。它能保护材料免受微生物（如细菌、霉菌、酵母霉菌和藻类）的有害作用，避免材料破坏，交叉污染，产生异味。鲁道夫公司（RUDOLF GMBH）推出 Rucofin GAA 有机硅柔软剂，经过改性后的柔软剂整理织物的抗黄变性更好，且疏水性明显降低。克服了有限的抗黄变性、高疏水性和工艺稳定性低等常规柔软剂存在的一些缺点，且具有高度抵抗剪切力和适用的 pH 值范围宽，Rucofin GAA 有机硅柔软剂在整理过程中更安全。昂高（Archroma）化工公司推出无卤素阻燃粉末涂层添加剂 Pekoflam HFC，是一款有机磷 / 氮化合物，可应用于合成纤维面料，包括聚酰胺纤维及其混纺织物。相比于常用的氮和/或磷的化合物，Pekoflam HFC 独特的化学性能显示更高的效率，适用于水性涂层系统，符合 OEKO-TEX Standard 100 的“绿色”溶剂涂层系统，以服务于不同最终用途的涂布机。

（二）染整加工技术

前处理技术方面，印度化学技术研究所（Institute of Chemical Technology）从新分离的海洋蛤中的细菌芽孢杆菌中提取了脂肪酶，并用于棉织物的精练，该脂肪酶能够从棉花表面除去大量的蜡，并将其水解成脂肪酸，从而赋予织物较高的亲水性。与传统碱精练相比，脂肪酶精练不仅没有对织物造成损伤，而且润湿性、白度、染色性能、拉伸强度均优于碱精练。巴西桑塔卡塔琳娜州立大学（Universidade Federal de Santa Catarina）将纤维素酶、脂肪酶和果胶酶联合对纯棉针织织物进行精练，最佳工艺条件下，织物精练效果最佳，果胶去除率 87%，该工艺降低了能耗、水耗。

在染色技术方面，意大利 Tonello 公司推出低浴比（1∶1）服装染整加工技术。该技术兼容各种洗染设备，可在任何生产周期过程中实现不中断加工，缩短加工时间，可节能 50%~80%，节水 96%。该技术可同时用于多个工序，适用于各种柔软剂、树脂、整理剂和芳香剂。因此提高了加工产品的性能和多功能性。印度化学技术研究所将壳聚糖作为媒染剂应用于天然染料染色，在棉织物上同时实现天然染色和抗菌整理，将壳聚糖用于儿茶和金盏菊等天然染料对棉织物的上染。比采用其他媒染剂染色的织物具有更高的 K/S 值，且对革兰阳性及革兰阴性细菌均显示出极好的抗菌性。

数码印花技术方面，德国司马化学公司（Zschimmer & Schwarz）开发了一个完善的 DIAMONTEX 系统，用于涤纶织物数码印花。该系统包括预处理剂、墨水、后整理工艺、后整理剂等。根据不同的应用，DIAMONTEX 系统能提供合理的解决方案，并赋予织物阻燃、抗菌等附加功能。SPGPrints 公司于 2016 年推出采用备受赞誉的 Archer 喷头技术的 JAVELIN 数码印花机。这种多通道印花机将精密几何与低运行成本相结合，是满足中等批量生产的理想机型。Archer 技术可使喷头在离织物更远的距离进行精准喷射。喷头与布面的距离可由以往的 1.5mm 增至 4mm。这种较长的喷射距离可有效降低喷头损坏的风险。该公司还展出了可提高生产效率、适用于各种纺织品和色域广的 NEBULA 印花墨水。美国 EFI Reggiani 公司推出了印花幅宽 180cm 的 EFI Reggiani ReNOIR ONE 纺织品数码直喷印花机。此款印花机通过新型油墨送入和恢复系统与卓越的图像分辨率提高印花质量，实现了高效、高质量的装饰与服装采样及生产。印花机采用新型绿色环保印花工艺，无需蒸化或水洗也可进行高质量的生产。新的工艺在印花清晰度、颜色强度以及印花织物耐干湿摩擦色牢度方面有出色的表现。此工艺采用生物相容性好、无毒性及非过敏源性化学品。绿色环保印花工艺节约能源和成本，同时保证印花产品具有柔软的触感。

在后整理技术方面，美国 RevoLaze 公司与奥地利 Acticell GmbH 公司合作，将一种新型的做旧牛仔裤的环保工艺技术应用于商业化生产，发明了一种无毒的化学和激光处理技术，完全可以取代高锰酸钾喷雾在牛仔布服装做旧生产过程中的使用，两者达到的效果是一样的。澳大利亚皇家墨尔本理工大学（RMIT University）的科学家利用铜和银作为纳米结构的分子，将织物浸渍在处理液中，直接让纳米结构在织物上生长，获得稳定的纳米结构。由于两种金属纳米结构很能够吸收可见光，当纳米结构暴露在光线下，可使它们获得的能量促进“热电子”产生，释放出大量能量，进而能够降解有机物，由此研发出一种曝晒在光线下可祛除污垢的自清洁纺织品。亨斯迈（Huntsman）与杜邦子公司 Chemours 公司推出一种无氟的持久防水整理技术 ZELAN R3。该技术使用含有 63%的可再生资源，原料源自非转基因和非食品源的植物，符合 Oeko-Tex 标准 100 和 ZDHC 联合路线图的生产限用物质清单（MRSL）要求。ZELAN R3 整理能有效防水和普通水基液体如果汁、热咖啡和红葡萄酒，可应用在棉、合成纤维及其混纺织物。ZELAN R3 整理提供高性能的防水性，持久性比现有的非氟化剂高三倍，至少耐三十次洗涤。德国科思创（Covestro）公司推出了新一代聚氨酯（PU）涂层面料全新整体解决方案。包括由纯水性聚氨酯技术、一流纺织涂层生产线和产业链技术所构成的一揽子综合解决方案。新一代的水性 PU 不含溶剂，应用过程中无需使用溶剂，因此，整个生产过程将节水 95%，节能 50%，降低了工作场所中暴露的有害物质。土耳其伊斯坦布尔科技大学（Istanbul Technical University）选择三种亲水单体：2- 丙烯酰胺基 -2- 甲基 -1- 丙磺酸，甲基丙烯酸 2- 羟乙酯，二烯丙基二甲基氯化铵（DADMAC），使用非热高密度大气压等离子体将尼龙 66 织物上的单体接枝聚合，研究其在尼龙 66 织物上的抗静电涂饰性能。相比之下，DADMAC 单体对织物提供了更好的抗静电性能。

在加工设备方面，SANTEX RIMAR 集团新推出的连续加压蒸呢机 Decofast，可进行连续式加工，消除产生接缝痕和色差的风险，织物在钢鼓和毡毯之间可调节，毡毯由一种特殊的可渗透的材料制成。织物经过整理加工后，可改善手感和外观，增强稳定性，提高悬垂性、剪裁能力和光泽。可应用于羊毛及其他毛发纤维。德国南方毛业（Südwolle Group）开发了环境友好型的 Naturetexx 等离子体技术用于生产机可洗羊毛。Naturetexx 等离子体技术通过电极之间的放电，使得纤维表面进行反应，从而减少羊毛鳞片，但不会破坏纤维本身。整个工艺无需用水和树脂，非常环保。Naturetexx 等离子体处理的羊毛相比传统工艺的羊毛亲水性更好，手感更干爽，且强力和抗起毛起球性相当。

四、纺织化学与染整工程学科的发展趋势及展望

随着科学技术的不断发展和广大染整工作者的共同努力，纺织化学与染整学科将朝着生态、环保、高品质的绿色发展方向，但将面临着不小的挑战。从技术层面来看，主要是生态环保方面的压力和挑战。绿色发展成为国家“十三五”五大发展理念之一，成为中

国经济社会发展的主流和方向，生态文明建设首次写进国家五年规划的目标任务，新《环保法》《纺织染整工业水污染物排放标准》《纺织印染工业大气污染物排放标准》等相继出台，十二届全国人大常委会第二十五次会议表决通过了《环境保护税法》，作为我国第一部推进生态文明建设的单行税法将于2018年1月1日起施行。此外，国内外针对生态纺织品的要求也愈来愈严苛，欧盟的REACH法规、STANDARD 100 by OEKO-TEX等法规中有害物质数量不断增加、限量值不断下降。我国也在《GB 18401—2010　国家纺织产品基本安全技术规范》的基础上出台了强制标准《GB 31701—2015　婴幼儿及儿童纺织产品安全技术规范》,《消费品化学危害限制要求》标准已完成意见征求，即将发布。

对此,《纺织工业发展规划》在提出纺织单位工业增加值能耗、取水量、污染物排放总量下降指标的基础上，也给出了增强产业创新能力，优化产业结构，推进智能制造和绿色制造的发展方向。《纺织工业"十三五"科技进步纲要》也对纺织工业各领域的科技发展提出了方向性的目标。今后几年，我国纺织化学与染整学科将坚持生态、环保、高品质的绿色发展理念，实现行业的可持续发展。

（1）生物技术在纺织品印染加工中的应用

不断被开发适合于各类纤维和各类浆料的前处理加工用高效生物酶组合，形成适合生物酶前处理加工的成套加工技术和整体解决方案；加大研究微生物色素的制备技术和染色技术以及生物酶催化生色技术；推广应用生物酶后整理加工技术；持续开发微生物对印染废水的降解脱色技术。

（2）节能环保、绿色制造加工技术

进一步研究和推广非水介质染色技术、无染料染色技术将引起广泛的关注，数码喷墨印花技术、无尿素印花技术、泡沫整理和染色技术、天然染料染色印花技术、等离子体前处理技术、活性染料湿短蒸染色技术。

（3）污染物治理及资源综合利用技术

研发推广印染废水深度治理、少污泥、低成本关键处理技术等，减少化学需氧量、氨氮等污染物排放。持续研究生物酶和光降解催化剂等印染废水脱色和降解技术；推广应用双膜法废水治理及再生水回用技术、定形机废气治理回收技术、丝光淡碱回收和洗毛废水羊毛脂回收利用等技术。

（4）自动化、数字化、智能化印染装备工程及应用技术

加快纺织印染工业4.0建设，开发和推广智能化印染连续生产和数字化间歇式染色整体技术，印染生产过程中生产、工艺、设备运行状态等信息在线采集和处理技术，智能化配色及工艺自动管理、染化料中央配送、半制品快速检测等系统，实现生产执行管理MES系统、计划管理ERP系统及现场自动化SFC系统的集成应用。

（5）生态纺织化学品开发和零排放技术

利用纳米、生物、微乳化及缓释技术，提升纺织化学品的开发水平，扩大生物质原

料的利用，加快开发绿色高固着、高牢度等生态染料和绿色环保型阻燃、防水等功能整理剂，减少纺织品有害物质的残留，促进纺织品印染加工过程危害化学品零排放。

参考文献

[1] 肖航，王美慧，赵涛．活性阳离子染料的染色性能［J］．印染，2016，42（22）：22–25.

[2] 郭子婧，刘秀明，房宽峻，等．染料 / 聚合物复合共聚物微球的制备［J］．纺织学报，2017，38（7）：80–84.

[3] 孟娇，刘妮萍，崔志华，等．可碱洗羧酸异丙酯分散染料 AC- 1 的合成及应用［J］．浙江理工大学学报（自然科学版），2017，37（2）：159–164.

[4] 冉巍巍，卢涛，李荣龙，等．新型稀土络合染料的合成及其在毛锦织物上的应用［J］．中国稀土学报，2017，35（2）：246–252.

[5] 刘永政，隋晓锋，毛志平，等．纤维素纳米晶稳定的 Pickering 乳液制备分散染料微胶囊［J］．印染，2017，（3）：1–5.

[6] 王祥荣，薛袁．一种水性黑色天然染料喷墨印花墨水的制备方法［P］，201610624806.7，2016–12–21.

[7] 孟凯，黄吕全，季荣．一种水性黑色天然染料喷墨印花墨水的制备方法［P］，201520716572.X，2016–03–23.

[8] 张静静，陈文华，许长海．烷基链效应对漂白活化剂低温漂白性能的影响［J］．染料与染色，2017，54（2）：34–38.

[9] 曹机良，李晓春，闫凯．活化剂 DECOBS 对棉织物的低温漂白［J］．印染助剂，2017，34（2）：37–40.

[10] 李昊男，王树根．新型腰果酚基高温匀染剂的染色性能研究［J］．印染助剂，2016，33（9）：41–44.

[11] 蒲泽佳，周向东．聚丙烯酸酯改性硅溶胶的合成及其应用性能［J］．纺织学报，2017，38（5）：86–92.

[12] 赵志军，刘洪澍，刘剑虹．丝织物苏木染色色谱的关键影响因素［J］．丝绸，2017，54（5）：6–11.

[13] 任燕飞，巩继贤，张健飞，等．茶色素染液 pH 值对羊毛织物染色效果及抗菌性的影响［J］．纺织学报，2016，37（11）：86–91.

[14] 杨慕莹，翟红霞，邢铁玲，等．微生物染料及其在纺织品染色中的应用［J］．纺织学报，2016，37（8）：165–170.

[15] 袁萌莉，王强，范雪荣，等．羊毛织物的漆酶催化没食子酸原位染色与改性［J］．印染，2016，42（22）：8–12.

[16] 李栋，李鑫，刘今强，等．棉纤维的靛蓝染料 /D5 体系染色［J］．印染，2016，42（4）：9–13.

[17] 苗赛男，邢铁玲，赵艳双，等．涤纶分散染料转移印花用纸的制备及其转印工艺［J］．染整技术，2016，38（7）：31–34，58.

[18] 张鑫，王祥荣．分散染料对 PHA 纤维的染色动力学和热力学研究［J］．印染助剂，2016，33（9）：19–22.

[19] 朱士凤，曲丽君，田明伟，等．涤纶织物的氧化石墨烯功能整理及其防熔滴性能［J］．纺织学报，2016，38（2）：141–145.

[20] 刘宇，汤斌，李松，等．*Trametes* sp. LS–10C 产漆酶发酵培养基优化及其漆酶对偶氮染料的脱色性能［J］．环境科学学报，2017，37（1）：193–200.

[21] 白志强，汤浪，李林．交联壳聚糖珠的制备及其对染料的脱色性能［J］．环境科学与技术，2016，39（2）：75–79.

[22] 赵敏，马克乐，董恒. Ti /SnO_2–Sb 阳极 – 空气阴极电催化降解染料废水 [J]. 环境工程，2017，35 (4)：31–35，96.

[23] Paranjoli Boruah, Pallavi Dowarah, Rupjyoti Hazarika, et al. Xylanase from Penicillium meleagrinum var. viridiflavum – a potential source for bamboo pulp bleaching [J]. Journal of Cleaner Production, 2016, 116：259–267.

[24] Lais Graziela de Melo da Silva, et al. Study and Application of an Enzymatic Pool in Bioscouring of Cotton Knit Fabric [J] .The Canadian Journal of Chemical Engineering, 2017, 9999：1–8.

[25] Ahmed El–Shafei, Hany Helmy, Amsarani Ramamoorthy, et al.Nanolayer atmospheric pressure plasma graft polymerization of durable repellent finishes on cotton [J]. Journal of Coatings Technology and Research, 2015, 12 (4)：681–691.

[26] Melek Gul Dincmen, Peter J. Hauser, Nevin Cigdem Gursoy. Plasma Induced Graft Polymerization of Three Hydrophilic Monomers on Nylon 6, 6 Fabrics for Enhancing Antistatic Property [J]. Plasma Chemistry and Plasma Processing, 2016, 36,(5)：1377–1391.

[27] Thomas Mayer–Gal, Dierk Knittel, Jochen S. Gutmann, et al. Permanent Flame Retardant Finishing of Textiles by Allyl–Functionalized Polyphosphazenes [J]. Applied Materials Interfaces, 2015, 7(18)：9349–9363.

撰稿人：王祥荣　张洪玲　侯学妮

服装设计与工程学科的现状与发展

一、引言

近几年我国服装行业通过积极落实供给侧结构改革，加强科技创新驱动战略实施，并不断创新设计、生产、管理及营销模式，目前呈现出“增长放缓，缓中有难，难中有稳、稳中有进”的总体态势。根据国家统计局 2017 年上半年中国服装行业经济运行情况的数据统计可以看出有五大特征：①生产总量稳步增长，规模以上企业累计完成服装产量 147.48 亿件，同比增长 1.94%；②内销市场转暖，尤其是网上销售增长迅速。限额以上单位服装类商品零售额累计 5063 亿元，同比增长 6.8%；在实物商品网上零售额中，穿着类商品同比增长 20.8%；③出口市场压力大，呈现量涨价跌现象。累计完成服装及衣着附件出口 716.96 亿美元，同比下降 0.89%；服装出口数量为 145.70 亿件，同比增长 4.45%；服装出口平均单价 3.92 美元，同比下降 5.54%；④服装行业投资增加快，服装行业实际完成投资 2241.37 亿元，同比增长 9.76%；⑤行业整体经济效益继续增长。服装行业规模以上企业累计实现主营业务收入 11495.84 亿元，同比增长 7.97% 点；利润总额 654.50 亿元，同比增长 11.95%；销售利润率为 5.69%，比 2016 年同期提升 0.20 个百分点；销售毛利率 13.87%，比 2016 年同期提升 0.16 个百分点。从这五大特征可以看出目前我国服装产业整体处于由服装大国向强国转型的关键时期。

面对这一关键的转型阶段，中国服装协会所发布的《中国服装产业“十三五”发展纲要》将结构调整、科技、文化、品牌、人才和国际合作六个方面是未来服装产业重要开展工作，其中服装科技创新与人才建设是整个未来工作的核心组成。在科技创新方面，应紧抓全球新一轮制造业变革和我国实施《中国制造 2025》发展战略的机遇，以促进服装制造创新发展为主题，以提质增效为中心，以信息化与工业化深度融合为主线，以智能制造和质量品牌提升为方向，瞄准国际服装制造先进水平，积极推动服装制造向服务化转型，打造中国服装制造竞争新优势，加速完成中国服装由大变强的战略任务。而在人才建设上，必须与服装技术创新协同发展，努力建设一支互联网时代富有创新精神、优秀工业精神的人才队伍，培养专业化程度高的多层次人才和高素质的专业基础人才，以及跨学科、跨行业的复合型人才，从根本转变低成本、低附加值的粗放发展方式，重新确立中国服装业在国际产业分工中的新定位，全面提升中国服装业的全球竞争力。

二、服装设计与工程学科发展现状

（一）服装设计与研发

1. 人体测量技术

服装人体测量技术分为手工测量与非接触式三维测量两种。在服装设计、制版过程中，手工测量作为传统的人体测量方法获取设计所必需的人体数据，但测量结果受测量者主观影响大，测量效率较低，可测量部位数少，无法满足服装个性化趋势下的精确获取人体数据的需求。近年来，服装定制形式的制造模式方兴未艾，对顾客详细、准确及快速的量体成为服装定制的基础和关键，得益于三维测量技术的快速发展，非接触式三维人体测量技术开始在服装产业得到大范围的应用和推广。

三维人体测量技术最早在2000年左右被引入国内服装行业，主要的非接触式三维测量主要采用白光、激光和红外光等作为介质，捕捉人体信息，通过人体建模、特征部位提取等步骤获得详细的人体数据。三维人体测量主要输出两个层面信息。一是三维人体点云数据，可用于三维人体与服装的建模、三维虚拟试穿及虚拟展示；二是人体特征部位的数据，可用于各类服装结构制版以及结构优化，据此建立的人体数据库可用于体型分类以及制定号型标准的参考。

根据测量原理的不同，非接触式三维人体测量技术分为主动式和被动式两类。主动式是利用激光、结构光或投影等技术对被建模的人体进行主动扫描，获取人体的三维数据信息；被动式是通过对采用立体视觉、摄像机等设备获取到的人体图像或者视频信息进行一系列处理，再计算分析获得三维人体或服装信息的方法。

在服装设计与研发中，大部分采用的是主动式三维人体测量技术，测量的效率和精度高，但其价格昂贵、设备体积大、校准方法繁琐，主要用于高校与科研院所的人体及服装相关研究。因此，面向服装企业和市场，低成本、便携式的三维扫描仪成为当下三维人体测量研究与应用的另一可选择设备。便携式扫描一般采用激光作为光源，通过向被测物体表面投射十字线激光，通过双目（摄像头）或单目（摄像头）扫描的方式，完成整个物体表面尺寸的测量。

被动式三维人体测量技术利用图像直接进行三维人体和服装建模，在此基础上获取人体和服装人体信息。按技术特点可分为基于单视图（单张照片）的表面重建和基于多视图

（立体视觉）重建的方案。前者基于对光源特征，反射模型，成像几何关系及纹理正面等的简化假设基础上，计算出物体表面的深度值从而构建三维模型；后者通过对被摄对象的两幅或者多幅特定角度的照片进行计算处理，重建物体表面及三维形态结构。被动式三维人体测量技术的设备和过程相对于简单，只需两架或多架相机同时拍摄采集照片，随后利用建模软件实现三维人体与服装构造，模型构建的效率较高。但由于采集的原始物理数据信息较少，重构算法的准确性和可靠性成为构造三维人体与服装模型的关键，现有算法得到的人体与服装模型的数据精度尚待验证，目前主要应用于游戏及产品销售中的三维人体与服装的虚拟展示。

对于服装设计而言，除了静态造型与舒适性，还必须考虑动态造型与功能性。因此，除了测量静态人体数据以外，同样需要活动 / 运动状态的人体形态与服装形态数据。在测量过程中，非接触式三维测量设备要求被测体相对静止，无法获取动态的人体与服装数据，只能由动态测量方式和设备来完成。近年来，动作捕捉技术被引入服装设计领域，用于获取运动的人体形态数据。测量系统通常包括四个部分：传感器、运动捕捉设备、三维虚拟场景以及数据通讯设备，其工作原理分为机械式、电磁式、声学式、惯性式、光学式等。对于服装学科的人体动态测量，主要用于运动状态下人体形态变化特征与规律、人体与服装空间关系、运动服装等研究中，包括高性能运动服装和特殊功能服装设计与开发、服装样板调整与优化、三维着装形态的高仿真模拟。由于测量尺度要求在毫米级，需要实时性好、精度高的捕捉设备，因此国内服装及人体运动研究领域的科研机构多选择用光学式动作捕捉设备。

2. 服装虚拟设计

设计师利用计算机模拟服装的设计与制作过程，利用虚拟人体模拟仿真服装的穿着效果，构造虚拟场景，可以大大缩短服装产品开发周期和降低开发成本。目前，三维服装虚拟设计的方法主要有三个途径：二维裁片缝合生成三维服装；在人体模特基础上直接构建三维服装；基于三维扫描或者图像视频重建三维服装。前面两种主要针对服装设计，后面一种主要用于服装展示。

基于二维裁片的三维服装模拟建立在二维纸样和裁片的基础之上，是传统服装设计与制作方法在计算机上的重现，已经应用到一些成熟的三维服装辅助设计软件中，比如美国格柏公司的 VStitch 服装设计软件、加拿大 PAD 的三维试衣系统、法国力克公司的 Modaris 3D Fit 系统，PGM 公司的服装设计系统 PGM 软件、Human Solution 公司的 Vidya 系统，都能实现二维裁片到三维服装的相互转换以及三维服装的造型设计。

在人体模特基础上直接构建三维服装这个领域，国内学者做了很多的工作：一种方法是根据人体曲面的特点，将人体曲面进行分块表示，然后用水平切面按一定间隔去切割人体曲面获得人体截面的轮廓，然后将轮廓线连接起来得到人体与服装曲面；另一种方法则是用水平截面对整个人体曲面进行按一定间隔的截切求交，得到大量等值曲线，将等值线均匀分段，依照一定的拓扑关系连接各分点，得到服装曲面网格和曲面的变形，加上一些合理的约束后，实现了基于草图交互的服装设计；其他方法就是利用参数曲线和曲面建立服装曲面的模型，通过参数的改变实现服装曲面的修改，并加入了服装的语义信息，可以设计生成多种不同的衣领。最近新的方法是通过对服装人台模型扫描处理后，利用其表面关键点的数据信息，通过三次样条插值计算出人台表面的插值点坐标，实现三维服装人台的建模，然后以服装人台模型为基础，根据两者的对应关系，计算出服装曲面各关键点的坐标数据，得到三维服装模型。最后，基于草图勾绘进行服装建模的方式也属于这一类方法，在扫描人体模型基础上，直接在人体正面和背面草图勾绘衣服轮廓线，然后利用基于围绕人体预先计算的距离场来生成服装网格，并通过定义衣片缝线将三维服装直接展开至二维纸样曲面，快速生成对应的服装样板。这种自由随意的设计方式，可以设计出各种风格的服装款式，但当款式复杂时，要勾绘所有的特征风格曲线，交互量偏大。

3. 智能服装技术

智能服装是指模拟生命系统，不仅能感知外部环境或者内部状态的变化，而且能够通过反馈机制，能实时地对这种变化做出反应的服装。与普通的服装设计不同，智能服装的设计和研究是多学科的交叉融合，涉及电子和软件工程、人体工程学、服装与纺织学、材料学及服装设计。目前研究人员从不同角度对智能服装的组成开展了研究，如研究者在智能服装的设计中对电子智能服装的舒适性能尤其关注，包括服装的热湿舒适性、电子元件与人体皮肤接触的感觉舒适性及服用安全性等方面；还有研究者主要围绕智能传感材料开展了重点研究，如石墨烯材料等。

目前初步形成了一个智能服装的设计模式，主要过程如下：以用户的需求为第一要素，通过调研或查阅资料等方式，了解用户的需求，并根据使用中可能遇到的问题来进行技术设计，以满足其心理、生理需求，符合其个性、生活方式和使用环境；其次是进行技术设计，选取可以实现预期功能的技术，以及合适的面料，设计具有美学效果的结构造型。最后就是原型开发完成后，从感觉舒适性、服用安全性等多角度进行性能评价。

智能服装作为智能可穿戴技术的一种形式，根据智能程度可以分为三个层次：第一层次是被动式智能服装，该服装仅作为一种传感器感知环境；第二层次是主动式智能服装，服装不仅可以感知环境而且能够利用执行器做一定的操作；第三层次是超智能服装，能够根据环境的变化主动采取一些操作，或者可根据预先编好的程序进行操作。

当前，智能服装主要通过两种方式实现自身的智能化。一种方式是运用智能服装材料，如变色材料、形状记忆高分子材料、相变材料、隔热材料等；另外一种方式是利用信息和微电子等技术，把导电材料、柔性传感器、无线通信模块和电源等器件，通过嵌入方法与服装有机组合在一起，目前很多智能服装都属于该类。

智能服装的实现需要依靠多学科的交叉，涵盖纺织、通信、计算机、微电子等技术领域，具体关键技术是：传感器技术、低功耗技术、高效能源技术、系统集成技术、数据交互技术、无线通信技术和信号处理技术。智能服装目前主要应用在医疗保健、军事领域、时尚领域以及健身领域，如军用智能作战防护服、智能运动服以及音乐外套等。未来智能服装的发展主要体现在以下四个方面：电子元器件的微型化与舒适化、产品的多功能化与专业化、智能服装与着装者的交互方式多样化、产品设计的场景化与人性化。

4. 功能服装及其评价技术

功能防护服装的研究成果一方面继续致力于为特定环境中的作业人员提供更好的保护，另一方面也在研究为这些特定环境中的作业人员提高穿着舒适性以及活动效率。近年来，在热防护功能、冷却功能、运动防护功能、医学保健功能、航天功能、安全防护功能等方面的研究都有进展。

在热防护功能方面，研究主要包括三维燃烧假人的传热模型、低辐射热暴露环境的热防护研究及热防护性能与热舒适性能关联性研究；新型降温材料在消防服热防护中的应用以及建立完整的消防服热防护、热舒适的评价体系与标准。在冷却功能方面，研究主要包括空气冷却服装、液体冷却服装、相变服装、混合服装、气体膨胀服装以及真空干燥冷却服装，以及一种热电冷却技术。在运动防护功能方面，主要研究结构优化、动态穿着舒适性、运动功能性、抗风阻等，以及运动智能穿戴技术和运动文胸等。在医学保健功能方面，主要是根据用户健康和治疗等需求，利用智能技术以及先进功能材料，结合服装的结构设计来实现功能，目前主要是针对老人防止摔倒、病患心电监控以及户外跑步、瑜伽锻炼来完成医学保健功能服装的设计研发等。

目前国际上对各种功能服装性能的评价，常使用五级评价系统。对于常规服装，主要检测的物理性能指标包括基本物理性能和舒适性能两个层面；对于功能、防护、智能服装还应该评价其特殊功能性能、防护性能和智能调控性能等指标。常用的五级评价系统是：第一级评价是织物皮肤模型试验，该级主要是利用实验仪器测量织物的一系列物理性能。测量内容包括热湿传递性能、机械力学性能、光学以及表面特征。第二级是服装的物理性能分析以及着装后人体的生理指标预测。该级主要是利用仿生的暖体假人等仪器设备，对服装的热湿传递性能进行测试，并可结合预测模型，预测服装的隔热性能、人体着装时的生理指标、皮肤烧伤分布等，从而对服装进行功能性和防护性评价。第三级是人体穿着试验。人体穿着试验主要是在受控的人工气候舱内进行，实验过程中，测试受试者着装时的主要生理参数，记录受试者的主观感觉，进而验证第二级假人试验和模型预测的结果，对服装的舒适性、防护性、生理可接受性和耐受限度等做出评价。第四级是有限现场穿着试验。对于普通服装，人体穿着试验主要用于消费者评估、市场检验、服装号型的基础性研究；对于特殊功能性服装，受试者穿着服装在实际使用场所进行工作，对服装的总体性能进行评价。第五级是大规模现场穿着试验。这类试验主要针对功能性服装，通过大规模穿着试验，全面综合评价服装性能，为产品定型提供科学依据。

除此之外，随着计算机应用技术的发展，通过运用数字人体模型和个人防护装备模型也可对服装的工效性能进行评价，特别是随着人体－功能服装－环境系统热湿交换模型的发展，建立虚拟的功能服装性能评价和生理预测实验室，研究者们可以对穿着各种功能服装情形下着装者的生理反应和服装的防护性能准确地预测，从而为功能服装的设计和材料的选择提供了参考，为此类服装的快速反应奠定了基础。

目前，在服装的舒适性方面和防护服装的性能评价方面，国际上已基本建立了系统的评价标准，主要包括面料小样实验、假人着装实验和真人穿着实验三个层面。标准制定机构包括美国材料与试验协会 ASTM、国际标准化组织 ISO、美国消防协会 NFPA、欧洲标准 EN 等。测评对象包括服装、睡袋、手套、帽子、头盔、鞋子等。

国际上，在防护服装的性能评价方面，欧美国家有着比较严格的产品分级标准，根据不同作业场所的危害暴露的特点，提出防护指南。阻燃防护服、生化防护服、极寒防护服相关的标准发展较为成熟，从织物测试到服装性能评价，测试方法不断改进，测试环境的模拟也逐步逼真，例如 MIST 测试系统的建立等。但同时，某些防护服的测试标准仍停留在织物层面，如静电防护服等。此外，还存在各国的标准不尽相同的问题，标准的不一致对防护服装的贸易会产生一定的影响。

我国在服装舒适性和防护服装方面的标准正在完善中，目前在跟踪和修改采纳国际标准，标准化体系正在完善中，尤其是某些产品的功能性评价相关测试标准还需要加强和完善。此外，我国的标准化体系中，部分产品的标准存在面向中国人体型、生理特征的针对性不强、其标准适用性有待进一步验证的问题。

（二）服装生产与营销

1. 服装加工技术与装备

智能化、省人工的新型技术与产品的不断进步，前所未有地改变了传统服装行业的作业方式，服装行业的转型升级真正迎来数字化时代生产模式。目前，生产服装设备紧跟时代的步伐，向高速、自动、联动和专业化方向发展。裁剪和熨烫的自动化已基本成熟，缝纫的自动化、智能化也在逐步实现。

（1）裁剪技术

裁剪设备在以往自动化、数字化的基础上，增加智能感知、智能识别、智能信息传输等功能，铺布系统和裁剪系统能与 CAD 系统，通过无线网络数据集成共享排料信息，加快生产效率，还能为操作员和管理人员提供用于分析和改进的裁剪操作的关键数据。自动铺布、裁剪一体机，将铺布功能和裁剪功能集成到一台机器上，减少设备占地面积，可以缩短裁剪时间，消除张力和减少误差。视觉识别与摄像定位裁剪系统能够自动扫描布料印花图案、条格图形，经过识别后再进行裁剪，实现自动对条、对格，提高裁剪系统的智能感知功能。随着服装个性化定制的兴起，可用于单量单裁的单层或小批量刀式自动裁剪系统需求量大大增加。

（2）缝制技术

计算机数字控制及模版技术的智能化工业用缝纫机正在企业中逐步得到广泛使用，在极大提高生产效率的同时，还可降低工人的工作强度和操作复杂度，使纺织服装领域开始慢慢摆脱依赖于熟练工的状况。随着机器人技术的不断发展，机器手臂已引入到服装缝制作业中，并能出色完成复杂的加工工艺。

（3）整烫技术

以提高自动化水平和提高效能为目的，整烫设备在实用性和智能性方面有较大创新，隧道式整烫机、柔性整烫系统等设备应运而生，实现了服装后整理的自动化和无人化。自动化后整理系统具备自动分拣、自动折叠与包装功能，从整烫、输送到折叠、包装以及衣架回收，全部自动完成，并实现数据化管理，大幅提高了生产效率，降低了劳动强度和技能要求。

2. 服装智能制造技术

服装智能制造技术主要是融合互联网相关技术，通过大数据、互联网远程监控、互联网即时数据传输等技术融合生成智能化、信息化服装生产整体方案。随着技术的不断应用，传统服装工厂环境会更干净、更人性化，企业能够借助数字化实现生产线全过程可监控，面辅料采购、入库、生产进度、发货各个环节的管理实现数字化管理。

近年来服装智能制造技术在自动化、智能化取得了一些集成创新成果。在缝前阶段，上海和鹰公司研发出 3D–CAT/（3/2D–CAD）/CAM 智能集成服装设计裁剪系统，广东爱斯达推出的用于牛仔裤个性定制生产的智能激光牛仔裤设计裁剪系统；在缝中阶段，上海威士公司推出七台衬衫生产流程专用和五台西裤生产流程专用的全自动缝制单元系统，上工申贝推出西服和西裤生产流程专用的智能包缝机和多针机系列，台州美机推出牛仔裤生产流程专用的全自动缝纫机等；在缝后阶段，上海威士推出大类服装，如西服、西裤、衬衫等的自动整烫流水线，上海和鹰和北京起重院共同研发出以 RFID 为核心技术的全自动立体仓储物流配送系统等。

除此之外，推进精益生产以减少企业资源的消耗和最大限度地提升生产效益成为企业一直推进的工作。通过优化运营系统、整合管理体系、改善生产模式、挖掘员工潜力等方式，形成了及时生产、单件流、后拉式、标准作业、看板管理、全面质量管理、物料超市化管理、U 型生产、站立式作业、模板辅助车缝、无缝转款等具有服装行业特色的生产管理模式。

3. 服装高级定制技术

服装高级定制在大数据、云平台支持下在向智能化发展。以数据为生产驱动力，网络设计、下单，定制数据传输全部数字化。消费者定制需求通过系统自动生成订单信息，以指令推送的方式将订单信息转换成生产任务并分解推送给各工位指导生产。通过智能物流系统等，解决整个制造流程的物料流转。通过智能取料系统、智能裁剪系统等，实现个性化产品的大流水线生产。基于物联网技术，多个信息系统数据得到共享和传输，多个生产单元和上下游企业通过信息系统传递和共享数据，实现整个产业链的协同生产。青岛红领集团实现了两化深度融合的超柔性西服规模定制生产；江苏吉姆兄弟实现面向移动终端的衬衫定制生产；广东爱斯达服饰有限公司推出用于牛仔裤个性定制生产的智能激光牛仔裤设计裁剪系统；上海报喜鸟集团布局工业 4.0 智能化生产，大力发展全品类个性化定制业务等。

4. 服装营销与管理

当前服装营销呈现出一些新的模式，包括展示间模式（showroom）、电子商务网络平台、移动营销、“新零售”等。

（1）展示间模式

这种模式是设计师与买手之间的一个重要桥梁，主要通过在一定空间内展示产品，帮助服装设计师对接买手、品牌商或经销商，在下单汇总之后，交由品牌生产商生产并辅助品牌推广。目前，采用展示间模式的品牌主要有国外大型商业品牌、国际买手店热销的设计师品牌、按月更新的现代女装品牌和新锐设计师品牌四类。

（2）电子商务网络平台

随着科技的不断发展，带动服装电子商务向不同的方向发展，从而孕育出多样的服装网络平台。第一种是服装定制网络平台，即伴随着电子商务和技术的不断发展，应用大数据信息、云计算和 3D 扫描技术的服装定制网络平台不断涌现，形成了服装企业的定制生产模式。其中以红领集团为代表的酷特（Cotte）平台和魔幻工厂（APP）发展最为迅速，已累计拥有二百一十万顾客数据，版型数据达到百亿规模。第二种是供应链前端整合平台，即在强大的工业互联网与大数据背景下，用户在产品平台指定产品需求，平台将规模巨大但相互割裂的、零散的消费需求整合在一起，然后设定供应商和生产工序，生产出个性化产品的工业化定制模式即为 C2M 模式。“全球首家 C2M 电子商务平台”的“必要商城”和网易旗下主打原创生活类商品的自营电商平台“网易严选”同属于这种类型。

（3）移动营销

随着移动终端发展，助推网购市场开始向“线上 + 线下”、“社交 + 消费”、“PC+ 手机 +TV”、“娱乐 + 消费”方向发展，整合营销、多屏互动等模式成为近年来的发展方向。移动营销正是基于这样的背景而产生，针对移动终端用户，在移动终端上直接向分众目标受众定向和精确地传递个性化即时信息，通过与消费者的信息互动而达到市场营销的目的。目前移动营销主要有以下形式：一是直播，直播是营销中建立的虚拟社区、增强社区化互动的平台，因其深入互动的特点和独特优势，给一直不断创新的电商营销带来了新的启示。二是 H5 营销，H5 原本是一种制作万维网页面的标准计算机语言，由 HTML5 简化而来，如今借微信移动社交平台而走进大众视野。用 H5 可以在页面上融入文字动效、音频、视频、图片、图表、音乐和互动调查等各种媒体表现方式，将品牌核心观点精心梳理，重点突出；同时，还可以使页面形式更加适合阅读、展示和互动，便于用户体验及用户之间的分享。三是微营销，“微商”一直以“微营销”的形态存在，并得以快速发展。

（4）“新零售”模式

利用互联网思维而进行线下实体销售，在维持服务性和体验性的同时增加互动性、及时性和互联网性。实质上就是“将零售数据化”，实现“线上+线下+物流”，其核心是以消费者为中心的会员、支付、库存、服务等方面数据的全面打通。其中，线上是指云平台，线下是指销售门店或生产商，新物流消灭库存，减少囤货量。博商云是国内首家开始研究新零售系统的企业，属于新零售系统的领导者。

（三）人才培养与基地平台

1. 人才培养

服装设计与工程学科的设立与发展一直伴随着中国改革开放的进程。1980 年，原中央工艺美术学院率先开办了服装设计专业，招生国内第一批大专学生，拉开了国内服装工程人才培养的序幕。1985 年，原中国纺织大学、天津纺织工学院、苏州丝绸工学院和无锡轻工业学院等院校先后开设了服装设计本科专业，开始培养本科专业人才。1988 年北京化纤工学院更名为北京服装学院，成为国内第一所以服装命名的公立院校，培养服装类高级人才。1985 年西北纺织工学院成为国内第一个获得服装工程硕士点授权高校，1998 年东华大学（原中国纺织大学）服装学院取得隶属纺织一级学科的服装博士学位权授予资格。2004 年按照教育部要求服装工程更名为服装设计与工程。2010 年，服装设计与工程专业卓越工程师培养计划开始实施，2016 年服装设计与工程教育专业认证工作正式启动。

经过三十多年的学科建设与发展，经中国纺织教育学会 2016 年统计目前全国有 122 所高校开设了服装设计与工程专业，并形成了完整的人才培养目标与课程体系，其主要培养具备服装设计、服装结构工艺及服装经营管理理论知识和实践能力，能在服装生产和销售企业、服装研究单位、服装行业管理部门及新闻出版机构等从事服装产品开发、市场营销、经营管理、服装理论研究及宣传评论等方面工作的高级专门人才。这些高校先后已经为全国培养了上万名专业人才，主要就业的领域与工作包括：服装设计师、面料开发师、纸样设计师、工艺设计师、生产管理人员、商品管理专员、服装跟单人员等，推动了中国服装产业的快速发展和水平提升。

2. 基地平台

东华大学建有“现代服装设计与技术”教育部重点实验室，在 2013 年 3 月通过教育部验收后正式挂牌运行。该实验室主要根据国际服装产业发展趋势，结合国家重大项目的需求，围绕服装技术与艺术设计领域开展研究，涉及三大研究方向：高性能服装及功能设计研究、艺术创意设计与服饰文化研究以及服装敏捷制造与信息服务。其中高性能服装及功能设计研究主要围绕服装的构成研究及性能评价、服装人体工效学、高性能服装的开发及功能性纺织品服装耐久性护理技术与评估方法等开展研究；艺术创意设计与服饰文化研究则主要是开展服装品牌创意艺术与流行预测信息优化、服装史论与服饰文化研究和时尚文化与时尚产业研究；对于服装敏捷制造与信息服务这一方向，则主要开展服装敏捷制造、服装CAD-CAM技术整合优化、面料与面料设计的信息集成与服务系统以及服装商品、服装心理学实验等方面的研究。实验室先后参与了国家一系列重大项目，如航天工程中宇航员服饰设计等，取得了一系列显著成果。

浙江理工大学建有“服装工程技术研究中心”，2011年11月由浙江省科技厅批准建设，该中心主要研究方向为：一是数字化服装工程，主要研究三维人体测量、人体建模、服装面料仿真、三维服装虚拟展示、MTM（单量单裁）技术和服装CAD等，建立适用于成衣定制生产的人体数据库，解决人体体型的分类、细分和识别技术；二是人体工学与服装舒适性，主要研究服装热湿舒适性、暖体假人技术、服装压力舒适性和形态舒适性的测试和评价，功能和智能服装的研制等；三是服装设计与技术，主要研究服装设计原理、结构设计、工艺设计、装备和服装可加工技术，先进制造技术，以及与服装材料的配伍性等，解决柔性化、虚拟化、智能化、清洁化、集成化和节能减耗等先进服装技术的关键问题，从而实现个性化服装的大批量定制生产；四是新型服装面料设计，主要研究符合环保标准的服装面料生产工艺、先进功能化的面料后加工处理以及引导潮流的面料设计织造技术研究。

苏州大学的“纺织服装虚拟仿真实验教学中心”于2014年经教育部同意建设。中心构建了涉及纺织服装全产业链的完整的虚拟仿真实验教学体系，包括：纤维虚拟制造、纱线仿真设计、织物仿真设计与效果模拟、染整工艺仿真设计与模拟、服装仿真设计与虚拟制造、虚拟试衣系统以及纺织服装生产管理与贸易等虚拟仿真实验。利用中心的教学资源可实现纤维、机织物、非织造织物、服装等产品的设计与试制的虚拟仿真实践，为相关专业学生综合实践能力的训练、为企业进行纺织服装的智能化仿真设计及效果模拟提供了共享平台，对纺织与服装的低成本、低消耗、零排放的实验教学以及快速多样的纺织与服装产品设计开发具有重要的作用。

北京服装学院建有“服装工效与功能创新设计重点实验室”，于2016年12月由北京市科学技术委员会批准建设。由服装人体工学、面料功能创新设计、服装功能创新设计与评价实验室组成。目前实验室主要围绕服装人体工学、面料检测与设计、服装功能创新设计与评价等前沿领域，紧密结合国民经济发展、社会发展、国家和行业重大工程需求，开展大量的基础研究与创新性设计应用，实验室先后完成国家多项重大课题，并取得突出成果，如完成人体运动体表物理与生理特征研究、不同姿态下人体体表皮肤拉伸变化特征数据库、开发出基于中国人体特征的企业专用人台以及人体测量评价系统、航天舱内用鞋研发、战斗直升飞机飞行员服装设计研发、航空母舰舰上人员制服设计、北京地铁反恐防化服装以及2016年里约奥运会火炬传递服装设计研发，并参与国家服装号型标准的参与制定等。

随着学科的不断发展以及与企业的紧密结合，服装设计与工程学科中的产学研合作表现非常突出，形成多样化形式。一方面，企业继续加大在高校内积极共建研究与研发中心，如北京服装学院与三六一度中国有限公司合作共建“高性能运动服装设计研发中心”、与山东南山集团共建“中国职业装研究院”，东华大学先后与德国博朗、泉州利郎集团等开展了项目合作，浙江理工大学与卓尚服饰（杭州）有限公司共建众创空间、与红袖服饰开展卓越服装设计师计划、与临平新城合作“杭州·艺尚小镇”建设，设立学生创业基地等。另一方面则是学校走出去与企业共建教学实践和科研基地，如北京服装学院在浙江宁波博洋集团共建的“优才计划”校外实践基地、在江苏金坛晨风集团共建实践学院；西安工程大学在际华集团及汇洁集团建设“卓越工程师培养基地”、“省级大学生实践教学基地”和“产学研共建基地”西安工程大学与石狮市政府建立的政产学研用五位一体的西安工程大学石狮研究院；武汉纺织大学先后在广东溢达、武汉红人等集团公司设立校外人才培养实践基地等。

三、服装设计与工程学科国内外研究进展比较

服装设计与工程学科是一门体现了艺术与科学完美结合的交叉学科。在本学科的研究中，充分体现出人文学科和工程技术知识的融合。既要求研究者懂得社会学知识、了解行为学、心理学，具有较高的文化艺术素养和较强的审美能力，又要充分掌握服装设计结构及工艺、成衣化生产工艺技术的专业知识，掌握服装材料的结构性能和特点，具有对服装材料的选择、鉴别和初步开发的能力，具有服装生产管理、市场预测和市场营销的基本能力。

（一）国外服装设计与工程学科现阶段研究总体特征

当前国外服装设计与工程学的学科发展总体呈现出三大特征。

1. 学科的交叉与融合进一步扩大

目前许多国外院校在教学中对基础选修课程的设置没有学科界限，甚至鼓励跨学科选修，并开设项目制课程，要求研究团队成员必须是由不同学科背景的同学组成；同时也鼓励学生每学期跨校跨专业选课，强调与不同院校、专业的交叉学习。

2. 学科共建体系的进一步深化

国外的大部分服装设计与工程专业相关的院校中，构建了由“学校、基金会、企业”三者共建的多维度立体学科体系。这种体系的基础是发达的协会和基金会组织、企业的教育培育意识、教育的开放式理念。这种共建体系在课程设置、项目合作、实验室建设、奖学金设置、毕业展等学生的课内外活动中都有体现。

3. 学术研究范围的扩大和研究内容的多样化

当前服装设计与工程学科在与高新科技、多元文化的交融中，在设计模式、生产方

式、管理手段、产业结构等方面都发生了明显的变化，研究者从不同角度对其进行深入探讨，研究成果丰富，目前“可持续发展”、“智能生活”、“消费行为”都是研究的重点。

（二）国外服装设计与工程学科研究现状

在对 Spinger、ScienceDirect、Wiley、ACS、EBSCO 五大数据库中 2014—2017 年的标题包括“时装设计 + 服装技术 + 服装科技 + 服装管理”的发表论文或出版书籍进行检索后显示全球共有 8257 篇相关研究成果发布。通过对 ScienceDirect 中发表论文的年限及数量统计分析，发现近年来智能服装研究成为热点，可穿戴技术服装的研究受到极大关注，其次为时装设计和开发研究，但服装加工类研究关注度较低。当前研究主要现状可概括如下：

首先是围绕“人”的需求研究依然是本学科理论研究的重点与实践研究的基础，因为服装设计的受众是“人”，因此对“人”的服装消费行为与心理、消费需求、消费价值取向及在此基础上的产品设计研究依然是本学科的重点；其次是围绕可持续发展，从教育、产业、消费者的不同角度，形成多维度的研究视角，表现在近年来，研究者由对生态环境可持续发展的思考引发了对服装产业可持续发展的探索，与之相连的还包括针对消费者对可持续时装的认知和消费价值观念转变的研究；再次是大数据的普及使统计分析成为服装设计与工程学科的主流研究方法，这意味着定量研究，也就是通过对数据资源的整理和研究样本的筛选，采用多种统计学方法，对服装设计与工程学开展基础研究及理论研究已经成为当前主流的研究方法；最后就是智能化、信息交互技术在服装设计中的应用成为热门的研究方向，当前新科技改变了当代人的生活方式，改变了人们的消费需求，也促使艺术与科技结合更加紧密。基于信息与交互技术的功能性服装设计、智能可穿戴服装设计、VR 技术在服装市场营销中的创新应用都成为现阶段的学术研究热点。

（三）国内外服装设计与工程学科研究比较

1. 研究成果比较

从服装设计与研发方面来看，国内外差距日益缩小。由工业 4.0 引发的物联网概念推动了服装设计及产品智能化产业的大发展，高新科技发达的主要国家如美国、中国、德国、印度在智能穿戴技术、服装虚拟设计、人体三维扫描测量、服装功能评价等方面研究成果尤为突出。从学术成果上看，在 2014—2017 年间主题为“智能服装”的论文发表 1866 篇、“可穿戴设备”的论文发表 1453 篇、“功能服装的设计与开发”的论文发表 592 篇、“服装设计与研发”的论文发表 1240 篇，这四项研究成果占到总论文发文数量的 65.1%。其中，中国研究者的成果占到 30% 左右。但在服装的舒适性方面的研究中，还是以国际评价标准为依据，主要包括美国材料与试验协会 ASTM、国际标注化组织 ISO、欧洲标准 EN 等。

2. 研究平台比较

国内外本学科研究平台的差异在于：①支持机构的差异。近年来我国从国家层面到地方层面、企业行业都十分重视“科学研究引领产业发展”，多个地区不同类型的服装专业院校都创建了由国家级、省部级、企事业单位支撑的学科发展实验室。相比较国外的服装专业院校而言，我国的投入力度更大。以科研实力较强的美国为例，其大多实验室都是由企业赞助，以项目合作为支撑的，几乎没有国家行政机构支持的研究平台。②研究层面的差异。我国的本学科研究机构的定位是从不同材质、不同技术、不同市场等多个方向展开，且日益丰富。而国外研究机构或实验室多以商业研究为目的，且研究结果要求直接应用于市场开发。

3. 人才培养比较

服装产业的国际化形势，对服装设计与工程人才的专业能力和综合素质都提出了新要求。①从学生就业形势来看，2015 年中国提出了“大众创新、万众创业”的指导方针，美国也设立了“国家创造周”，这种国家政策的导向给学生提供了新的机遇，也要求学生在本专业基础上，强化自然科学知识、工程基础知识，自我有意识地培养解决复杂服装工程问题的能力。②从学科建设来看，国外的专业院校更加强调基础学科学习过程中的交叉与融合。美国康奈尔大学、北卡罗来纳州立大学，英国曼彻斯特大学，中国香港理工大学对基础选修课程的设置没有学科界限，甚至鼓励跨学科选修，并开设项目制课程，要求研究团队成员必须是由不同学科背景的同学组成。但国内院校在这点上基本还未放开学科限制。

4. 产学研合作比较

国内外在产学研合作上都较为紧密，中国由于服装产业历史悠久企业众多，在服装设计与研发、生产与加工、营销与管理方面都有大量的合作需求，由此产生了各类型的企业合作工程技术研究中心。而国外研究中心创建及发展的赞助机构，通常都是企业或基金会组织，是以企业需求为导向的，因此，产学研合作关系更加紧密。美国帕森斯设计学院从研究生一年级开始与施华洛世奇等六家公司开展课程合作，以项目制形式完成课程。芬兰阿尔托大学在二年级的课表中就有“H&M”专项课程。2017 年美国北卡罗来纳州立大学的毕业作品展就是由 HANE Brands Inc、International Textile Group、SHIMA SEIKI 三家公司共同赞助的，并且优胜者将获得赞助方的支持开展品牌创业。

四、服装设计与工程学科发展趋势及展望

（一）服装行业的发展趋势

1. 在服装设计研发的新理念与新方法方面

（1）可持续时装设计理念与产业发展

首先是提升群体社会责任感，改变消费主义的价值取向。通过提升消费者对可持续发展的意识，来改变以往线性的、抛弃型消费行为；通过创新企业的可持续发展商业模式，

来减少过量生产所带来的环境污染问题，将社会责任作为时尚营销的新兴商业模式，以寻求企业长期发展的新途径；其次是改变服装产品的设计模式，减少过度生产所带来的环境污染，提倡零浪费设计；最后是提升可持续产品的价值，创造新的商业模式。即通过研究新型商业模式，通过设计耐用、持续穿着的时装来减少面料的使用需求等，以达到时装的可持续发展。

（2）顾客价值研究与服装设计创新方法

当代服装产品消费主体对价值需求的表现特征及形式随着信息爆炸及技术迭代，发生了明显的变化。顾客价值研究从物质需求转向更丰富的精神需求，并推动了服装设计方法论的创新。主要研究内容有两个方面：首先是针对消费者的情感需求研究及服装产品的情感化设计方法；其次是建立科学有效的设计评价体系。通过对当前消费者价值评价标准的再研究，考虑评价集群之间的相互关系以及评价替代感性化服装设计方法，建立一个独特的服装设计综合分析模型。

2. 在服装生产与加工中新技术应用方面

（1）智能服装的产品设计

当前智能服装的研究呈现明显上升趋势，但就目前的研究成果来看，智能可穿戴设备仍有各种各样的缺点，比如长期佩戴不舒适、不够精准等问题，尚待解决的问题很多。目前智能服装设计主要分为两个类别。首先是一般性健康监测服装。在大数据时代背景下，服装已经融合了医疗应急响应、情感护理、疾病诊断和实时触觉交互功能。特别是，智能服装收集的心电图信号被用于情绪监测和检测之中，能够更好的与人产生互动关系。其次是疾病监测服装。这种类型的智能服装可以通过压力、温度、气体来检测人的身体变化，以帮助疾病患者随时了解病况的变化。

（2）功能服装的产品设计

目前的研究重点主要在两个方面。首先是功能服装的设计定位，分为一般功能性服装和特殊功能性服装。一般功能性服装的消费者通常为健康的人，他们对自身健康都持续关注及户外运动的盛行，都推动了运动功能服和户外功能服装销售的持续增长。特殊功能性服装主要消费者是特殊职业者和特殊失能人群。其次是功能服装产品的技术实现，主要是依据不同服装的性能要求通过材料使用、结构设计以及特殊工艺等来实现。

3. 在服装管理与营销模式方面

（1）大数据时代的消费行为研究

主要研究方向首先是消费理念的升级以及消费方式和决策过程改变的研究，如共享消费成为近年来较为突出的创新消费方式，它是传统的以所有权为基础的一种替代方式，它可以通过延长衣服的实际使用寿命来减少时尚对环境的影响。还有就是消费价值取向的转向。当代消费者由关注消费品的表层价值转向核心价值，“美”、“自我感受”、“道德”、“家庭”、“社会责任”成为消费主体对商品价值判断的重要标准。

（2）交互技术在服装营销中的应用研究

随着高新科技的不断发展，服装产品设计、生产、销售、管理等各个部门原有的生产模式都发生了显著改变，主要体现在：三维仿真（3D）与服装虚拟试衣、VR虚拟现实技术与服装电子商务以及二维码虚拟销售方式。

4. 在服装产业发展方面

（1）加快产业结构调整

产业结构调整与完善是我国服装产业在国内外市场具有竞争力的主要因素，这就要求当前服装企业如果期望不断壮大，不被淘汰，就必须从强化自身内功入手，一方面是需要投入人力与物力加大对新材料的研发与应用；其次是加快新技术应用和营销新模式构建，拓展多元化市场和渠道，提升企业的经济效益；再次则是需要构建科学系统的设计研发与营销体系，实现企业供给侧结构的完善；最后就是需要优化自身组织结构设计与管理模式，提升整个管理水平。此外，政府以及行业协会应当按照国家整体规划以及不同市场需求，积极做好企业之间的兼并、重组等服务工作，重点扶持与建设国家级品牌。

（2）实施创新驱动战略

创新是行业与企业发展的源动力，我国服装行业要保持整体优势，继续做大做强就离不开技术创新与应用。技术创新涉及全产业链各个领域，重点表现在从服装设计、制造、营销以及企业管理等领域，其中三维虚拟设计、智能制造、自媒体营销、快速反应系统、虚拟评价体系等都是技术创新的重点方向，同时针对功能服装以及智能服装设计研发，开展“人体 – 服装 – 环境”这一系统中的基础研究变得更加必要。

（3）充分利用“互联网 +”平台

电子商务已经成为中国服装行业发展最强劲的引擎之一，目前流行的基于“互联网 +”平台的营销方式也在倒逼服装行业进行变革，一方面可以帮助企业了解消费者需求以及测试对未来进入市场产品的喜爱程度，帮助决策产品的生产与营销，另一方面则可以帮助企业利用网络平台开展自身资源库建设，如样板库与面料库，支持虚拟设计以及基于云数据高端定制等工作开展。

（4）重视自主品牌建设

加强区域以及国家品牌建设，塑造中国制造新形象成为一项重要工作，这就要求服装企业不断强化品牌意识，一方面对自身品牌的文化、质量以及形象投入财力与物力，完成后整体的策划、构建与宣传，另一方面可以通过并购、重组等手段建立自有品牌体系，同时政府及行业协会则可以通过品牌培育体系与品牌价值评价制度的建设来推动行业品牌的塑造。

（5）强化可持续发展

可持续发展应成为全球服装行业的热门话题，减少对环境污染以及服装原料重复利用已经为消费者所认可，为此一方面政府以及行业协会需要将可持续发展提升到国家以及行业整体的战略层面，制定相关的配套法规与政策，指导服装企业开展相关具体工作，发展低碳、绿色以及循环的服装经济，推动行业转型升级，而企业更应该以此作为发展目标，未来才能在市场立于不败之地。

（二）本学科研究热点展望

1. 大数据背景下的服装计算机辅助系统设计与开发

通过大数据网络，利用先进的计算机程序设计对当代服装消费行为进行深入分析，挖掘消费心理与需求，进而制定科学系统的服装市场营销策略与管理方案。主要研究内容包括：首先是产品推荐系统，包含服装搜索/检索、服装推荐、时尚协调和智能推荐系统四个子系统，来完成对服装产品的精确选择与推荐；其次是设计参与系统，利用互联网从外部合作伙伴了解市场需求、弥补自身发展中的问题，从供应商、客户、终端用户、大学研究人员等方面吸取有价值的信息，准确地对目标消费者进行产品定位，即“共同设计”或“用户参与设计过程”方法；最后就是管理决策系统：在产品开发过程中，对消费者服装需求和期望（ANE）系统模型的应用，帮助企业识别目标客户对服装特征的期望，在销售过程中确定产品的相关特性，同时在分析服装生产与销售的比较数据基础上，创建服装生产外包的决策支持系统，从而解决了全球外包过程中的复杂性和不确定性。

2. 基于VR和AR的服装体验设计与产品开发

体验设计是指有意识地提供的、使消费者以个性化的方式参与其中的事件，把顾客体验正式纳入研究范围，通过客户体验来进行产品及服务的设计、修改，在互联网、餐饮、娱乐等行业的产品开发、客户管理、品牌营销领域已有广泛的应用。随着VR和AR硬件和技术的成熟与发展，服装的体验设计和产品开发将越来越成为可能。通过构建三维虚拟体验场景，使得服装与配饰、环境氛围搭配的主题化、场景化，激发顾客着装感受/想象情境，通过沉浸式的图片、视频、音乐等描述服装差异化、个性化属性，加深客户对服装的感官记忆，对顾客体验情感评价，引导顾客参与服装款式、部件、颜色、图案等特征便捷修改交互设计，深程度表达顾客个性需求，与服装工业化定制衔接，完成服装产品的体验与服务。这将为服装行业从制造经济转向升级为服务经济和体验经济提供很好的途径。

3. 基于物联网的服装柔性定制生产体系关键技术

目前服装的工业化定制多数为MTM模式，重点放在个性化纸样设计，即一人一版，而生产线往往保持着传统的批量加工方式，无法真正适应服装定制。未来服装柔性定制的生产体系，需要生产线具备敏捷制造能力，实现同类差异号型、不同款式、各类面料的服装生产的实时共线与工艺流程转换，实现流水线上服装信息、物料、工艺、设备的灵活搭配。随着物联网技术的成熟与应用，实时动态的监控整个服装生产及物流过程。通过信息管理系统、MTM技术、工艺单与流水线自适应动态调整技术，将顾客定制需求的面料、版型、工艺与生产线架构融合和衔接，实现服装生产的信息实时反馈、顾客定制的产品执行进度的实时查阅和跟进，构建从设计到构成、定制要素与制造执行功能步骤全覆盖的柔性生产线体系。这将从根本上改变我国服装行业从低端制造的现状，实现服装行业从大到强的智能制造的转型升级。

4. 智能服装设计与开发

近年来，能够感知人体外部环境或内部状态的变化，并通过反馈机制实时地对这种变化做出反应的智能服装已然成为服装学科研究的热点。智能服装是电子信息学科、材料学科、纺织学科交叉的领域。随着新材料、传感器、芯片等可穿戴技术的进步与发展，智能服装在医疗保健、军事、娱乐、运动装和通信等方面将逐步得到广泛的应用，智能服装的设计以及构建“人体 – 服装 – 环境”的功能与舒适性智能架构体系将成为未来服装设计与工程领域研究的重要方向。

参考文献

[1] Nemni R, Galassi G, Cohen M, et al. Recent trends and future scope in the protection and comfort of fire-fighters’ personal protective clothing [J]. Fire Science Reviews, 2014, 3 (1): 4.

[2] 翟丽娜，李俊. 服装热防护性能测评技术的发展过程及现状 [J]. 纺织学报，2015，36（7）：162–168.

[3] 田苗，李俊. 数值模拟在热防护服装性能测评中的应用 [J]. 纺织学报，2015，36（1）：158–164.

[4] Miao T, Wang Z, Li J. 3D numerical simulation of heat transfer through simplified protective clothing during fire exposure by CFD [J]. International Journal of Heat & Mass Transfer, 2016, 93: 314–321.

[5] Lai D, Chen Q. A two-dimensional model for calculating heat transfer in the human body in a transient and non-uniform thermal environment [J]. Energy & Buildings, 2016, 118: 114–122.

[6] 卢业虎. 高温液体环境下热防护服装热湿传递与皮肤烧伤预测 [D]. 上海：东华大学，2013.

[7] Mao A, Luo J, Li G, et al. Numerical simulation of multiscale heat and moisture transfer in the thermal smart clothing system [J]. Applied Mathematical Modelling, 2015, 40 (4): 3342–3364.

[8] 朱方龙，樊建彬，冯倩倩，等. 相变材料在消防服中的应用及可行性分析 [J]. 纺织学报，2014，35（8）：124–132.

[9] Chan A P, Guo Y P, Wong F K, et al. The development of anti-heat stress clothing for construction workers in hot and humid weather [J]. Ergonomics, 2016, 59 (4): 1–46.

[10] 谢倩，蒋晓文，刘皎月. 新型 T 恤面料热湿舒适性对比研究 [J]. 上海纺织科技，2015，43（4）：24–26，31.

[11] Sayed C A, Vinches L, Hallé S. Towards Optimizing a Personal Cooling Garment for Hot and Humid Deep Mining Conditions [J]. Open Journal of Optimization, 2016, 5 (1): 35–43.

[12] 李亚男，徐东，杜佳欣，等. 基于户外运动功能的滑雪服设计与材料选择 [J]. 浙江纺织服装职业技术学院学报，2016，15（1）：36–40.

[13] 黄莉，陈敏之，郑万里，等. 骑行姿态下腿部皮肤伸展大小的研究 [J]. 现代纺织技术，2016，24（6）：43–46.

[14] 张茜. 无缝针织运动服的开发与舒适性能研究 [D]. 上海：东华大学，2016.

[15] 孟祥红，陆明艳，戴晓群. 运动文胸热湿舒适性研究 [J]. 现代丝绸科学与技术，2015（3）：90–93.

[16] Nasir S H, Troynikov O. Influence of hand movement on skin deformation: A therapeutic glove design perspective [J]. Applied Ergonomics, 2017, 60: 154-162.

[17] 范秀娟，刘昊，赵欲晓，等. 一种电子智能救援服：CN203986208U [P]. 2014.

[18] 梁盈春. 1-3 岁幼童服装蓝牙温度监测报警系统的研发 [D]. 西安：西安工程大学，2017

[19] 黄晗聘. 基于 DLP 的嵌入式结构光三维扫描系统 [D]. 杭州：浙江大学，2016.

[20] Zhang D L, Wang J, et al. Design 3D garments for scanned human bodies [J]. Journal of Mechanical Science and Technology, 2014, 28 (7): 2479-2487.

[21] Eunyoung L, Huiju P. 3D Virtual fit simulation technology: strengths and areas of improvement for increased industry adoption [J]. International Journal of Fashion Design, Technology and Education, 2017, 10 (1): 59-70.

[22] Anna P. 3D-printed apparel and 3D-printer: exploring advantages, concerns, and purchases [J]. International Journal of Fashion Design, Technology and Education, 2017 (1).

[23] Anne P, Traci A M L. Examining the effectiveness of virtual fitting with 3D garment simulation [J]. International Journal of Fashion Design, Technology and Education, 2016: 277-289.

[24] Matthew P M, René M R. Recent developments in reflective cold protective clothing [J]. International Journal of Clothing Science and Technology, 2015, 27 (1): 17-22.

[25] Vasco E, Miguel G, Jo, o S A. Inter-organizational learning within an institutional knowledge network: A case study in the textile and clothing industry [J]. European Journal of Innovation Management, 2017, 20 (2): 230-249.

[26] Helen S K, Kris F. Preferences in tracking dimensions for wearable technology [J]. International Journal of Clothing Science and Technology, 2017, 29 (2): 180-199.

[27] 纪晓峰，陈东升. 论服装设计与工程专业人才培养 [J]. 纺织服装教育，2012，27 (5): 412-421.

[28] 王永进. “项目训练”专业课程的设置与教学实践 [J]. 纺织服装教育，2013，28 (2): 123-125.

撰稿人：王永进　闫　珺　戴　鸿　孙玉钗　刘　正

赵欲晓　吴继辉　戴宏钦　卢业虎　白琼琼

产业用纺织品学科的现状和发展

一、引言

产业用纺织品是指经专门设计的具有工程结构特点、特定应用领域和特定功能的纺织品，主要应用于工业、农牧渔业、土木工程、建筑、交通运输、医疗卫生、文体休闲、环境保护、新能源、航空航天、国防军工等领域。其技术含量高、应用范围广、市场潜力大，是战略性新材料的组成部分，是全球纺织领域竞相发展的重点。在“十二五”期间，《产业用纺织品“十二五”发展规划》有力促进了产业用纺织品的健康、快速发展，主要体现在产业用纺织品总量不断提升、专用纤维原料持续升级、生产技术与装备稳步提升、企业综合实力明显增强。

“十三五”是我国建成纺织强国的关键时期，是产业用纺织品行业应用快速拓展和向中高端升级的关键阶段。技术创新是产业用纺织品行业发展的核心动力，新材料、新装备、信息技术、互联网、大数据等科技进步为行业发展提供了有力支持，生态环保意识提升、健康养老产业发展、新兴产业壮大和“一带一路”建设等，都为产业用纺织品行业创造了新的发展空间。产业用纺织品行业是中国制造的重要组成部分，为落实《中国制造 2025》，促进纺织强国建设，提高产业用纺织品行业发展质量效益，培育行业核心竞争优势，更好满足国民经济相关领域需求，工信部、国家发改委联合制定了《产业用纺织品“十三五”发展指导意见》，规划期为 2016—2020。

针对我国近年来的产业用纺织品发展现状和趋势，以及我们国民经济和社会需求情况，《产业用纺织品“十三五”发展指导意见》将战略新材料产业用纺织品、环境保护产业用纺织品、医疗健康产业用纺织品、应急和公共安全产业用纺织品、基础设施建设配套产业用纺织品、“军民融合”相关产业用纺织品六个方向列为重点发展领域，为我国“十三五”期间产业用纺织品发展指明了方向。

本报告旨在总结近年来产业用纺织品学科在医疗与卫生用纺织品、过滤与分离用纺织品、土工与建筑用纺织品、交通工具用纺织品、安全与防护用纺织品、结构增强用纺织品六个重点发展领域的新理论、新技术、新方法以及新成果等的发展状况，并结合国外的最新成果和发展趋势，进行比较，提出本学科的发展方向。

二、产业用纺织品学科发展现状

（一）医疗与卫生用纺织品的发展

医疗与卫生用纺织品是指应用于医学与卫生领域，具有医疗、（医疗）防护、卫生及保健用途的纺织品。其使用量与消费人群的数量和收入水平密切相关，市场对该类产品需求呈现一定的刚性。

1. 医用组织器官材料

医用组织器官材料包括：人造皮肤、可吸收缝合线、疝气修复材料、透析材料等生物医用材料和制品。该领域有代表性的最新研究成果：

东南恒生医用科技有限公司承担并完成了项目“恒生医用可吸收合成缝合线”，该项目完成了可吸收缝合线的研发，实现了聚对二氧环己酮（PPDO）产量的提升和针对低熔点聚合物的螺杆纺丝成形工艺的改进，达到批量生产的要求。同时，该项目通过高分子量聚合物的操作工艺和独特的纯化工艺，使聚合物的特性黏度都大于 1dl/g，纯度达 99.7% 以上，生物性能完全达到行业标准。在低熔点的聚对二氧环己酮的螺杆纺丝成形工艺方面，已经做到纺制六个线号的丝直径和强度完全符合行业标准。

2. 高端医用防护产品

高端医用防护产品包括：基于非织造布材料的一次性手术衣、防护口罩及手术铺单；基于长丝的可重复用手术衣；实验室专用防护服、医用床单、病员服等。该领域有代表性的最新研究成果：

东华大学、天津工业大学、浙江和中非织造股份有限公司等承担并完成“医卫防护材料关键加工技术及产业化”项目。该项目发明了溶液纺丝和高速气流拉伸细化技术，研发出聚合物微纳纤维熔喷滤料；采用均匀电场对聚丙烯熔喷超细纤维过滤材料进行驻极，提高过滤效率；在聚丙烯熔体中添加纳米材料，延长驻极效果驻留时间；赋予 SMXS 材料拒酒精、血液、油类性能的同时，实现了其高抗静电及手感柔软性能，避免对材料原有物理机械性能的损伤，解决了传统技术所造成的耐静水压与强力急剧下降、手感变硬的问题；发明了婴儿尿裤导流层的双网复合纤网结构和物理固结，实现液体垂直渗透和平面扩散性能的完美平衡；创新设计壳聚糖纤维功能层、粘胶基纤维吸液层、共混保护层，多层纤网复合的敷料结构与制备技术，发明了多级水刺复合成型和保护层涂覆防水技术，开发了多层复合功能性医用敷料。该项目获得 2016 年度中国纺织工业联合会科学技术一等奖。

3. 新型卫生用品

新型卫生用品包括：以生物可降解、抗菌、超吸水等功能性纤维为原料开发的婴儿尿布、妇女卫生用品、成人失禁用品、湿纸巾和工业擦拭布等。该领域有代表性的最新研究成果如下。东华大学等单位使用 67%ES 纤维、33% 蚕丝纤维作为原料研发出柔软舒适、干爽透气、吸水性好的水刺卫生新材料。蚕丝被誉为“人类的第二皮肤”，手感细腻柔滑，应用在卫生用品上可提升舒适感；结合 ES 纤维为双组分皮芯结构，皮层组织熔点低且柔软性好，芯层组织则熔点高、强度高等特点，对其热处理，使皮层一部分熔融而起粘结作用，采用水刺加固工艺，材料致密，空隙率高。蚕丝纤维与热风布复合可以取长补短，既避免全部使用蚕丝的高成本问题，又能够发挥蚕丝的优越性能。产品经检测，所检指标均满足卫生用非织造布的要求。

（二）过滤与分离用纺织品的发展

过滤与分离用纺织品指应用于气 / 固分离、液 / 固分离、气 / 液分离、固 / 固分离、液 / 液分离、气 / 气分离等领域的纺织品。主要应用在环境保护领域，国家对环保投入的增加和民众对环保问题的日益关注，都对行业的发展起到了很强的推动作用。

1. 耐高温、耐腐蚀过滤材料

耐高温、耐腐蚀过滤材料是研究重点：开发可用于钢铁、水泥、冶金等行业的耐高温、耐腐蚀、高吸附、长寿命袋式除尘过滤材料等。该领域有代表性的最新研究成果：

浙江理工大学、浙江格尔泰斯环保特材科技股份有限公司等承担并完成“垃圾焚烧烟气处理过滤袋和高模量含氟纤维制备关键技术”项目。该项目在不改变垃圾焚烧工况的前提下，研制出集除尘和二噁英催化分解功能于一身的过滤系统。针对垃圾焚烧烟气中二噁英排放问题，发明了以聚四氟乙烯（PTFE）为二噁英催化剂载体的膜裂纤维加工方法，并通过针刺加工与其他耐高温纤维的技术集成，实现高效除尘和催化分解二噁英的垃圾焚烧专用滤袋批量生产，二噁英排放浓度达到欧盟相关标准要求，经济和社会效益显著。项目提高了环保滤料的生产工艺和设备水平，为我国具有国际先进性排放标准的制定奠定了物质和技术基础，满足了环保领域国家重大战略需求。该项目获得 2016 年度中国纺织工业联合会科学技术一等奖。

厦门三维丝环保股份有限公司针对水泥窑尾选用玻纤覆膜滤料不耐磨、不耐拆、不抗水解的问题，研制了水泥窑尾袋式除尘器耐高温抗水解芳砜纶 / 聚酰亚胺复合滤材，该材料可完全替代进口玻纤覆膜滤料、P84 滤料，扭转了高端滤料依赖进口的局势，有效解决了水泥窑尾除尘滤料的选型问题，有利于产业用纺织品行业技术升级和产品结构调整，同时可带动上游纤维和下游除尘器厂家、水泥厂等行业发展，形成一条良性的产业链，具有显著的经济、社会和环保效益。该项目获得 2016 年度中国纺织工业联合会科学技术二等奖。

2. 中空纤维及膜材料

中空纤维及膜结构过滤材料的研究重点：研发可用于污水深度治理、水净化等领域的中空纤维膜材料。该领域有代表性的最新研究成果：

天津工业大学、天津海之凰科技股份有限公司等承担并完成“疏水性中空纤维膜制备关键技术及应用”项目。该项目借鉴仿生学原理，拓展了溶液相分离成膜机理的成核生长控制理论，发明了稀溶液涂覆－相分离同质复合方法，在传统中空纤维疏水膜表面构筑具有微－纳米双结构微突的类荷叶超疏水微结构，使疏水膜表面纯水接触角从 84° 提升到 163°，膜蒸馏通量提升一倍以上，为疏水性中空纤维复合膜可控制备与规模化提供技术支撑。发明了膜蒸馏－换热一体式膜组件和多效膜蒸馏过程，显著提升了过程能量效率，工程运行综合造水比达到 5 以上；基于两相流原理，发明了蒸发界面原位强化方法，显著提升蒸发速率、能量效率，同步解决浓差极化与污染问题，膜蒸馏通量可提升 100%；发明了以膜蒸馏为核心的膜集成废水高收率处理方法，使工业循环水等工业废水的回收率从 50% 提升到 85% 以上。该项目于 2015 年获得中国纺织工业联合会科学技术二等奖。

（三）土木与建筑用纺织品的发展

土工用纺织品是由各种纤维材料通过机织、针织、非织造和复合等加工方法制成的，在岩土工程和土木工程中与土壤和（或）其他材料相接触使用的，具有隔离、过滤、增强、防渗、防护和排水等功能的一种产品的总称。我国在基础设施方面的巨额投资为土工和建筑用纺织品提供了巨大的内需市场。

1. 功能性土工布、土工膜（格栅）

功能性土工布、土工膜（格栅）的研究重点：开发高强定伸长土工布，提高高铁、机场、公路等结构层土工材料在不同工作温度下的持久性能。该领域有代表性的最新研究成果：江苏迎阳无纺机械有限公司、天津工大纺织助剂有限公司、南通大学、山东宏祥新材料股份有限公司承担并完成的“宽幅高强非织造土工合成材料关键制备技术及装备产业化”项目。该项目以短纤针刺非织造土工材料的宽幅化、高强化和生产装备高效化为目标，首次提出以超长短纤维为原料，围绕其开松、梳理、成网和宽幅高速针刺等技术难点着手，在针刺非织造土工合成材料工艺及装备诸方面开展研究，实现了国产短纤针刺土工布生产技术及装备水平的重大突破。该项目获得 2015 年度中国纺织工业联合会科学技术一等奖。

2. 高技术土工合成材料

高技术土工合成材料的研究重点：开发带有传感功能和相关监控系统的智能土工织物；开发应用在地铁、隧道等高要求工程中的防渗、排水土工合成材料。该领域有代表性的最新研究成果有：泰安路德工程材料有限公司承担并完成的“高强智能集成化纤维复合土工材料研发及应用”的项目。该项目开发了基体纤维配比技术，不同光纤（光栅）在树酯纤维、玻璃纤维等高性能基体纤维中的有效植入技术，编织技术吗，光纤光栅集成化封装技术；研制了专用涂覆剂及其低温快速定型干燥关键技术，开发出高智能型纤维复合材料，产品拉伸断裂强度≥ 1000kN/m，蠕变折减系数 1.28 ≤ RFcr ≤ 1.3，延伸率≤ 3%，耐温范围广。项目进行了高智能型纤维复合材料应用技术研究，通过应用及模拟实验，验证了产品的智能化性能，新产品在大型土木工程应用具有安全预警、实时监测功能，能有效提高工程质量和安全性能。该项目于 2015 年获得中国纺织工业联合会科学技术二等奖。

3. 新型建筑用纺织品

新型建筑用纺织品的研究重点：开发轻型建筑用永久性膜结构材料；推进新型纤维防裂材料、内墙保温节能非织造布、隔声阻燃材料、建筑室外遮阳材料产业化。该领域有代表性的最新研究成果：东华大学、上海申达科宝新材料有限公司、浙江明士达新材料有限公司、江苏维凯科技股份有限公司承担并完成的“功能性篷盖材料制造技术及产业化”项目。项目主要围绕功能性篷盖材料制造及产业化的关键技术展开，攻克了篷盖材料增强体组织结构设计与加工、膜材与增强体复合加工关键技术，形成了轻质高强自清洁篷盖材料全套生产技术；解决了 PVC 膜材表面活化处理关键技术，形成全套长久抗老化 PVC 篷盖材料的涂层、压延复合加工技术；建立了高性能篷盖材料性能评价体系。项目产品具有轻质高强、防火耐腐、自洁性好、抗老化、使用寿命长、高透光率等优良的综合性能，是膜结构建筑、新型雷达天线罩、污水处理池加盖、膜材幕墙等不可缺少的关键材料。项目获得 2015 年度中国纺织工业联合会科学技术一等奖；2016 年香港桑麻纺织科技二等奖。

（四）交通工具用纺织品的发展

交通工具用纺织品指应用于汽车、火车、船舶、飞机等交通工具的构造中的纺织品。2016 年我国的汽车市场经历了新的一轮高速增长，为汽车行业配套的交通工具用纺织品也得到了快速成长。

1. 车用座椅内饰面料

车用座椅内饰面料的研究重点：研究车用座椅面料的纤维选择、面料设计与织造、后整理技术等；研究新型功能性、环保性合成革加工技术。该领域有代表性的最新研究成果：山东岱银纺织集团股份有限公司承担的“抗菌汽车内饰纺织品的开发”项目。该项目采用具有自主知识产权的短纤维包缠复合纱生产技术，实现了低比例银离子抗菌短纤维在汽车内饰面料上的应用；采用色纺技术避免了面料后加工过程中的强碱处理对抗菌纤维的损伤，保证了成品的抗菌效果；将长丝短纤复合纱线成功引入机织物和经编织物领域，拓宽了纱线的用途，提供了高档性汽车内饰面料新产品。该项目工艺成熟稳定，生产流程短、成本低；无需染色加工，有利于节能减排。可取得良好的经济和社会效益，市场前景广阔。该项目获得 2016 年度中国纺织工业联合会科学技术三等奖。

2. 其他车用纺织材料

其他车用纺织材料的研究重点：突破安全气囊的纤维、面料、制品加工产业化技术；提高安全带用纤维强力、耐磨以及耐气候性能；扩大非织造布在车内过滤材料、缓冲消音、隔热填充材料中的应用。该领域有代表性的最新研究成果：浙江和中非织造股份有限公司最新研发的吸声降噪可降解汽车内饰水刺新材料，采用再生纤维醋酸纤维，赋予产品较好的吸水性以及强力；采用直铺成网和交叉铺网复合，提高纤网的均匀度，改善了产品在各个方向上的强力值，符合了汽车内饰材料在使用中基布均匀的要求；采用水刺技术的基材其纤维呈现三维、立体的缠结结构，具有高效隔音。与普通产品相比，该项目产品具有手感柔软、强度均匀性高、隔音效果好等特点，且可自然降解，环保卫生，可广泛用于汽车内饰材料、隔音材料领域。

（五）安全与防护用纺织品的发展

安全与防护用纺织品指在特定的环境下保护人员和动物免受物理、生物、化学和机械等因素的伤害，具有防割、防刺、防弹、防爆、防火、防尘、防生化、防辐射等功能的纺织品。随着国家对职业健康和个体防护的日益重视，该领域的市场空间会不断扩大。

1. 防弹防刺用纺织品

防弹防刺用纺织品的研究重点：提升超高分子量聚乙烯、芳纶等高性能纤维的应用技术，解决防弹防刺面料加工技术，实现复合防刺防割面料产业化。该领域有代表性的最新研究成果：浙江理工大学、绍兴金隆机械制造有限公司承担并完成的“多功能特种手套关键技术与装备的研发”项目。该项目以高强聚乙烯高性能纤维为外包材料，以弹性纤维氨纶丝为芯丝，中间层采用舒适性较好的锦纶，形成包覆纤维多向紧密型分布的线性结构；经过精密包覆工艺，结合低张力超喂包覆关键技术，实现了弹性复合纤维材料的高耐磨、防切割和抗静电等功能；通过关键技术攻关，研制了细针距高性能电脑手套编织机；制备了高效生态环保超双疏手套涂料，使手套涂层具备高效无毒、超双疏性能，实现了多功能特种手套技术产品的产业化。该项目获得 2015 年度中国纺织工业联合会科学技术二等奖。

2. 功能用防护纺织品

功能用防护纺织品的研究重点：开发具备耐超高温 / 低温、隔热、阻燃、毒气分解、防辐射等多功能的防护面料及各类防护服装产品。该领域有代表性的最新研究成果：上海市纺织科学研究院等单位完成的“多功能飞行服面料和系列降落伞材料关键技术及产业化”项目，围绕集多功能一体的防护救生服装面料和高性能降落伞材料制造关键技术和产业化展开，研发了集高强、阻燃、防水、透湿、防电磁辐射、防静电、防油污等多项功能于一体的飞行员救生服；提高了降落伞的耐磨性能，使阻力伞的使用寿命提高 50% 以上。项目产品将大量用于我国航空航天领域，以及更多地推广至民用需求。该项目获得 2016

年度中国纺织工业联合会科学技术一等奖。

天津工业大学承担并完成的“热防护织物的制备与性能研究”项目依据隔热材料的烧蚀机理，制备出具有耐烧蚀、隔热、不燃、拒液、遇热或熔融后能够保持形态完整且放出毒害气体低于至毒量的热防护织物。研究成功的具有自主知识产权的新型环保热防护织物，能够短期耐温 1300℃以上，长期耐温 500℃，遇热时释放的烟毒远远低于致毒量，可广泛用作建筑耐火材料、航空航天热防护材料、军事材料、电焊及炼钢炉前的防火花、铁水飞溅材料，高温管道及容器的隔热保温材料等。项目获得 2015 年度中国纺织工业联合会科学技术三等奖，2015 年度香港桑麻纺织科技奖二等奖。

3. 消防救生用纺织品

消防救生用纺织品的研究重点：研发并推广消防专用灭火毯，高强、阻燃、轻质救生等纺织品。该领域有代表性的最新研究成果：上海新联纺进出口有限公司、上海特安纶纤维有限公司等公司承担并完成的“芳砜纶火灾防护用品的研发及应用”的项目。项目成功应用芳砜纶荧光色，开创了耐高温本质阻燃面料的先例；将产业用芳砜纶转为民用防护用品的研发及应用；通过创新设计和制作将常用的床单、靠垫和被子等日用品具有防护应急用的特性；将现代科技成果嫁接到居家安全领域之中，使先进的智能化技术与逃生防护用品相结合；通过对芳砜纶面料的色织、匹染和印花工艺的研发实践，基本掌握了生产中的关键技术，获得了火灾防护用品较为理想的基布。项目通过国家防火建筑材料质量监督检验中心 GB 20286—2006 的阻燃性测试。该项目获得 2016 年度中国纺织工业联合会科学技术三等奖。

（六）结构增强用纺织品的发展

结构增强用纺织品指应用于复合材料中作为增强骨架材料的纺织品，包括短纤维、长丝、纱线以及各种织物和非织造物。新材料是战略性新兴产业的重要领域，先进纺织结构复合材料作为新材料的重要组成部分，其创新发展是我国社会经济发展的重要战略需求。

1. 增强骨架材料

增强骨架材料的研究重点：采用碳纤维、玻璃纤维等高性能纤维开发高性能纺织基复合材料；提升预制件织造技术及复合材料成形技术。该领域有代表性的最新研究成果：天津工业大学研制的用于复合材料增强骨架材料的三维立体纺织增强材料，具有重量轻、强度高、抗烧蚀的优异性能。通过改变材料内部结构能够在很宽的范围内“量体设计”材料的力学性能和物理性能以满足特殊环境下的使用要求，使三维立体纺织增强材料具有高维自由度的可设计性。通过三维立体纺织增强材料能够有效地提高复合材料的强度、抗烧蚀、抗热震和抗蠕变等性能，形成的复合材料具有力学性能优良，质量轻等特点，应用于航空领域时能减轻了结构重量，提高了飞船的性能，该材料已成功运用于 2016 年神舟十一号载人飞船。

2. 航空、航天用纺织材料

航空、航天用纺织材料的研究重点：针对航空航天应用需求，利用玻璃纤维、聚酰亚胺等高性能纤维，开发具有轻质高强、耐气候的纺织结构材料。该领域有代表性的最新研究成果：东华大学、中材科技股份有限公司、常州市武进五洋纺织机械有限公司、常州市第八纺织机械有限公司共同承担并完成的“航天器用半刚性电池帆板玻璃纤维经编网格材料”的开发。项目成功应用于“天宫一号”航天器，使其发电量提高15%，质量减轻了30% ~ 40%。在此基础上，项目技术再次升级，并于2016年成功地为“天宫二号”提供能源动力。此次升级主要针对生产装备进行改造，包括决定网格材料花纹结构的横移机构、均匀送出经纱的送经机构，以及使得线圈相连穿套的编织机构。经过一系列的机器和工艺改良及优化，应用于“天宫二号”的半刚性玻璃纤维网格材料的结构精度、强度和稳定性都得到了很大提高，织物疵点数由原来的三米一个降为十米一个，总体强度也较之前提升了10 %。

东华大学、西安空间无线电技术研究所、五洋纺机有限公司、江苏润源控股集团有限公司、常州市第八纺织机械有限公司承担并完成了“高性能卫星大型可展开柔性天线金属网材料经编生产关键技术及产业化”项目。项目创新研究超细金属丝同芯并线技术及装备、金属网经编织造技术及装备、金属网格材料设计、三维线圈结构模型构建及力学性能模拟等，全面掌握高性能卫星大型可展开柔性天线金属网材料经编生产关键技术及产业化。项目已建立国内首条唯一的金属网产品产业化生产线，研制的金属网产品已通过各项测试，性能均达到了卫星天线应用的要求，纳入了国家航天计划的应用范围，已于2015年和2016年分别应用于我国“北斗”导航、“天通一号”等高性能卫星。

三、产业用纺织品学科国内外研究进展比较

（一）工艺技术和装备

产业用纺织品涉及的工艺技术和装备囊括了整个纺织行业的机织、针织、非织造、静电纺及各种后整理和复合成形工艺。近年来我国纺织品工艺技术和装备水平继续保持稳步提升，与欧美及日本等发达国家的差距不断缩小，从本文前述的最新科技成果可以发现，许多领域已达到国际领先水平。

在传统织造技术方面，梭织机适合超宽幅、高密度、厚重型织物织造，目前国产超宽幅片梭织机有效幅宽可达7.4m，面密度可达1500g/m^2，但很多厚重型产业用纺织品的加工方面仍然大量采用进口梭织机；经编技术已实现了风力发电叶片、卫星支架等异型材料的稳定生产，但国产装备在性能上与国际顶尖水平还存在一定差距。例如德国卡尔迈耶公司现在生产的高速经编机转速可达2500r/min，我国自行制造的设备稳定性和使用寿命等

仍存在差距。

在特种加工技术方面，三维机织、多轴向经编等技术经过多年发展已趋于成熟，目前国内外技术相当；三维编织技术虽然已经成功用于生产，但目前离自动化、批量化有很远的距离，特别是对于复杂大型预制件织造技术、无机和金属纤维预制件织造技术，国内外都处于研究和发展阶段。

在非织造技术方面，我国纺粘、水刺非织造布生产装备与技术已接近国际先进水平。纺熔技术已经实现了原料多样化，除 PP、PET 以外，PE、PLA、PPS 等材料均已作为纺丝原材料使用。我国自主开发的 SMS 生产线速度突破 400m/min，幅宽最大可达 7m，针刺机针频最高可达 2000r/min。然而，部分核心技术仍掌握在欧洲各大厂商手中，诸多功能性后整理技术和专用设备仍是我国发展的瓶颈。

在静电纺技术方面，静电纺丝制纳米纤维技术的工业化给纳米纤维在产业用纺织品领域的应用提供了现实条件。近年来国际上，全球首条 Elmarco 静电纺纤维生产线已经投放市场，FibeRio 技术公司已经提供生产纳米纤维的技术和 1.1m 幅宽设备，美国 Clemson 大学，使用纳米纤维网材作为中间复合层，开发了汽车专用噪音防护材料。而国内东华大学在静电纺方面的研究也取得了诸多成果，部分成果处于世界领先水平，有的已实现工程化生产和推广。

（二）纤维材料的开发和应用

产业用纺织品所用原料已经由天然纤维为主发展到以化学纤维为主，为了满足不同领域的需要，需要发展各类产业用纺织品专用纤维。为了发展新品种、提高质量，发达国家十分重视发展产业用纺织品的各类专用纤维，以满足不同领域的需要。高性能化学纤维。近年来，聚四氟乙烯（PTFE）、聚偏氟乙烯（PVDF）、聚醚酰亚胺（PEI）、聚苯硫醚（PPS）及聚醚醚酮（PEEK）等高性能纤维制品得到了产业用纺织品市场的认可。如日本可乐丽公司开发的聚芳酯纤维 LCP（商品名为 Vectran®）已投放市场，目前产能达每年一千吨。德国 AMI 公司与 STFI 研究所合作开发了密胺纤维，STFI 研究所采用改进的熔喷新工艺，制得了克重为 35 ~ 250g/m^2 的纤维网材，其单丝 Hipe Fibre® 的直径低于 1μm，目前与针刺非织造布的复合产品已广泛用于过滤及室内装饰用纺织品。新型生物基化学纤维。纤维素是重要的再生资源，生物聚合物材料在人造器官、组织工程和医学装置上的使用，是近十年来临床医学领域最为引人关注的变革。甲壳素非织造布可用作人造皮肤；中空生物聚酯纤维或膜材已用于人造肝脏；中空抗霉菌再生纤维素纤维束和板式膜已用于人工肾。低价天然纤维。由于具有优良的力学性能和较低的生产成本，天然纤维增强复合材料的开发与应用呈上升态势。德国 IVW 研究所以低毒或无毒大麻、槿麻（红麻，或称洋麻）为原料，采用针刺工艺将天然纤维制得纤维毡片，成形后的产品具有优良的力学性能，完全可以满足汽车内饰部件的要求，主要应用于门板、坐椅背板等。

我国高性能纤维的基础研究起步于二十世纪六十年代，在国家的大力支持下，高性能纤维的国产化、产业化发展取得了明显突破。例如，PPS纤维年产能超过1.5万吨；PI纤维年产能约3000吨；PTFE膜裂纤维、线、膜制品年产能已达到千吨级水平；芳纶已实现质量稳定的自动化生产；超高分子量聚乙烯纤维年产能约2万吨；芳砜纶（PSA）年产能1000吨；碳纤维年产能超过1万吨；实现了3.5微米超细玻璃纤维的量产，改善了产品的柔软性和耐磨性，提高了产品的适用性；耐高温玄武岩超细纤维已进入产业化生产和工程应用阶段；部分新型生物基纤维已形成产业化生产，目前正在积极拓展应用领域；亲水、抗菌、阻燃、高弹、低缩等专用纤维的开发和生产取得明显进步。

虽然我国产业用纺织品原料之一的高性能纤维取得了长足的进步，但专用纤维原料总体发展仍然滞后。国外用于产业用纺织品的纤维品种多达四百余个，特别是高性能纤维在产业用纺织品中的应用十分广泛。而目前我国产业用纺织品的纤维原料品种，特别是国产高性能纤维品种还比较少。以非织造布用纤维品种为例，我国虽也开发了一些特色品种，如有色纤维、热粘合纤维等，但由于品质和价格因素，使用面并不大。另外，我国的高端产业用纺织品，特别是高端医疗用纺织品纤维原料工程化、产业化能力还比较弱，专用原料主要依靠进口。中国化纤工业协会及中国产业用纺织品行业协会的统计数据表明，国内每年产业用纺织品产量与可提供的纤维数量之间存在的较大差异。整体上看，我国产业用纺织品使用的纤维原料还不能满足产业的高水平发展需要。

（三）产品市场与应用

目前，产业用纺织品应用的领域愈来愈广泛，已逐步部分替代金属、塑料、纸张和石棉等材料。许多专家预言，二十一世纪的纺织纤维材料中，产业用纺织纤维将占很大的比重。法兰克福展览公司负责产业用纺织品展展示会专案经理Michael Jänecke认为：“未来产业用纺织品产量持续增长的势头仍然强劲”。英国Textiles Intelligence公司最近对产业用纺织品市场的调研显示，由于新用途与新市场不断出现，全球对产业用纺织品预计每年增长率为5%。

欧、美、日等发达国家的产业用纺织品在其纤维加工总量中的比重一般占到50%以上，与服饰纺织品、家用纺织品的比例大体相当。我国近些年产业用纺织品发展迅猛，据统计在整个“十二五”期间，我国产业用纺织品行业年均增长率均保持在10%以上，2013年产业用纺织品的产量占纺织纤维加工总量的23.3%；2015年我国产业用纺织品纤维加工总量比重达到25%。但由于我国产业用纺织品产业结构矛盾突出，品牌缺失，产业链协同开发不够，专用纤维原料、装备、制品及应用领域不能形成有效对接，影响了产业用纺织品的市场开拓。

四、产业用纺织品学科发展趋势与展望

（一）战略新材料产业用纺织品

第一，重点推动增强用纤维基复合材料的研发应用，加快发展立体、异形、多层、大截面等成型加工技术，优化纤维基材料与树脂复合工艺，提高复合成型效率、精度和稳定性，降低成本，扩大纤维基复合新材料在大飞机、高速列车、高端装备、国防军工、航空航天、大功率风力发电叶片等领域的应用推广。

第二，重点推动碳纤维增强输电导线等产品的研发应用。加快纺织基电池隔膜、耐高温烟管、安全气囊用布等产品发展，推动绿色环保、智能型、多功能复合车用内饰纺织材料的研发应用。加快生物基纺织新材料研发、产业化及应用推广。

（二）环境保护产业用纺织品

第一，重点推动高效低阻长寿命、有害物质协同治理及功能化高温滤料和经济可行的废旧滤料回收技术的研发应用，发展袋除尘节能降耗应用技术，扩大袋式除尘应用范围。加快汽车滤清器、空气净化器、吸尘器等用途非织造过滤材料的开发应用。

第二，重点推动中空纤维分离膜、纳米纤维膜、高性能滤布的产业化，加快发展饮用水安全分离膜、生物膜填料、海水淡化用反渗透膜、工业废水及污水资源化利用分离膜等纺织基过滤材料。推动高效耐污纺织基水处理材料、组件及成套设备的开发和工程应用示范。

第三，重点发展矿山生态修复用、重金属污染治理用、生态护坡加固绿化用等土工纺织材料。加快麻地膜、聚乳酸非织造布等可降解农用纺织品的推广应用，并在新疆棉田、内蒙古沙漠等重点地区开展应用试点示范。

（三）医疗健康产业用纺织品

第一，重点发展人造皮肤、可吸收缝合线、疝气修复材料、新型透析膜材料、介入治疗用导管、高端功能性生物医用敷料等产品。加快推广手术衣、手术洞巾等一次性医用纺织品的应用。

第二，鼓励发展具有形状记忆、感温变色、相变调温等环境感应功能的纺织品，通过与医疗、运动、电子等技术融合，发展具有生理体征状态监测等功能的可穿戴智能型纺织品，重点拓展相关产品在户外运动、健康保健、体育休闲等领域的应用。

第三，支持发展针对老年多发性疾病的康复、缓解和护理类功能性纺织品，提高远红外加热、抗菌抑菌、防污快干等功能性纺织品性能及耐久性，开发成人失禁护理系列产品，扩大国内老人护理用纺织品（纸尿裤）的市场渗透率。

（四）应急和公共安全产业用纺织品

第一，重点发展大应力大直径高压输排水软管、高性能救援绳网、高强高稳定功能性救灾帐篷和冲锋舟、高等级病毒和疫情隔离服、成套救援应急包、快速填充堵漏织物、灾害预防和险区加固纺织材料等产品。

第二，完善防护服结构设计、涂层开发和舒适性研究，提高装备制品的性能、可靠性、智能化、轻便化和集成化水平，在实现多功能、宽防护效果的同时，兼顾人体工效学和舒适性需求。加快研发和推广具有信息反馈、监控预警功能的智能型土工织物。加快发展复合型多功能静电防护服、逃生救援用绳缆网带、矿山安全紧急避险用纺织材料等产品。

第三，加快发展纺织基反恐防暴装备、生化防护装备、软质防弹防刺装备、耐高温防护救援装备、家庭用防护灭火装备等产品的开发应用，分类开发应对重大疫情的系列纺织品、智能化消防装备、应急绳网、军用警用防爆材料等产品。

（五）基础设施建设配套产业用纺织品

第一，重点加强阻燃高强、智能抗冻抗融、多功能吸排水、高强抗老化、生态修复等土工用纺织材料的应用推广。扩大高性能双组分纺粘非织造屋顶防水材料、建筑补强材料、绳带缆网等产品在公路、铁路、港口、水利等基础设施建设，以及在生态保护、畜牧养殖、岛屿开发、海洋石油开采等领域的产品研发和推广应用。

第二，重点鼓励土工建筑用、医疗卫生用、农业用、线绳（缆）带类等纺织品领域的骨干企业，以产品出口、工程服务、投资合资建厂等形式拓展“一带一路”沿线地区的海外业务，不断提升行业的国际化发展水平和市场影响力。

（六）“军民融合”相关产业用纺织品

第一，在保障国防军工需求的前提下，积极推进军用科技成果的民用转化。推广高强、耐磨、防生化、防辐射、电磁屏蔽、高耐气候性等功能纺织材料和技术应用于安全防护、文体休闲等民用领域。促进纺织行业军用和民用标准的通用化建设，推动资源共享。

第二，协同推进军民融合有关科技任务，鼓励行业龙头企业与军队开展全产业链合作，在基础研究、关键技术研发、集成应用等环节建立创新合作机制。推动优势民用先进技术和产品参与国防军工的相关配套服务，开展武器封装与保护、提供个体与集体防护、提升单兵携行具性能、开发耐烧蚀材料等。

参考文献

[1] 工业与信息化部，国家发展与改革委员会．产业用纺织品“十三五”发展规划［R］．2016.
[2] 马磊．“纺织之光”2016 年度中国纺织工业联合会科学技术一等奖获奖成果巡礼［J］．纺织导报，2017（6）：108–109.
[3] 张震晓．产业用纺织品：空间广阔 任重道远——访中国产业用纺织品行业协会会长李陵申［J］．中国纺织，2016（1）：46.
[4] 严涛海，蒋金华，陈东生．经编织物预型件的研究进展［J］．玻璃钢 / 复合材料，2016（3）：89–94.
[5] 东华智慧闪耀“天宫二号”飞天路［J］．产业用纺织品，2016（10）：42–43.
[6] Kumar R S. Textiles for industrial applications［M］．CRC Press，2013.
[7] 屈岚．功能性车用纺织品的设计［J］．轻纺工业与技术，2015，44（5）：1–2.
[8] 张荫楠．全球非织造过滤材料市场发展现状及趋势展望［J］．纺织导报，2016，（S1）：8–18.
[9] 陈晶晶．蚕丝 /ES 纤维水刺复合卫生制品包覆材料成型工艺与性能［D］．上海：东华大学，2015.
[10] 王璐，关国平，王富军，林婧，高晶，胡吉永．生物医用纺织材料及其器件研究进展［J］．纺织学报，2016（2）：133–140.
[11] 陈丽芸，侯成义． 穿戴新材料 编织大未来——东华大学纤维材料改性国家重点实验室［J］．中国材料进展，2016（2）：157–160.
[12] 黄勤，周明华．芳砜纶火灾防护用品的研发实践［J］．合成纤维，2016，45（3）：32–34.
[13] 张荫楠．土工布的技术进展和创新应用［J］．纺织导报，2017（5）：19.
[14] 黄顺伟，钱晓明，周觅．国内外土工布发展与研究现状［J］．纺织科技进展，2017（1）：11–14.
[15] 蒋莹莹．基于晶体生长和气凝胶技术制备芳砜纶热防护纺织品［D］．上海：东华大学，2017.
[16] 功能性篷盖材料制造技术及产业化［J］．纺织导报，2016（5）．
[17] http://www.karlmayer.com/internet/en/textilmaschinen/962.jsp.
[18] 刘树英，恩里克 · 卡洛特拉瓦．美国新型产业用纺织品与技术动态［J］．中国纤检，2016（3）：134–139.
[19] Haghi A. Electrospun Nanofibers Research：Recent Developments［M］．2009.
[20] Ding B, Yu J. Electrospun Nanofibers for Energy and Environmental Applications［M］．Springer Berlin Heidelberg，2014.
[21] http://www.dupont.com/products–and–services/fabrics–fibers–nonwovens.html.
[22] 张海亮．我国高性能纤维产业发展研究［J］．新材料产业，2016（3）：2–4.
[23] 常晶菁，牛鸿庆，武德珍．聚酰亚胺纤维的研究进展［J］．高分子通报，2017（3）：19–27.
[24] Xiang Ding, Xuepeng Qiu, M A Xiaoye, et al. Preparation, Mechanical Properties and Flame Retardancy of Phosphorus–containing Polyimide Fibers［J］．Chinese Journal of Applied Chemistry, 2014（6）：667–671.
[25] 韩竞．东华大学“星载天线金属网”产品首次成功应用于北斗导航第 20 颗卫星［J］．纺织服装周刊，2016（10）：10.

撰稿人：陈南梁　蒋金华　邵光伟　邵慧奇　赵晨曦

ABSTRACTS

Comprehensive Report

Report on Advances in Textile Science and Technology

China is the largest textile manufacturing, exporting and consuming country in the word. The textile industry is the backbone industry and livelihood industry in China, and possesses obvious superiority in international competitiveness. The number of production of fibers has begun to exceed 50 percent of the combined output of the word since 2009. The main business income of textile enterprises above designated size in China achieved more than ¥ 7.33 trillion, occupying 6.37 percent of the whole income of industrial enterprises above designated size in 2016; the textile exports reached a value of $267.2 billion.

1. Advances of Textile Science and Technology in Recent Years

1.1 Scientific and Technology Progress of Textile Industry

1.1.1 Breakthrough in Fiber Materials

The manufacture of differential and functional fibers was improved significantly, and the proportion of functional fibers, such as fire resistant fibers, antibacterial fibers and antistatic fibers, in standard fibers increased. The industrialization and green production of biomass fibers made breakthroughs. The productivity of high performance fibers with various varieties has been ahead of most countries in the world. The development of carbon fibers, meta-aramid fibers, UHMWPE fibers, PPS fibers and continuous basalt fibers was strengthened with the progress of the research and development system. The homemade high performance fibers have begun to meet the requirements of national defense and military industry, and started to be used in the civil aviation and ocean engineering fields.

1.1.2 Innovation in Textile Manufacturing Technology

The progress of textile manufacturing technology is mainly reflected in the high-speed technology, processing technology and intelligent automation technology. The production capacity of combing machine reached 150kg per hour and the speed of ring spinning machine exceeded 20, 000r/min with the development of textile equipments in recent years. Moreover, the production speed of air-jet looms, water-jet looms and high-speed warp knitting machine has reached 1, 200r/min, 1, 400r/min and 4, 400r/min, respectively. Great improvement has been achieved in automatic textile production processing with fewer workers and higher efficiency.

1.1.3 Rapid Development of Industrial Textiles

In recent years, great progress has been made in the fiber-based composite materials, filtering textile materials, medical and hygiene textiles, smart textiles, protective and safety textiles, etc. Industrial textile manufacture was enhanced significantly, where the main business income and profit of the industrial textile enterprises above designated size was up to RMB 308.2 billion and RMB 19.1 billion, respectively, pointing to 5.79 percent and 8.28 percent year-on-year growth.

1.1.4 Significant Attention on Green Textile

Green textile has drawn the attention of both textile industries and textile researchers, and the great importance was attached to the development of green textile supply chain by considering the comprehensive effects of environment, economic and society. Water-free dyeing, cleaning production, bio-chemical treatment and substitute for the PVA received significant advancements for the industrialized application. Wastewater treatment and mid-water reuse technologies were improved, and some new technologies for recycling resources were popularized in textile industries.

1.1.5 Great Prospect of Intelligent Textile Manufacture

Intelligent textile manufacture develops rapidly in recent years, showing different features in different links of textile production chain. Textile enterprises have been focusing on the collecting of technological data to create digital production process, intelligent production traceability system, smart transportation system and intelligent workshop. The intelligent manufacture technology will change the textile industry dramatically in the near future.

1.2 Achievements of Textile Sci-Tech in Recent Years

Textile science and technology are fruitful in recent years and the textile subject develops rapidly. Until now, 9 national research and development platform closely related to textile have been established, including 2 key state laboratories, 6 national research centers of engineering technology and 1 national engineering laboratory. In addition, 7 universities in China have the qualification for awarding doctoral degree, and 19 universities possess master's degree awarded qualification for textile science and technology. Four textile annual conferences were held by China Textile Engineering Society from 2013 to 2016, and eight academic salon activities were organized. Also twelve projects were approved by the national scientific and technological progress awards, where one was the first award and eleven were the second award, and 2 won the second award of national technological invention.

2. Comparison between Overseas and Domestic Textile Sci-technology

2.1 Fiber Material Engineering

Countries in the world have treated the development of new fibers as an important aspect of economic and technology process. The domestic chemical fiber industry has been developing rapidly, and the output has exceeded two thirds of the whole output in the world. However, the high cost and low innovation of high performance fibers are our weakness. The industrialization of high performance fibers still needs to be enhanced, and there is a certain gap for some categories of fibers, such as PAN-CF and P-ARF, by comparing with foreign advanced levels.

2.2 Spinning Engineering

In terms of the spinning speed, domestic machines still have some shortages in stability and accuracy. For specific component, the quality of some domestic products is coming closer to that of overseas, but the short service life and bad applicability are still the problems for homemade products. The online detection and control technology has been improved in recent years, but there are still some gaps when compared with advanced levels in the world.

2.3 Weaving Engineering

Domestic weaving machines have made considerable progress, but the automation control, manufacturing speed and energy saving level are still behind the imported machines. The development of foreign CAD system predated that of domestic CAD system, and the imported CAD software shows more friendly interface and comprehensive function by combining fabric design with clothing design.

2.4 Knitting Engineering

High speed and efficiency is the biggest feature of knitting process. The speed of knitting machines at both home and abroad continued improving, but the key technologies of the domestic machines need more intensively research. High-end flat knitting machine market was monopolized by Germany and Japan. The information technology was applied to warp knitting machine in China, but the control accuracy, manufacturing speed and stability should be improved.

2.5 Nonwoven Textile Engineering

Spun-bonded nonwoven fabrics with two compositions have drawn great attention at home and abroad. However, our self-developed spun-bonded technology lags behind the advanced level in the world. The recycling technology of waste polyester in our countries was not in the same level with foreign advanced technology. The application of specific fibers ion nonwoven textiles needs further studies.

2.6 Textile Chemistry and Dyeing & Finishing Engineering

The distance of textile chemistry and dyeing and finishing engineering between domestic and foreign technologies is mainly reflected by the gaps of the whole set of technique and technology application. The global research on dyestuff and auxiliaries is to improve the durability and environmental friendly performance, and the intelligent and automatic technologies have reached high level in foreign advanced studies.

2.7 Garment Design and Engineering

The design of sustainable development clothing, the development of intelligent garments and research on the functional clothes are the main focuses of overseas research. Domestic research need further work in these areas. 3D measurement and scanning technologies have been used in domestic, but the popularizing rate is relatively low.

2.8 Industrial Textiles

The category of domestic industrial textiles is basically complete, but the performance of the corresponding products is not in the same level with overseas products. Some high-tech industrial textiles still depend on import. The specific fibers, equipments and applications of domestic industrial textiles did not meet the requirements of this industry, and thus much work remains to be done.

3. Prospects and Advices on Textile Science and Technology

In recent years, China's textile industry has accelerated its transformation and upgrading and industrial restructuring, improving its innovation capacity and new product developing ability. High performance fibers, green fibers and differential and function fibers become the main development direction. The intelligent, automatic and digital technologies are another research focuses, and the information technology continues promoting the development of textiles.

In the next several years, domestic textile industry will continue making effort in improving product quality, creating high-quality brands and increasing product categories. Research of key technologies and sci-tech innovation will be further emphasized, and homemade new machines and new products will continually come to the fore. Intelligent and green manufacturing technologies will be popularized to promote sustainable textile manufacturing process, and automatic and smart textile equipments will be updated based on the information technique.

Written by Gao Weidong, Wang Hongbo, Wang Lei, Pan Ruru,

Sun Fengxin, Zhou Jian, Fan Xuerong, Wang Qiang, Lu Yuzheng

Reports on Special Topics

Report on Advances in Fibers and Materials

Fiber, especially high performance and functional fiber are the kind necessary materials in national economic construction. The new technology and new function of fiber would promote the development of textile manufacturing industry, which is very important for the innovation of textile industry. In the period of 12th "Five-Year Plan", great achievements have been made in the chemical fiber industry in our country.

High performance and multi-functional conventional fibers, which represent the development direction of chemical fiber industry. In recent years, the hi-tech fiber sector has been flourishing worldwide, related process and technology constantly renovated, industry chain completed and improved, energy-saving processes increasingly adopted and production scale enlarged. With more efforts being made to applied research and new markets being opened up, these fibers will gradually become the new growth potential and major source of revenue for the textile industry. By the end of the 13th "Five-year Plan" period (2016-2020) , China is expected to establish a hi-tech fiber industry pattern with complete-range and diversified products. In addition, in order to combat the environmental issues resulting from China's rapid development, future development of fiber industry means protecting the environment and pursuing environmentally friendly economic growth. Therefore, doped dyed fiber, bio based fiber and use of recycled fiber are there main developing directions in the aspects of green manufacturing. At last, intelligent manufacturing is another key point which is including digital production technology, the intelligent system of industrial chain, intelligent logistics, smart factory, big data and cloud computing.

Written by Wang Wenyu, Xiao Changfa,

Jin Xin, Shu Wei, Feng Yan

Report on Advances in Spinning Engineering

Spinning is the preceding process in the chain of textiles, whose product quality, production efficiency and processing cost have significant effect on the whole chain of textile. At present, the scale and production of yarn in China takes the first place in the world, and the production is more than 50% of the total world's production. Furthermore, the arrangement of textile industry of the whole world is facing big adjustment and transfer. In the special period of history of textile industry, the spinning industry of our country is developing towards high speed, continuous, automatic and intelligent, and production differentiation and diversification. In this review, the progresses and achievements in yarn spinning are reviewed and summarized.

First, the power of spinning industry develops from factor drive to innovation drive and technological innovation, and some key technologies have been made great improvement in spinning.

Second, the whole technical levels of spinning, especially in the continuous spinning equipment, achieve breakthroughs and break foreign technological monopoly. Average employment level of ten thousand spindles of ring spinning is down from 190 people ten years ago to 60 in 2015.

Third, scientific and technological innovation has become a major power in the development of spinning industry. Through the mechanism research and production practice of the whole spinning process, the key technology application system of high efficiency production has been preliminarily established. The automation and intelligence of single equipment of per process, such as automatic doffing, and automatic and intelligent connection between processes, such as blowing-carding unit, have been developed.

Fourth, the level of information management is continuously promoted. Applying sensor network technology, online monitoring, quality prediction, automatic monitoring and automatic control are carried out to realize the effective monitoring of quality, energy consumption, efficiency and management.

Fifth, new product development technologies of high quality yarn, such as flexible spinning technology, super high draft spinning technology, are constantly emerging.

Written by Xie Chunping, Ren Jiazhi, Wang Jun,

Liu Xinjin, Su Xuzhong, Li Fengyan

Report on Advances in Weaving Engineering

As an important part of textile engineering, the woven engineering undertakes the task to produce the woven fabric textiles for garment, decorative and industrial use. During the 12th "Five-year plan" period, the technical level of domestic weaving and preparing mechanical has been significantly improved, and the rates of shuttleless loom in domestic textile enterprises has been further improved.

In recent years, the basic research of woven engineering highlights multidisciplinary investigation among many fields such as textile engineering, mechanical design manufacturing and automation, computer technology, materials science and engineering, etc., so the professionals engaged in basic research are distributed in different disciplines. The application area of woven fabric has also changed obviously, which is mainly reflected in the improvement of the ratio in decorative and industrial fields. The performance of woven products has also been greatly improved, the simulation products and functional products have been developed rapidly.

The development of the woven engineering discipline mainly focuses on two aspects, one is equipment innovation in technical process, and another is product design and technological innovation. After more than 20 years of development, the shuttle-free loom manufacturing industry in our country has developed rapidly through introducing technology, absorbing and developing independently. China has been able to produce rapier loom, air jet loom, water jet loom as well as the shuttle loom, which makes it become the most complete country in the production of shuttle-free looms. In recent years, the woven industry in China has achieved remarkable technological progress through the adoption of automatic, intelligent and information technology. A lot of money and technology has been invested into the study of all fields of woven engineering in order to innovative production technology constantly in textile colleges and universities, research institutions and enterprises.

The main development and innovation trend of new weaving technology and products will be locked in the aspects of energy saving, technical renovation of equipment, improvement of quality and differentiated innovation. The woven industry needs to improve in to following aspects: ① With the target direction of "high efficiency, modularization and high quality", the key technology and equipment of woven engineering needs to be innovated further, and the reduction of energy consumption need to be further improved; ② In order to realize the continuous process, automation and high efficiency in weaving process, the numerical control system of loom is expected to develop; ③ The research on the new manufacturing technology of high-performance weaving machinery parts and components, mainly include the surface treatment technology, heat treatment technology, materials research and development of continuous production line for special components and equipment; ④ The research on weaving technology for textile structural composites with high performance and low cost material needs to be improved in order to realize the prefabrication and forming technology of large-scale, complicated, high quality and intelligent for composites.

Written by Zhu Chengyan, Wang Ningning, Li Qizheng,

Li Yanqing, Tian Wei, Jin Xiaoke

Report on Advances in Knitting Engineering

Knitting industry in China has an integrated industrial chain, which is sustainable and rapid developed in recent years. The knitting industrial structure has been comprehensive optimized during the 13th Five-year-plan. The knitted products for clothing, decoration and industry are kept balanced development. Knitting fashion products that have gradually improved influence are expanded to special and top fields. The diversified demands of knitted products have brought the huge development space to the knitting machinery. The characteristics of efficient, intelligent, high precision, differentiated and stable are main developing trend for the knitting machinery.

The development of novel material, innovation of knitting process and breakthrough of digital control technology and the expansion of application fields, as well as the comprehensive study and application of multifarious technologies involved efficient manufacturing, digital jacquard, fully fashion, structural material fabrication and intelligent producing prominently promote the sustained innovation of knitting technology. Furthermore, the design and fabrication level has been well improved. It obviously shows the trend of intelligence, energy saving and environmental protection in the field of knitting machinery. The typical electrical device, control system, design system and intelligent management system supporting the knitting machinery are more impeccable, which provides the significant foundation to automation and intelligence of knitting machinery.

Depending on the huge consumption potential of high-end market and the gradually matured technique system, the manufacturing of high level knitted products in global scale is being transferring to China under the background of industrial adjustment and upgrading, technological level improvement and sharp rise of the product added value in our country. Meanwhile, the export and global market share of domestic mid-to-high end knitted products are keeping growth. The competitiveness of Chinese knitting industry is persistently increasing. However, what should be caused taking seriously is that comparative advantage of our knitting industry keeps decreasing due to market fatigue, cost rising, environmental protecting demand and product similarity. The Knitting production is rapidly moving to abroad and the economic growth is slowing down. Thus, how to realize technology breakthrough and achieve the sustainable development of knitting industry under the new normal will be an important issue.

The development and research progress of Knitting Engineering were put forward in this report. The research situations of warp-knitting, weft-knitting and flat-knitting were described based on equipment innovation, software upgrading and product creation. The major scientific research achievements were listed. Moreover, the research advance of both domestic and overseas were compared from the aspects of equipment, software and product process. The deficiency and the potential of the knitting discipline were indicated. Combining with the characteristics of modern science and knitting industry, the expectation was proposed. The fully fashioned process, intelligent equipment, networked design, less artificial management and smart clothing would be the trends. More breakthrough will be achieved in this fields. The report presented the thorough exposition for the new theory, new technology and new product. The content showed significant meaning for knitting disciplinary development.

Written by Jiang Gaoming, Cong Honglian, Xia Fenglin,

Miao Xuhong, Wu Zhiming, Wen Meilian

Report on Advances in Nonwoven Materials and Engineering

In recent years, the nonwoven industry in China has experienced fast development and is now one of the most active fields in textile industry. With the improvement of technology and the establishment of a complete industrial chain, China is currently the world's largest production base of nonwoven.

The research on raw materials for nonwovens mainly focuses on the development of functional, biomass, green master-batch and fibrous materials, while new technologies related to fiber, adhesives, carding, needle punching, spunlace, spunbond, meltblow, electrospinning, finishing and on-line testing have also been intensively studied. A large number of new nonwoven-based products have emerged, including sound absorbing and flame retardant materials, dispersible sanitary materials, pure cotton spunlace materials, biological medical materials, multi-layer composite medical spunmelt materials, etc.

The development of nonwoven special fibers can basically meet the needs of domestic market. Novel nonwovens made of biomass fibers such as viscose, chitosan, alginic acid and polylactic acid are biodegradable and thereby have no pollution to the environment. Demands for environmental protection adhesives such as starch adhesive, modified polyvinyl alcohol adhesive, environment-friendly polyurethane adhesive and water-based acrylate adhesive have been growing rapidly. The speed, width and output of carding machine have been greatly improved, and a few specially designed carding and netting machines have been applied to process special fibers. The width of needling machine has exceeded 6m, and the local manufacture of carbon fiber needle loom has been achieved. Pure cotton spunlace and composite spunlace technology also becomes mature, the related products have entered market. In the field of spunmelt, two-component spunmelt technology and polyester spunbond technology are the research hotspots, and some parts of the domestic technology have met the international level. Spunmelt lines for multilayered products hold a working width over 3.5m and a processing speed over 600m/min. The related products have been widely used in medical and health fields. Electrospinning technology is developing steadily towards the direction of industrialization and the resultant products have shown potentials in the fields of filtration, tissue engineering, drug release, sensor and energy storage. Nonwoven finishing technology is also developing quickly, and multi-functional finishing has been widely used. On-line quality control technology, with the capacity of real-time monitoring thickness, surface defects, surface uniformity and other changes in nonwovens, has provided strong support for the improvement of nonwoven quality.

The discipline development of nonwoven materials and engineering in China has been steadily promoted. The teaching standard has been significantly improved, and numbers of related papers and patents are the highest in the world. However, in some areas, there is still a big gap between domestic nonwoven technology and foreign technology, such as the development of core components, the manufacture of intelligent equipment and the application of high-end products. In future, the main research and application interests of domestic nonwoven lie in high-speed, high-yield, low-cost production technology, core equipment technology, biomass materials, vehicle materials, intelligent geotextiles, high-end medical and healthcare materials. Last but not least, we should strengthen the discipline construction of nonwoven materials and engineering, the cooperation between production and research, and contribute more professionals for further developing China's nonwoven industry.

Written by Jin Xiangyu, Huang Chen, Wang Yuxiao, Wu Haibo,

Wang Hong, Wang Rongwu, Zhao Yi, Zhou Ling,

Wang Dan, Jiang Peilin, Yang Yanbiao, Zhang Lei,

Liang Meimei, Tian Guangliang

Report on Advances in Textile Chemistry and Dyeing and Finishing Engineering

Dyeing and finishing serves as a key process in textile industry, and it is also the key in the transformation and up gradation of the entire textile industry. With the coming of environmental regulations such as the new Environmental Protection Law of People's Republic of China and Discharge Standard of Water Pollutant for Dyeing and Finishing of Textile Industry, as well as the increasingly strict restrictions on harmful substances imposed by ecological laws, like the European Union's REACH regulations (Registration, Evaluation, Authorization and Restriction of Chemicals) , STANDARD 100 by OEKO-TEX and other Eco-textile regulations, the development direction of textile printing and dyeing industry is to enhance the innovation capability, to optimize the structure, to promote the industrialization of green manufacturing and intelligent manufacturing technology, and to achieve the transformation and upgrading of industry.

Rapid development has been achieved in increasing the utilization efficiency of dyes and improving the speed and quality of digital printing. At the same time, atmospheric pressure plasma treatment technique has also been applied in textile ecological dyeing and finishing process. Many achievements of printing and dyeing cleaner production technology and intelligent level have been exploited and utilized by enterprises, such as foam finishing technology, technology of low-waste emission and comprehensive utilization of resources, intelligent production management and control system, etc.

The main technological advances in textile chemicals are embodied in the development of high dye uptake and high fixing rate dyes, high color fastness dyes, new type fiber specific dyes, functional dyes, special dyes for digital printing and ink, and some other aspects. In addition, Eco-Textile auxiliaries that are used to meet the requirements of energy-saving and emission-reduction technology and the legislation for Eco-Textiles are also well developed.

The development of textile printing and dyeing processing technology is mainly reflected in the expanded application of biological pretreatment technology in textile processing, the process of dyeing and printing with natural dyes entering the industrialization stage, the continuous deepening and expansion of waterless dyeing technology and the rapid improvement of the speed and quality of digital printing. In the future, the enterprises will be committed to the promotion and application of the printing and dyeing automation technology.

Next few years, the development objective of the discipline of textile chemistry and dyeing and finishing engineering in our country is to continuously improve the degree of automation, to promote the new processing technology of energy-saving and emission-reduction, and ecological environmental protection, and to adhere to the concept of ecology, environment protection and high quality green development, and finally to achieve sustainable development.

Written by Wang Xiangrong, Zhang Hongling, Hou Xueni

Report on Advances in Clothing Design and Engineering

China has become an important part of the global apparel design and engineering research. In recent years, the achievements of apparel design and engineering disciplines in this field, which include: 1. Technological innovation of clothing design, development and evaluation: (1) three-dimensional human measurement technology has been widely used in research field and has been developing towards low cost and convenience; (2) virtual design of clothing, such as two-dimensional cutting pieces to create three-dimensional clothing, 3d clothes building base on human models, 3d clothing reconstructing with 3d scanning or image video; (3) smart wearable technology. The main ways include: one is to use intelligent clothing material; the other is the use of information and microelectronics, such as conductive materials, flexible sensors, wireless communication modules and power supplies, by embedding methods and clothing; (4) functional evaluation of clothing, which can help researchers to accurately predict the physiological responses and protective properties of the clothing. 2. Garment production and processing: (1) cutting, sewing, finishing ironing technology and equipment development in the direction of high speed, automatic, linkage and specialization; (2) new mode of production and processing. Main characteristics: One is clothing intelligent manufacturing technology. Through the technical integration base on big data to generate intelligent and informationize clothing production overall plan; another is clothing advanced customization in the big data, cloud platform support to the intelligent development. 3. Clothing marketing and management. There are four major new models: (1) the rise of the exhibition model; (2) the in-depth development of the clothing e-commerce network platform; (3) integrated multi-screen interactive mode development of mobile marketing; (4) the"new retail" model of interconnection.

The development trend of garment industry in the future mainly has six aspects: 1.Industry adjustment has become an inevitable trend; 2.Technological innovation has become the driving force for enterprise development; 3.The demand for professionals shows diversity; 4.The influence of Inter-net on the industry is more intense; 5.Brand has become the soul of enterprise and the core power of existence and development; 6.Sustainable development has become the mainstream of the apparel industry.

The scientific research and technical fields of the garment discipline are worthy of attention and focus. 1. Systems of garment computer aided design and manufacture base on big data; 2. Methods of clothing design and product development with VR and AR; 3. Key technologies of garment flexible manufacturing system based on Internet; 4. Design and development of intelligent clothing.

Written by Wang Yongjin, Yin Jun, Dai Hong, Sun Yuchai, Liu Zheng,

Zhao Yuxiao, Wu Jihui, Dai Hongqin, Lu Yehu, Bai Qiongqiong

Report on Advances in Industrial Textile

Industrial textiles are those specially designed textiles with engineering structural characteristics, specific application areas and specific functions. They are mainly used in industrial, agriculture and fisheries, civil engineering, construction, transportation, health care, sports and leisure, environmental protection, new energy, aerospace, defense and other fields. During the "12th Five-year Plan" period, the total amount of industrial textiles continued to increase, dedicated fiber raw materials continued to upgrade, production technology and equipment steadily improved, and the comprehensive strength of enterprises significantly enhanced. The "13th five-year plan"is a key period for China to build a textile powerful country. It is the key stage for the industrial application of the textile industry to expand rapidly and upgrade to the middle and high end areas. In view of the national economy and social demand of China in recent years,"Development guidance for the 13th five year of industrial textiles" has listed six key development areas of development planning. They are strategic new material industrial textiles, environmental protection industrial textiles, medical and health industrial textiles, emergency and public safety industrial textiles, infrastructure construction supporting industrial textiles, and"military and civilian integration" related industrial textiles. This report aims at summarizing the development of new theories, new technologies, new methods and new achievements in the fields of medical and hygiene textiles, filtration and separation of textiles, earthwork and construction textiles, transport textiles, protective and safety textiles, textile reinforced industrial textiles in recent years. Furthermore, based on the latest achievements and development trends in the developed countries, a proposal of main development planning of industrial textiles in the following years is raised.

Written by Chen Nanliang, Jiang Jinhua, Shao Guangwei,

Shao Huiqi, Zhao Chenxi

索 引

H

J

L

P

R

S

T

W

X

Y

Z